计算机教学研究与实践

——2011 学术年会论文集

浙江省高校计算机教学研究会　编

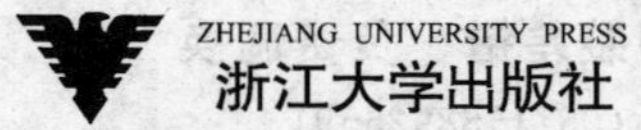

图书在版编目（CIP）数据

计算机教学研究与实践：2011学术年会论文集／浙江省高校计算机教学研究会编. —杭州：浙江大学出版社，2011.8

ISBN 978-7-308-08918-0

Ⅰ.①计… Ⅱ.①浙… Ⅲ.①电子计算机－教学研究－高等学校－学术会议－文集 Ⅳ.①TP3-42

中国版本图书馆CIP数据核字（2011）第150785号

计算机教学研究与实践——2011学术年会论文集

浙江省高校计算机教学研究会　编

责任编辑　吴昌雷　黄娟琴
封面设计　刘依群
出版发行　浙江大学出版社
（杭州市天目山路148号　邮政编码310007）
（网址：http://www.zjupress.com）
排　　版　杭州中大图文设计有限公司
印　　刷　杭州丰源印刷有限公司
开　　本　787mm×1092mm　1/16
印　　张　15.75
字　　数　402千
版 印 次　2011年8月第1版　2011年8月第1次印刷
书　　号　ISBN 978-7-308-08918-0
定　　价　40.00元

浙江大学出版社发行部邮购电话(0571)88925591

目　录

专业建设与课程体系建设

（以姓氏拼音为序）

课程建设

（以姓氏拼音为序）

教学方法与教学环境建设

(以姓氏拼音为序)

实验室建设与网络辅助教学

（以姓氏拼音为序）

专业建设与课程体系建设

艺术类高校信息技术教学的美育策略

白云晖

浙江艺术职业学院，浙江杭州，310053

摘　要：将美育渗透于信息技术教学之中，是科学与人文的结合，是智力因素与非智力因素的统一，是形象思维与逻辑思维的统一。这样不仅能拓宽信息技术的内蕴，而且能使其外在表现形式也多姿多彩、新鲜活泼，同时还能促进学校美育的开展以及学生的全面发展，是改善信息技术教学现状和美育现状的有效途径。本文以浙江艺术职业学院的教学实践为例，探讨如何在信息技术教学中渗透美育。

关键词：信息技术；美育；艺术类高校；网络；多媒体

1 引　言

高等院校的信息技术是一门必修基础课，是推进素质教育的重点课程。由于计算机技术、网络技术、多媒体技术的发展日新月异，学生们原有的知识基础不一，信息素养参差不齐，所以在信息技术课的教学中出现了许多问题，比如有的学生不爱听课，只想玩电脑，或者本应上网搜集资料却去聊天；学生参加等级考试成绩合格但碰到实际问题时却束手无策，或者完成的作业、作品美感欠缺；等等。在充满文化气息的大学校园里，美育作为素质教育的重要组成部分，越来越受到大家的重视。通过美育来改善信息技术教学现状，促进信息技术教学，同时信息技术学科里所蕴含的许多美育因素，也有助于学校美育的开展。浙江艺术职业学院是较有代表性的艺术类高职院校，这也决定了我校学生群体的特殊性，他们的专业有音乐、美术、舞蹈、戏剧等，都与审美有关，都是艺术的重要表现形式。审美教育能促进学生审美人格的全面完善，并有助于他们在艺术类专业方面取得更长足的进步。

2 美育的价值

美，是人类永恒的主题，追求美是人的天性。在到处充满着美的客观存在中，我们需要具备一定的主观条件，即发现美的眼睛、欣赏美的能力以及创造美的心灵，因此当今的教育应该重视美育的存在。

美育(Aesthetic Education)是一个历史的概念，是由德国著名诗人、剧作家席勒在1795年的《美育书简》中正式提出的。“美育”不是狭隘的“艺术教育”，而是一种审美教育，一种美感教育，一种情感教育。美育是以美的观念、美的规律、美的内容、美的形式和美的力量培养和提高人对自然美、社会美和艺术美的理解、鉴赏和评价能力，养成高尚的审美情趣、

白云晖　E-mail:byhart@163.com

形成健康的审美情操，并通过实践去欣赏美、发现美、表现美、发展美和创造美。美育具有四个特点：首先，美育有形象性、可感性，这是由美的事物本身的特性所决定的；第二，美育有激发性、想象性，这是由审美者本身在审美过程中所具有的想象力所决定的；第三，美育有自觉性、独立性，它不能脱离审美者内心的愿望和要求；第四，美育有共同性、普遍性，因为爱美是人类的天性。

美育对人类思维的发展、创造力的培养、审美能力的提高、人格的完善、寓教于乐的实现都有着其他教育无法比拟的效果，对学生的全面发展有着不可替代的作用，没有美育的教育是不完全的教育。

3 信息技术教学的现状与成因分析

信息技术是指人类对数据、语言、文字、声音、图画和影像等各种信息进行采集、处理、存储、传输和检索的经验知识及其手段、工具的总和。高校开设的信息技术课程(有的学校还沿用"大学计算机基础"的课程名称)是大学本、专科一年级学生的必修课，是一门公共基础课，具有很强的基础性和实践性，是一门将知识传播、能力培养、素质教育融于一体的课程。课程的教学内容除了常规的计算机基础理论知识外，主要介绍了三类应用软件：Windows 操作系统、办公软件 Office（包括 Word、Excel、Access、PowerPoint 及 FrontPage)；因特网使用(包 Internet explorer、Outlook express)，培养网上浏览、电子邮件、下载软件、网上交流等能力。

课程设计的目的是培养学生的信息素养，使之熟练掌握计算机的基本操作技能，具有使用信息工具和信息资源的能力，包括获取信息、识别信息、加工信息、传播信息、应用信息和创造信息的能力；使学生熟悉信息化社会中的网络环境，为自主学习、终身学习以及适应未来工作环境奠定良好基础。在网络时代、新媒体时代，这是一门必不可少的课程。

浙江艺术职业学院是一所艺术类的高职院校，在该课程10余年的教学中笔者发现存在的问题主要表现在以下几个方面：

(1)浙江省教育考试院设置了高校计算机应用能力等级考试，以此来检验大学生计算机应用能力的掌握情况。因此，本课程基本围绕着考点相关内容展开，考什么教什么。这样，课程的教学模式研究着眼点在于如何把它作为一门课程来上好，尤其对于艺术类的学生而言该课程的终极目标是通过等级考试，忽视了信息技术课程本身的特殊性，从而造成了目前信息技术课就是学习软硬件知识的普遍现状，甚至有些同学认为开设信息技术课只是因为它是必修课，要考等级，是为了"过"而不是为了"用"，完全成了一种新的"应试教育"。

(2)高中阶段已经开设了信息技术课程，但在部分农村中学还缺乏开展信息技术课程的软硬件条件，更重要的是在高考指挥棒下，非高考科目的信息技术课程教学也容易被忽略，往往成为学生们自我放松、自我调节的一种手段。各地经济发展不平衡，社会和家庭提供的信息技术环境不同，学生个人兴趣、爱好的差异，导致学生信息技术基础不一致，信息素养参差不齐。

(3)信息技术课程同其他学科的整合不尽如人意，学生在大一通过了等级考试，但是在大二、大三需要完成专业课程的一些 PPT 汇报、撰写毕业论文等任务时依然无从下手，这也反映出现在学生信息技术素养还不够,信息技术应用水平缺乏。

(4)信息技术课堂远没有网游、聊天对学生的吸引力大,信息技术课堂上学生厌学现象严重,教师和学生对信息技术的看法存在严重冲突。信息技术课的开设对培养学生兴趣、提升学生信息素养的作用不大。

(5)国内虽然有不少人特别是一线教师提出过信息技术教学模式改革,但对艺术类学生如何进行信息技术教学,如何利用信息技术来进行学生信息素养的培养,还缺少普遍意义上进行推广的经验和方案,也缺少这方面的实证研究。

(6)随着互联网的日益普及,在笔者所在的学校,几乎所有的学生都上过网,上网的主要内容是聊天、玩游戏、购物、看影视剧,以及看新闻、收发电子邮件等,有部分学生能使用搜索引擎查阅所需内容,有自己的个人主页或空间。网络环境下学生的信息技术教育不仅来源于学校课堂,还来源于社会,信息技术教育比其他学科更容易受到社会各个方面的影响,部分学生能赶上时代发展的潮流,具备信息时代应有的意识,把信息技术作为一种学习、生活的工具。但同时大部分学生对信息的查找、处理和鉴别能力因缺乏正确的引导,影响了学生进一步利用信息工具提取信息、获取知识能力的进一步提高。

(7)此外,我们在教学中发现艺术类学生用计算机工具创作多媒体作品时,无论是文字的排版还是图片的处理,普遍缺乏美感,这和他们拥有的艺术表现技能不相符合。

4 艺术类院校信息技术教学的美育实践

网络环境下的信息技术蕴藏着极其丰富的美育因素,新媒体时代的信息技术是一个充满生机和魅力的学科,信息技术的美的形态具有多样性,如形状美、结构美、色彩美、节奏美、声音美等。作为信息技术的教师除了具备较高的专业知识外,还应学习相关的美学和美育的基本理论知识,培养审美能力,提高审美修养,不仅要把相应的信息技术的知识传授给学生,更应从教学内容和教学形式中充分挖掘信息的美学因素,通过美的情感、美的言辞、美的理性、美的结构、美的气质等展现出信息技术美的特征和美的意境,使学生在学习中不仅掌握信息技术的知识和能力,而且培养健康的审美情趣,发展审美能力。将强调理性和逻辑性的信息技术课与强调感性和形象性的美育相结合,必然能扬长避短,既可避免课堂的枯燥无味,顺利传授学科的知识,又能激发学生学习信息技术的兴趣,提高欣赏美、创造美的能力,还能从情感上对学生进行及时的沟通与引导,加强信息伦理教育。

在信息技术教学中融入美育,并不是要求教师把信息技术课上成美育课,而是要求教师根据学生的审美生理、心理特点,通过审美媒介提供的知识信息,借助于一定的表达方式与表现形式,达到寓教于乐于信息技术知识中,以美的法则来进行教学设计。如教学目标和谐美、教学内容整合美、教学过程变化美、教学策略科学美以及反馈过程互动美等。在把握信息技术的学科美的基础上,鼓励学生充分展现个性美。

4.1 分析教学对象特点

艺术类的高职学生作为一个特殊的学生群体,他们的个性特征比较鲜明,思维活跃,想象力丰富,接受新事物快,对与专业相关的知识很感兴趣。他们重视专业课轻视文化课,文化素质相对较低,在一定程度上也会影响学生对艺术作品的感悟、分析和理解,使专业的学习和发展受到一定的制约。此外,不少艺术类学生天性自由、散漫,不喜欢按部就班坐在教室里学习文化课。

信息技术的教学课时不多,教师应在有限的课时中做到:既激发起学生的学习兴趣,完成教学任务,又促进学生信息素养和信息能力的提高,而不仅仅是完成应试的课程教学。

4.2 设计和谐的教学目标

(1)掌握教学大纲及等级考试所要求的教学内容。

(2)初步掌握实现形式美的方法,提高学生的审美情趣:

- 了解形状美、结构美、色彩美、节奏美、声音美的规律。
- 识别文本和图片信息的结构化、形象化处理是否恰当并具有美感。
- 学会在 Word、PowerPoint、FrontPage 中进行文本和图片信息的结构化和形象化的处理。

(3)培养学生自主学习、互相协作的能力,激发学生学习信息技术的兴趣:

- 通过学习和实际操作,培养学生的实践能力、创新能力和想象能力。
- 培养学生的交流和评价能力。

4.3 重构教学内容

(1)增加一定的审美知识和美学规律的教学内容

美学的基础知识和规律是美育的基础,在分析教材的教学内容的基础上增加相关的美学知识,如形式美的概念,设计的四大原则,结构法则,颜色的互补色、三色组、分裂互补三色组、类似色运用规律,字体的协调、冲突、对比设计,等等。

(2)设计一些实用的、与学生的专业背景相关联的作业案例

在案例的分析和作业的设计上充分考虑学生的兴趣点,从舞蹈的队形排列、动作搭配,戏剧身段形体姿态,服装及脸谱的色彩设计,音乐的节奏和音色的和谐,画面的形状结构布局等切入到文本和图片信息的结构化和形象化的美感分析,选择个人简历、舞蹈作品汇报、音乐作品介绍、戏剧剧目展示、美术作品分析等作为 Word、PowerPoint、FrontPage 的作业主题内容,使学生把信息技术的形态美和所学的艺术类专业课程相结合,应用信息技术的技术手段来展现艺术美,把技术美和艺术美相结合,增加兴趣和实用性。

4.4 选择恰当的教学媒体,运用美的驱动教学,创造美的氛围

教学媒体的设计是渗透美育的信息技术教学设计的重要组成部分。通过互联网平台,搜集丰富多彩的多媒体信息,借助图片、音乐、视频等直观的形象、美妙的图画、艳丽的色彩、动听的音乐来构建课堂氛围,在“视”中感受形象美,在“听”中感受音韵美,在“想”中感受意境美。也可采用鲜明的美丑对比,来激发学生强烈的审美意识和学习热情。

4.5 运用最优的教学策略

(1)像上设计课一样上信息技术课。

(2)通过作品展示来增加学生的成就感,是激励学生学习的强大动力,也是影响学习效果的重要情感因素。

(3)学生点评和教师点评相结合，构筑良好的学习交流互动平台。

5 结束语

爱因斯坦说过："只教给人一种专门知识、技术是不够的。专门知识和技术虽然使人成为有用的机器，但不能给他一个和谐人格。最重要的是人要借着教育获得对于事物和人生价值的了解与感悟。"渗透了美育的信息技术教学更加具有形象性、愉悦性、情感性和创造性，使学生身心愉悦地掌握知识、发展情感、训练技能，获得素质的全面提高。

通过笔者的研究与教学实施表明，渗透美育的信息技术教学可以激发学生学习信息技术的浓厚兴趣，有助于学生信息素养的形成和提高，有助于提高信息技术教学质量，激发学生的想象力和创新能力，有助于提高学生制作有美感作品的能力。

参考文献

[1]张笑梅.当代高校的美育困境和出路.山东师范大学硕士论文，2008.
[2]闫欢.新媒体视阈中的大学美育与媒介素养教育研究.现代传播，2008(2).
[3]童晓娟.美育在高中信息技术教学中的渗透.山东师范大学硕士论文，2006.
[4]安建龙.基于网络的高校信息技术教学改革与实践.济南职业学院学报，2007(4).
[5]叶碧.论高校美育与和谐人格的关系.教育纵横，2007(2).

计算机专业建设理念与途径的研究与实践

古 辉 陈庆章 梁荣华 杨良怀

浙江工业大学计算机科学与技术学院,浙江杭州,310023

摘 要: 如何建设好计算机科学与技术专业,不断提高教学质量,是计算机教育工作者永恒的课题。多年的实践证明:一个有生命力专业,它应该是社会需求的;受社会欢迎的学生,他的知识和能力水平应该是符合岗位要求的。因此,在计算机专业建设上坚持做到与社会(市场)需求的有机衔接,以学科建设为坚实基础,是专业建设的根本途径。

关键词: 计算机专业建设;社会需求;专业特色;学科建设;国际化思维

如何建设好计算机科学与技术专业,不断提高教学质量,是计算机教育工作者永恒的课题。多年的实践证明:一个有生命力的专业,它应该是有社会需求的;受社会欢迎的学生,他的知识和能力水平应该是符合岗位要求的。因此,在计算机专业建设上坚持做到与社会(市场)需求的有机衔接,以学科建设为坚实基础,是专业建设的根本途径。

1 专业建设所面临的挑战

(1)人才培养规格的“系统性”与社会需求的“专业性”之间的矛盾

各个高校制订的专业培养方案往往具有一定的“通识性”。除了专业知识和技能教育外,按照国家教育方针,还要开展政治思想品德教育(两课),进行英语、计算机、体育等综合素质课程学习。据不完全统计,在一般高校本科计算机科学与技术专业教学计划所设定的170个左右学分中,综合素质课程(如思想政治理论课程、外语基础课程、计算机基础课程、体育及军事课程、自然科学基础课程、文化素质课程)约70学分,占41%,学科基础课程约50学分,占29%,专业课程约12学分,只占7%左右,实践环节约38学分,占23%。在有限的时间里,既要体现专业性,又要体现全面发展,与产业要求毕业生的上岗技能要求存在一定矛盾。

(2)人才培养规格的“基础性”与社会需求的“应用性”之间的矛盾

尽管高校已经关注到“应用性”对学生的重要性,但总体来说,学校教育是基础性的,很难与产业的实用技术型的要求画等号。即便是硕士、博士生也不能达到一毕业就成为计算机相关行业精英的要求,高校毕业生要成长为熟练的、有创新能力的产业从业者,还需要在就业后得到继续教育和锻炼。

(3)人才培养的“高校方式”与社会需求多样性和多层次之间的矛盾

与社会需求相比,高等学校在教育内容、教育方式上往往具有一定的滞后性。计算机相关行业需要的人才层次多,技术要求变化大,针对性非常强。往往是新技术一诞生,企业就会有需求,学校在实用技术和工具方面跟进的速度达不到技术更新的速度,滞后于企业的实时需求，无论是理论研究还是应用技术教育方面都存在很大差距。

(4)在计算机专业人才培养方面的特色没有凸现出来

以计算机科学与技术专业为例，不同层次的高等学校在培养目标、课程体系、实践环节设置、教学方法等方面大同小异。如果没有综合考虑自己的学科基础、师资水平、学生来源、技术积累、历史传统等，仅仅从培养方案上就很难区别学校差异。事实上，即使是同一份培养方案，在不同高校的实施效果肯定也是不同的。这必然造成无特色、无优势的结果，也必然产生与企业实际需求的层次化、个性化要求的差距。

2 专业建设的思路与实践

浙江工业大学计算机科学与技术专业是浙江省重点建设专业。近几年来，我们在重点专业建设方面进行了一系列的探索和实践，也取得了一些经验和成绩。其主要体现在以下几个方面：

2.1 加强师资队伍建设，夯实教育基础

近年来，通过引进和培养相结合，浙江工业大学计算机科学与技术学院建立了一支思想素质高、业务能力强、爱岗敬业的高水平教师队伍。承担重点专业建设的计算机应用技术学科，现有专职教师54人，其中正高职称(教授)9人，副高职称(副教授、副研究员)20人；具有博士学位的教师26人，占48.2%，在读博士9人，硕士学位以上教师占85.2%。入选各级人才培养计划者共16人，其中入选省级以上人才培养计划者8人，校级学术骨干者8人。现有浙江省151人才第一、第二层次培养人选2人，浙江省中青年学科带头人2人，浙江省教学名师1人，校级教学名师1人。

2.2 加强教学研究，积极探索创新人才培养

(1)不断完善专业培养计划。根据计算机科学与技术的发展、专业定位和社会需求，每两年系统修订一次专业培养计划，期间做一些微调，同时修订相应的课程教学大纲，及时更新教学内容，将新研究、新知识、新发展融入到课程教学内容中。重视教学研究，积极参加各种教学研究会议。因此，在每两年的修订意见中，既有借鉴国内外的经验，也有教师们的研究成果。

(2)发挥精品课程优势。计算机科学与技术专业已经建设了1门教育部-INTEL精品课程、3门省级精品课程和1门校级优秀课程。通过精品课程的示范作用，推动课程和课程群的建设。

(3)根据专业建设、精品课程建设的需要，积极推动教材建设。浙江工业大学计算机科学与技术学院教师已经正式出版教材22部，其中，国家“十一五”规划教材8部，省级重点建设教材3部，校级重点教材3部，C++程序设计获国家优秀教材二等奖、国家精品教材奖。教材建设成绩突出，有较大影响力。

(4)组建了12个课程教学团队，涵盖专业核心课程。设立课程教学团队负责人和建设责任人(负责人助理)岗位，突出了教学工作的中心地位。教学团队以老带新，让青年教师融入到教学团队中，通过学评教、听课，设立青年教师讲课比赛奖、教学质量优秀奖等制度，

以及优秀教师的言传身教促进青年教师在授课方式、教学方法等方面快速提高，带动和提高青年教师的教学、科研水平，促进青年教师成长。

(5)提倡教师科研反哺教学。①开设"新技术讲座"课程，由多名教师按照专题合作完成，主讲教师通过介绍自己的科研成果，让学生了解、接触最新的领域知识和技术；②在"计算机网络基础"、"虚拟现实应用技术"、"数据库系统实现"课程实践研究性教学中，以学生研究为主、教师进行专题指导，成绩按实际结果考核；③在毕业设计中充分反映教师的科研工作。

(6)采用灵活多样的考核方法，对不同课程可选择课程设计、论文、面试、一页开卷或全开卷等形式进行考核。重点考核学生对所学课程涉及的概念、方法、意义的掌握程度，评价学生综合运用知识的能力。学习效果评价方式的改革，目的在于提高学生分析问题、解决问题的能力，引导学生思维方法和学习能力的提高。

(7)充分认识计算机专业的实践性特点。许多优秀学生的成长历程说明了实践教育的重要性。计算机专业教育不仅要重视扎实的专业基础理论学习，同时要重视开发、设计的能力培养。为此，制定学生科技创新的鼓励办法，鼓励学生开展科技创新项目的立项，将学生科技创新的业绩作为学生综合素质考评重要内容提要。从三年级开始为学生配备导师，学生可以进入导师的研究领域并参与课题的研究与开发，也可以到企业实习等，培养学生的实际工作能力。

(8)重视上好第一门课程。在以往的教学中发现，有一部分学生在计算机专业学习了几年，仍然对专业的认识模糊，无法适应，造成了专业思想的动摇，信心受到挫伤。为此，我们在"计算机科学导论"中增加了"导"的成分，由教授(学科负责人、系主任、教学名师、研究所长)主讲，重点内容包括：①计算机科学与技术专业的产生与发展；②计算机科学与技术专业研究领域；③计算机科学与技术专业的知识结构；④如何学习理论知识和掌握应用技能；⑤计算机科学与技术专业学生的历史责任。通过教授们的言传身教，促进学生对专业的认同，培养同学们自觉热爱专业的思想，从而激发出学习的动力。

2.3 加强实践教学平台建设，促进学生应用能力的培养

(1)高度关注学生应用能力的培养，加强实验平台建设，制订了中长期的实验室建设规划，实验室建设每年都有新发展。不断更新设备和新建相关实验室，完善管理，扩展学生的应用实践空间，为学生实验教学和创新能力的培养提供平台。现已具备较完善的软件、硬件基本实验条件，具有良好的实验室支撑。

(2)紧跟学科发展，以科研成果支撑和反哺教学。随着科学研究水平的不断提高，主持了一批国家、省部级科研课题，计算机应用学科仅 2010 年就获得了 6 项国家基金。鼓励教师将科研工作的成果应用在教学中，通过做课题、做项目、总结案例，再以案例为蓝本写讲义反映专业新内容、新技术，通过实践和提炼逐步形成精品教材，教学水平与学科建设同步发展。在培养学生过程中加大实践性教学的力度，让学生从参与教师科研工作的实践中获取从事科学研究能力、学习能力和理论联系实践能力。

(3)成立了校企合作委员会和理事会，积极开展校企合作，共建实习实训中心、实习基地。在 46 家理事单位(在杭的中外知名软件企业)建立了稳定的校外实习基地。目前，理事单位提供的实习岗位数充足，教学效果好，为学生提供了良好的实践教学平台。

(4)积极开展导师制工作,让学生参与老师的研究过程,接受科学研究的启蒙训练,培养学生的应用能力。有这种学习经历的学生,应用能力强,深受用人单位的好评,进入国内、外名校进一步深造学习的优秀学生人数逐年提高。

2.4 重视专业特色建设,以特色体现重点专业的示范作用

在专业建设的实践中,我们的体会是:专业特色是造不出来的,它必然是多年专业历史、师资队伍、学科特色、科研积累、文化传统等方面的综合体现。

浙江工业大学计算机科学与技术专业根据自己的学科特色、师资力量、办学条件,明确了在计算机专业人才培养方面的目标和层次定位。根据学科发展和社会需求,将计算机专业划分为研究型(科学型)、工程应用型两种类型。通过设置计算机科学与技术实验班,计算机+自动化等班级,体现研究型(科学型)和工程应用型人才的培养。从课程设置、实践环节、导师配备都有不同的要求和规格,强调计算机软、硬件技术兼备的培养过程,通过专业模块化、精细化培养方案,体现了适应不同的社会需求和个性化培养的特色。

2.5 深化专业建设,以国际化思维促进重点专业建设

计算机技术发展没有国界,国际化计算机相关教育标准与教育体系已经走进中国。我们既要积极吸纳国际上认可的计算机相关教育标准,又要很好地考虑国情,尤其是根据我国计算机相关现状来确定教育标准和教育体系,不能完全照搬某个国家的计算机专业人才教育模式。

目前,浙江工业大学承担了中一澳合作办学的教学任务,因此,有机会接触国外的办学模式和教学过程。从 IT 人才培养的角度来看,符合国际软件产业需要的人才的知识结构,包含三方面的内容:程序设计技能的掌握程度、英语水平和工程实践经验。这三个方面需要通过课程教学、实践环节来体现。国外教学非常重视教学过程和课后练习环节,非常重视科学道德的体现,我们需要很好地借鉴。

3 结束语

专业建设是一个长期的任务。只要坚持贯彻落实科学发展观,排除各种影响人才培养的干扰因素,牢固树立人才培养是高校根本任务的信念,坚守人才培养质量是专业建设的生命线的理念,在学科建设的坚实基础上凝练专业特色,一定可以把重点专业建设好,培养出符合社会需求的人才。

计算机硬件课程教学的探索

陆慧娟　徐展翼　刘砚秋

中国计量学院，浙江杭州，310018

摘　要：本文分析了地方本科院校计算机硬件课程教学中存在的问题，探讨了这些问题的原因，提出了提高计算机硬件课程教学质量的对策，重点是对硬件实验教学与管理的探索，最后提出改善硬件教学实践的一些有效措施。

关键词：计算机硬件；课程；实验教学；措施

1　引　言

中国计量学院属于地方本科院校，计算机专业成立于 1999 年 6 月。经过多年努力，专业建设已走上正轨。2005 年，"计算机应用技术"硕士点申报成功，2006 年 4 月，"计算机科学与技术"专业成为校重点建设专业，2007 年 11 月，升格为浙江省重点建设专业。2008 年 4 月，参加了教育部高等理工教育教学改革与实践项目"计算机科学与技术专业规范办学试点"工作，侧重在"计算机工程"方向的试点[1]，并参与"面向本科就业市场的计算机专业人才培养研究与试点"教学研究项目。

要培养计算机工程应用型人才，必须解决目前高校计算机教育中普遍存在的"重软轻硬"现象，保证教学培养计划在硬件课程的设置、教学知识体系和内容等方面的合理性，符合社会对人才的需求，保证教学质量，提高学生计算机应用能力，特别是硬件方面的应用能力。本文对计算机硬件课程教学中存在的问题进行分析和探讨，并针对这些问题提出一些改进的方法。

2　地方本科院校计算机硬件教学的问题及分析

地方本科院校在进行计算机硬件课程的教学过程中，发现很多学生不适应计算机硬件课程的学习，普遍感觉比较难学，学习兴趣不高，无法达到计算机硬件课程教学目标，从而也无法满足社会的需要。相对而言，计算机软件课程的学习效果要好得多，这也是目前高校计算机教育中普遍存在的"重软轻硬"现象。导致这些问题的原因有很多，主要有以下几方面：

2.1　对硬件课程不够重视

由于学校资源的限制，加上市场上对硬件人才的高要求，导致高校普遍重视软件人才

陆慧娟　E-mail：hjlu@cjlu.edu.cn

的培养，培养方向、课程设置都受其影响，对硬件课程不够重视[2]。

完整硬件课程体系的建设需要投入大量的资金和设备，而且市场上对硬件人才的要求门槛比较高，培养合格的就业人才，无论从学校的角度还是学生的角度，培养硬件人才比软件人才要花更多的资金和精力。由于学校资源的限制，各高校更愿意将资源投入到见效快、花费少的软件人才培养上。

2.2 硬件课程本身的特点及课程内容设置不够合理

硬件课程同其他计算机课程相比，除了零碎外，还比较枯燥和抽象。大量枯燥的专业词汇和抽象的关系使学生无法在短时间内理解，很多学生认为这些内容过时，学了没有用，学生不注重对知识认知方法的掌握，如果再不重视对学生进行正确的引导，教学效果肯定受到影响。

硬件类课程相对于软件类课程，整体性要求更强，往往一门课学不好，后续的学习非常艰难。硬件课程需要循序渐进，一开始内容往往只能是基础性的知识，离具体应用和社会人才需要差距很远，学生往往学一两门课觉得难度很大而且没有具体应用，就轻易放弃。

2.3 实验环节得不到保障

硬件课程更多涉及芯片的构造工作原理和应用，很多知识只有通过实践操作和验证才能真正理解和掌握。单从这一特点考虑，教学时就应注重理论和实验紧密结合，理性和感性相互验证，学习质量才能得以保证。另外，现在学生所做的实验大多都是验证性实验，学生通常做的是老师指定的实验内容，学生通过这些实验只能加深对课堂内容的理解，增加一些感性认识而已，学生在实验的过程中缺乏自主性和主动性，实验质量不高，没有给学生发挥创造性的空间[3]。

2.4 授课方式和教学评价方式单一

尽管现在很多高校已经采用现代化的教学手段，但课堂教学并未从根本上摆脱“教材中心”、“教师中心”、“满堂灌”的模式，仍然避免不了“老师讲，学生听”的被动局面，学生很难在课堂与老师进行互动、探讨问题。教学评价手段还是理论考试，以理论考试成绩来评价一门课程的学习情况，它不能体现学生的学习能力，只能说明学生获得了多少知识，迫使学生花更多的时间去掌握知识，忽略了引导学生把知识转换为能力的实践过程。

3 提高计算机硬件课程教学质量的对策

针对计算机硬件课程教学中存在的问题，为了提高计算机硬件课程教学质量，应从总体上改善影响课程教学质量的各种因素[4]。

3.1 明确培养目标，构建合理的课程体系

人才培养目标是学校人才培养计划的总指导方向，地方院校的本科计算机专业人才培养不能与具有办学底蕴的大学一样培养研究型的计算机人才，而应定位在培养工程应用型人才上。通过一系列硬件课程的学习，学生应具有一定的硬件系统设计能力，能够参与工

程应用开发。针对硬件课程体系中存在的问题,学校应构建符合人才培养目标的课程体系,整合一些内容,减少一些理论性较强的内容,加大实践教学的课时,使学生有更多的机会进行硬件实践。

3.2 努力提高教师水平

教学质量的提高,教师是关键,要提高教学质量,教师自己必须有计算机硬件产品的开发经验,对整个硬件产品开发全过程有一个基本了解,最好能有与计算机硬件开发工厂、公司合作的工作经验,这样才能把一些空洞和抽象的理论变成实实在在的计算机硬件产品。教师有了这些实践,才有教好学生的基础。

3.3 改进教学方法

计算机硬件课程的特点是实践性强,强调学生的动手能力。传统的教学方式不适合计算机硬件课程的教学,学生需主动参与教学实践,发挥其自主性和创造性。因此,教学过程中应以学生为中心采用建构主义的任务驱动教学法,它是将所学知识隐含在一个或几个任务中,通过学生提出问题、分析问题、明确问题涉及的知识,并在教师的指导下解决问题的教学方法。在整个过程中,学生是处于主体地位的,这样就可以发挥其主动性,激发他们的求知欲望,提高他们的学习积极性。

3.4 加强硬件实验教学与管理

传统的计算机硬件实验缺乏创新能力和设计实验的环境,仍采用比较落后的验证式方法,这已无法满足高校培养学生的目标需要,更无法适应当前计算机科学技术发展的水平。针对目前实验教学的现状,必须不断改革实验教学内容、实验方法、实验手段,使学生能够接受先进的科学技术,掌握先进的实验思想,这样才能使学生适应社会发展的需求。因此,深入研究实验教学,充分发挥实验室的作用,对提高教学质量和培养创新型人才有着积极的意义。

(1)构建多层次实践教学模式

在计算机硬件课程实验教学建设过程中,突出强调课程体系的系统性和完整性。从第2学期到第8学期,硬件实验课程应该不间断,且难度应逐步提高,内容承上启下,使得硬件实践训练层次化、系列化,以此来系统强化学生的硬件动手能力。同时调整各课程的开设顺序,理顺每门课与前导课和后续课之间的关系,从而保证硬件课程体系的系统性和完备性。

(2)独立配套设备,增加循环次数

计算机硬件实验课程对于教学实验设备非常依赖,设备的性能、数量是改善实验环境的主要因素。由于实验设备数量和师资力量不足等原因,很多高校硬件实验课都是两个甚至三四个学生合用一台设备,学生接触设备的时间太短,很难取得较好效果。我们采用的方法是分批上课,一个实验分8～10批,一个学生一台设备,同时将学生与设备编号对应,这样学生能有足够的时间完成实验内容,出现问题也能够冷静地分析并解决。教师在实验课程中面对的学生少,能够更好地辅导学生,同时学生与设备配对后,为实验设备的管理提供了方便。但是这种教学方式对于师资力量的要求比较高,课时数增加了数倍。

(3)开放实验环境,拓宽学生思路

硬件实验室是培养学生实践能力和创新能力的重要基地,实验室的建设与管理水平,直接关系到学生的培养质量。

实验资料的整理是提高实验教学效果的关键之一。实验资料包括实验教学资料和设备档案。每门硬件实验课程都要结合理论课程认真组织研究,从基本原理和基本结构出发进行基础实验设计,同时对基本原理进行扩充和结合,设计出一套由浅入深的综合性、设计性实验教学体系,结合现有的实验设备编写出相应的实验教学讲义、实验教案、参考实验报告等一系列教学资料,并经过反复修改,最终形成一套让学生认可的实验资料。

开放硬件实验室是提高设备实验利用率和加大学生实践机会的有力措施。硬件实验课程相对比较复杂,按教学大纲要求学时去安排实验,学生往往不能真正理解和独立完成实验,这就要求在实验时间上给予学生较大的灵活性。在规定学生的实验内容以后,学生可以有计划地选择安排完成实验的时间,提高学生做实验的主动性。另一方面,硬件课程相对比较抽象,而通过实验学生可以看得见、摸得着,反复试验和观察,有助于学生更直观地理解和掌握硬件原理和构成。如能在教学大纲规定实验内容外,由学生根据自己的设想、爱好和专业,选择设计规定以外的实验内容,将极大地提升实验效果。例如,我们设立数字电路、计算机组成原理和嵌入式系统应用等开放实验室,对学生做到实验设备开放、元器件开放。这样吸引学生参与实践,学生均表现出较强的学习兴趣和创造能力,取得良好的教学效果。

(4)学生参与教师科研活动,提高本科生实践创新能力

经调查统计有 20%左右的学生有科研创新的欲望,教师要积极引导和鼓励大学生树立创新意识,吸收学生参与教师的科研活动,让学生投身科技创新实践,推动实验室成为培养“创新人才的基地”。

这些科研活动,不仅巩固了学生的理论知识和软件编程能力,而且增强了学生的自信力,锻炼了学生的科研开发能力,同时鼓励广大学生按自己的兴趣去选择自己的课题,发挥自己的主观能动性,挖掘自己的潜能,培养自己的创新意识。

4 提高计算机硬件实践教学质量的一些有效措施

4.1 校企联合,产学结合

校企联合、产学结合对于各种教学资源相对紧缺的地方本科院校来说是一个很好的资源补充。学校可以跟企业合作建立公共实验室,企业可以提供给学校一些实验设备和一些技术指导,这样既解决学校的实验室问题,为学生提供了实践的机会,增强学生的动手能力,也解决了企业技术人员的培养问题,得到上岗即用的技术人才。学校和企业利益共存,相互促进[5]。

4.2 加强课外的实践

只进行课堂教学的实践是远远不够的,学校应该创造浓厚的实践氛围,给学生提供展现潜力的舞台。学校可以与公司合作举办一些创新比赛,公司负责提供硬件设备和技术资

料，这样既可提高比赛的创新水平，也可增强企业的知名度。实验室实行开放管理，鼓励学生走进实验室，只要学生有做实验的必要，就给学生提供实验的环境；只要学生感兴趣，就可以加入实验室的团队，充分发挥学生探索新知识的能力，锻炼学生的协作能力，加强创新研究实践基地的建设，支持学生承担社会上一些应用性项目的开发，让学生的实践能力能够在真正的工作环境中得到检验[6]。

4.3 限定必选的课程与模块

在三年级采用模块化教学手段，进行专业知识的学习与毕业设计训练阶段，注重学生的动手实践能力、个性发展、创新意识与综合素质的全面提高，学生可以跨模块选课。专业模块分三个方向：软件工程及测试模块、网络应用技术模块和嵌入式系统应用模块。对于偏硬件的嵌入式系统应用模块，有利于培养软硬件设计和开发应用能力，被列为必须开设的专业课程模块。"嵌入式系统原理"课程由选修课变为必修课，有意识地鼓励学生学好硬件课程。

5 结束语

计算机硬件教学是目前高校计算机教学中探讨比较多的一个问题，它是由多方面因素造成的。上面只是对计算机硬件教学的探讨，希望这些建议能对教学起到一个不错的效果。

参考文献

[1]教育部高等学校计算机科学与技术教学指导委员会.高等学校计算机科学与技术专业发展战略研究报告暨专业规范(试行).北京:高等教育出版社,2006.

[2]韦林,龚丁海等.地方性院校计算机硬件教学问题分析与探讨.中国新技术新产品.2009(23).

[3]郝尚富.计算机硬件实验教学与管理的探索.河北北方学院学报,2009,25(4):80－82.

[4]姚爱红,张国印,武俊鹏.计算机专业硬件课程实践教学研究.计算机教育,2007(12):29－31.

[5]杨学颖,苏光奎.计算机硬件课程教学问题初探.河南教育学院学报(自然科学版),2006,15(1).

[6]王华.提高计算机硬件实验教学水平的改革实践.实验科学与技术,2008,6(5).

面向竞赛激励的创新学习平台在优秀学生培养中的应用和探索

茅海军　边　境　张轻扬　庄　红

浙江理工大学计算机技术教研部，浙江杭州，310018

摘　要：本文探讨了在当前高校计算机基础课程教学改革的大环境下，为了满足不同计算机水平层次和不同学科背景学生的需求，通过在教学中应用面向竞赛激励的创新学习平台，针对优秀学生形成一套颇有成效的培养模式和机制，以卓越带动全面，促进大学生学习计算机的兴趣，对大学计算机基础课程教学改革进一步深化具有重要的意义。

关键词：竞赛；创新学习平台；优秀学生；培养模式

1　引　言

随着计算机技术的飞速发展，计算机在经济和社会发展中的地位日益重要。在高等院校的培养目标中，都将计算机知识与应用能力作为重要的组成部分，社会对大学生的计算机素养和技能提出了更高的要求，大学计算机基础类课程的不断改革和持续创新问题日益突出，成为亟待研究和解决的问题。教育工作者应通过不断的自我革新和创造，为大学计算机基础类课程的发展注入新的生机和活力，让大学计算机基础教育面向社会，与学科发展接轨，与时代同行。

进入大学之前，由于各地的教育发展水平不均衡，计算机水平参差不齐，即使相同专业的学生，也存在日常接触计算机频繁、水平很高的学生和从来没有接触过计算机的学生。所以不能由教师统一授课，授课的内容、方法、方式也不应该千篇一律。因此，针对不同水平的学生，同一门课程也要开设不同的教学内容，制订不同的教学计划，运用不同的教学手段实施教学。对于少数在入学前就已经掌握了基本计算机理论和操作技能的优秀学生，需要制订一套优秀学生的培养方案，探索一套行之有效的教学方法，在原有的基础上进一步激发他们对学习的兴趣，使得他们真正学到知识。否则容易导致部分水平高的学生在一开始就失去对计算机学习的兴趣，造成“炒冷饭”、“吃不饱”等现象。

2　传统教学方法手段的不足

针对目前高校开设的大学计算机基础类课程，尤其在实践环节，笔者认为传统教学方

茅海军　E-mail：maohj@zstu.edu.cn

基金项目：浙江理工大学高等教育改革项目（校级一般项目）

法主要存在以下问题：

2.1 实验内容以操作性、验证性实验项目居多，无法满足优秀学生的需求

如图1所示，目前的实验题型操作和验证型实验占90%以上，而创新型、综合型实验很少。

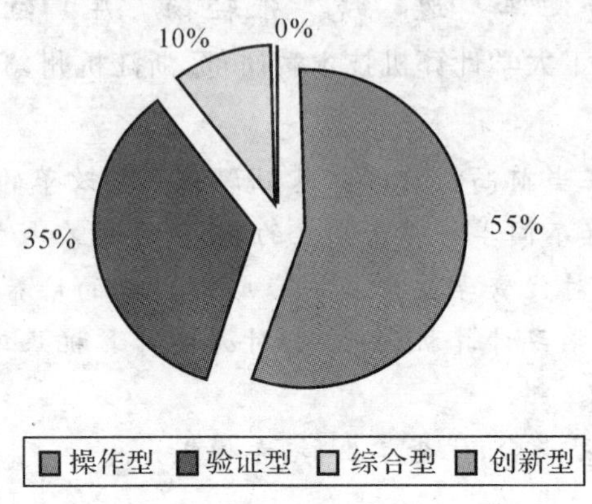

图1 目前实践课题型分布比例

笔者2008年曾在自己的技能课教学班做过一次入学前知识点调查，如图2所示。

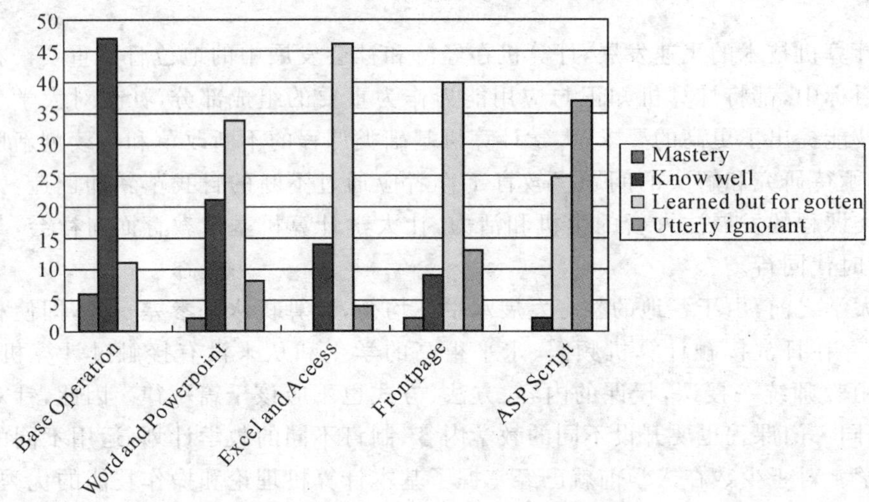

图2 入学前计算机知识点掌握情况调查

图2显示了部分学生(大约10%～15%)在入学前已经掌握了所有的课程基本知识点，原有的教学内容已经不适合他们，原有的实验内容也只能满足大多数一般水平的学生，很难满足部分优秀的学生。如果不适当加以引导和开发，会导致这部分学生产生厌学情绪，让他们失去学习动力，从而流失优秀的学生。

2.2 教学模式单一，缺少自主探索的过程，留给学生独立思考时间和互相交流的空间太少

主要采取单向的"教师讲→学生练"教学灌输方式，直接告诉学生大量技能知识，缺少了学生主动学习和获取知识的过程，而这一过程正是培养学生学习能力和创新能力的重要

过程。单向灌输的教学模式强化了学生的记忆功能,弱化了学生的学习能力和知识创新能力,从而成为一个知识的背负者,而不是一个创造者,这有悖于我们培养人才的最终目标。

3 网络环境下创新学习平台的构建

互联网的发展适应了创新学习的需要,为其提供良好的智力背景,创造良好的学习条件。网络环境下的创新学习是指学生在教师指导下,利用网络的时空自由、资源共享、交互学习、超文本链接等优势,通过计算机多媒体自主获取知识,创造性地应用知识和解决问题的一种综合学习活动。网络环境下创新学习模式如图3所示。

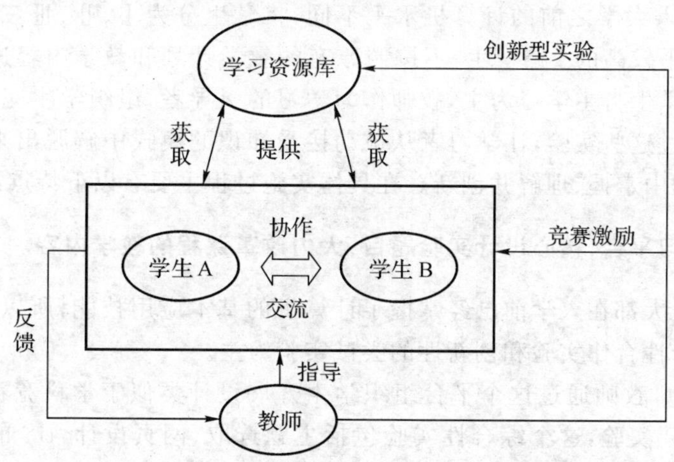

图3 基于竞赛激励的创新学习平台模式

(1)学习资源库。给学生提供学习相关的各种形式和内涵的信息,有利于创设包括情境、协作、交流和意义建构四种要素的理想学习环境。学生通过网络获取所需信息,并对信息进行加工、处理和运用。生动展现教学内容,有利于调动学生极大的学习兴趣,激发学生自主创新学习的内驱力,使学生积极地投入学习。

(2)竞赛激励。破除"课堂为中心",打破课堂教学内容及教学形式环节的界限,学生在网络环境下,进行学科内容的竞赛、评价、评奖,以激发学生的创造力和想象力,从而能迅速掌握课堂知识并应用迁移知识,增进创新能力。

(3)创新型实验。教师通过发布创新型实验,让学生进行课后自主性学习,充分发挥主观能动性,通过互相协作完成任务,富有成就感,激发学生进一步学习的兴趣。

(4)反馈。教师在积极引导学生主动参与,自觉有效地发现、收集、获取、处理和创造信息的同时,注意畅通师生之间的信息反馈,使学生强化正确的知识,调节思维方式,改进学习方法,使学生自主学习达到准确。

(5)协作交流。学生在利用网络环境进行自主学习时,可以通过各种方式。学生之间相互进行交流,交换彼此的看法,达到共同进步、共同提高的效果。

笔者所在团队自主研发的集学科竞赛和综合实验于一体的创新学习平台支持教师组织各类学科竞赛比赛,同时也支持老师在实践教学环节中布置综合性和设计性实验。平台包括发布竞赛信息、报名管理、比赛管理、赛后管理、作品展示、账户管理六大模块,其中赛后管理又分为学生投票系统和专家打分系统。通过该平台,教师可以方便地组织比赛,学生也可以自由参与。

4 具体实施过程

我校目前的大学计算机基础类必修课程由"大学计算机基础概论"和"计算机应用技能"两门课程组成。为了满足不同计算机水平层次和不同学科背景学生的需求,大学计算机基础类课程进行了分类分层次的立体化教学改革和探索。按照教授对象的学科专业不同将学生划分为 A、B、C、D 四类,分别对应理工类、经济类、文史类和艺术类;在每一大类的学生中,再按照进入大学之前的计算机水平不同,将学生分为Ⅰ、Ⅱ、Ⅲ三档。其中对于计算机基础扎实,水平较高的Ⅰ档学生,不按照原有的教学计划和教学内容进行教学,而是改成小班化教学,以学生自主学习为主,教师作为学习的引导者,组织学生完成一些综合性和设计性的实验,通过这些实验,让学习者从被动接受知识的模式中解脱出来,在运用知识解决实际问题的过程中掌握、理解并创新。在具体实施过程主要有以下特点:

4.1 依托创新学习平台,精心设计实验题目,大力改革课程的教学内容。

由于优秀学生大都在入学前已经掌握了计算机的基本应用技能,所以课程的内容以基本技能以外的综合性合作实验和创新性的尝试实验为主。

在教学过程中,教师通过这个平台组织学生开展设计类似于学科竞赛的综合性实验。例如,主题网站构建实验,这个综合性实验包括主题选取、网页设计、IIS 的运用等,要求学生以团队为单位在平台上报名,提交作品,然后教师打分,学生可通过网络进行投票,最后评出一、二、三等奖。通过竞赛激励机制加强上机实践这个教学环节,充分发挥学生的实践能动性。其他类似还有硬件平台搭建实验、人力资源管理系统数据库设计实验等。

4.2 在平台上开展主题交流等教学实践活动,改变传统的单向灌输教学模式,尝试新的教学方法和手段

在实际教学过程中,我们根据学生自己填报的兴趣方向划分成各技术讨论小组,如软件小组、硬件小组、网络小组、数据库小组、新兴技术小组等。通过教师设计一些能够开展自学、讨论、合作的主题,在课间让学生在小组内部进行讨论。学生的学习效果很大程度上取决于学习活动的设计,因此如何设计研究性学习活动是教师关注的问题之一。如在讲计算机硬件内容时,我们布置学生进行关于计算机硬件的网络调研和市场调研,以小组为单位形成硬件市场趋势调研报告,然后通过学习平台提交报告,教师组织学生对报告进行评选、讨论、交流和打分。也可以通过组织小组与小组之间的交流,进行小组互评,充分调动学生参与的积极性,促进更有效的相互学习。

总体原则是让学生在讨论、演讲、交流中获取知识和想法,而不是以某个人掌握某个技能知识点为教学目标。期间,教师负责收集教学反馈信息,并及时调整教学目标和控制教学进度。

4.3 运用教学评价方法,解决如何评价教学效果和学习效果的问题

教学评价采取双向评价法,由学生对教师的教学活动的设计、组织、实施等进行评价,同时由教师根据日常实践课程过程中学生在参与、讨论、发言中的表现给学生打分,并由教师采用征答、测验、观察提问、论文答辩等方法对学生学习效果进行评价。在具体实施过程中采用绝对性评价、相对性评价和个体差异评价等不同的评价方法。

5 总 结

基于竞赛激励的创新学习平台具有多学科学习资料库共享、学生协作交流、教师指导、多学科竞赛培训及组织管理等功能。在对优秀学生的培养过程中,我们通过竞赛激励,破除“课堂为中心”,打破课堂教学内容及教学形式环节的界限,学生在网络环境下,进行学科内容的竞赛、评价、评奖,以激发学生的创造力和想象力,从而迅速掌握课堂知识并应用迁移知识,增进创新能力。为高校课外教学和管理提供服务,从而促进大学生创新能力的培养,对其他高校计算机基础课程教学改革的发展起到推广示范作用。

参考文献

[1] 刘昌明.创新学习的实质与特征再探.教育研究,2008(1).
[2]王焕梅.大学生创新学习方式的构建策略.教育理论与实践,2008(11).

艺术类院校计算机基础模块化教育"1+X"方案研究

沈　飞

浙江艺术职业学院,浙江杭州,310053

摘　要:本文是对艺术类院校计算机基础课程教学改革探索与实践的总结,结合我院实际情况,针对艺术类院校专业学生的计算机基础知识结构参差不齐的现状,从课程体系、教学方法以及教学评价等多个方面进行了分析。

关键词:计算机基础;模块化教育;课程体系;"1+X"方案

1　引　言

计算机的应用渗透到人们工作和生活的各个方面,其迅猛的发展说明,在未来相当长的时期内,这个领域中新的技术、新的应用系统、新的应用方式都将不断地涌现出来。因此我们今天培养出来的大学生应该能够更好地迎接明天信息化社会环境的挑战。这些都足以说明在大学中,根据艺术专业的特殊需要开设具有艺术类专业特色的计算机课程是十分必要的,并且与培养学生人才素质密切相关。

专业的要求、个人的兴趣、项目的驱动、就业的导向,多种因素致使学生学习计算机的热情不减,对计算机课程的期望值也不断提升,尤其希望学校能开出不同档次、不同类型的计算机课程,以满足各自不同的需求。[1]

但是,计算机基础教学的学时不能随意增加。如何利用好有限的学时,为学生提供高质量的课程呢?贯彻少而精的原则,抓好适合不同专业特色的计算机模块教学方案建设就显得尤为重要。

为此,我们提出模块化教育"1+X"的方案,即1门"大学计算机基础"(必修)加上若干个适合艺术类院校专业特色的计算机模块教学方案(必修或选修)。我们提出这个方案,以基础应用为主导,鼓励学生参加计算机等级考试并获得证书,这是"1+X"方案中的1;X为针对不同的专业开设不同教学模块,可以多选或单选,形式可以是必修或选修。

2　课程体系及课时安排

为了适应新形势的发展,在课程建设中,我们贯彻了教育部2005年白皮书的精神,结合高等学校文科类专业大学计算机教学基本要求(2008年版)[2],对大学计算机基础课程教学进行了一系列的实践探索。我们提出的模块化教育"1+X"的方案主要分为两部分:一是公共基础部分,该部分的课程组成由模块组装构筑,各模块符合本课程大纲基本要求。各模

沈飞　E-mail:Sf800219@163.com

块的名称与学时安排见表 1，一共 7 个模块，共需 68 学时，其中上机实习不少于一半学时。对这部分内容，建议连续安排在一学期完成，可在大学一年级开设。此部分的主要任务是了解计算机基础知识并通过浙江省计算机一级考试。二是后续课程部分，完善了"1＋X"的体系，后续课的内容和学时安排见表 2，我们设置了 8 门课程，以选修课的形式开设，供学生选择学习，以提高、强化学生在专业上的计算机应用能力为目标。

表 1　公共基础课程模块组合及学时分配

序号	模　块	讲课	上机	总学时	课程类型
1	计算机基础知识	4		4	必修
2	微机操作系统及其使用	2	2	4	
3	办公软件应用	6	10	16	
4	计算机网络基础	2	2	4	
5	Internet 基本应用	4	6	10	
6	数据库系统基础	8	16	24	
7	多媒体技术入门	8	16	24	
合计		28	40	68	

表 2　后续课程设置及学时安排

序号	课程名	讲课	上机	总学时	课程类型
1	微机组装与维护	12	24	36	选修
2	计算机网络技术及应用	16	20	36	
3	网页设计基础	16	20	36	
4	电子商务应用	12	24	36	
5	多媒体技术应用	16	20	36	
6	计算机图形图像基础	12	24	36	
7	计算机二维动画基础	12	24	36	
8	数字视频与音频基础	12	24	36	

艺术类院校计算机公共基础课的后续课在这里给出了 8 门课程及其相应的学时数。这 8 门课程是根据各专业的特点和要求遴选出来的，但并不表示后续课只能在这 8 门课中选开，各专业可根据自身的特殊需要开设出其他的计算机课程。

3　教学方法

计算机科学与技术是知识更新最快的学科之一。艺术类院校计算机课程的教学与其他同计算机相关的课程一样，应该及时更新教育观念，在继承传统教学方法合理部分的基础上，结合专业特点，探索新型的教学模式，完善教学方法。

3.1 由教师为中心转变为以学生为中心

在整个教学活动中,学生为学习的主体,应该成为教学活动的中心。应该避免单纯教师讲、学生听,或者是教师示范、学生练习的被动局面。教师应该使自己成为教学过程中的设计者、引导者、促进者,设计和组织出富有创意的案例、任务,引导学生主动参与,在解决问题的过程中激发学生的探索与研究的热情,使他们成为教学中的主体。要为学生自由选择、自主学习、独立研究、全面发展留下足够的空间,充分发挥学生的主动性和创新精神。整个教学模式应从"以教师为中心、教师向学生灌输知识、学生被动学习"的模式,转变到"以学生为认知主体和以学生为中心、在教师指导下学生自主学习、主动探索、勇于创新"的模式。

3.2 承认差别,发展个性

由于地区、学校和学生基础方面的不同,使得同一院校、同一专业学生入学时的计算机知识存在较大的差异。因此,应该承认学生中的差别,在保证完成基本教学任务的前提下,可以设计多层次的教学要求,灵活设计与组织教学活动,以满足不同层次学生学习的需求。在教学中注意抓两头:对于基础较差的学生,要多鼓励、多辅导;对基础较好的学生,要多放手、多支持。尊重学生不同的技术应用思路,鼓励学生创造性地提出解决问题的方案,促进学生的个性发展,让不同水平的学生都能找到自己的"发展空间",使每一个学生都有机会得到充分的发展。

3.3 钻研教学方法,讲究教学手段

在计算机教学,特别是计算机公共基础课中,主要的教学环节是集中授课和上机辅导。授课的形式主要有"黑板+粉笔"、"计算机+大屏幕"和"网络化教学平台"。教学方法与手段要服从于教学内容。对不同类型的课程,对同一课程中不同的教学内容,应该设计不同的教学模式与教学方法,采用不同的教学手段。教学手段是为教学内容、教学模式与教学方法服务的。对于一些应用性、综合性的课程,可采用精讲多练、项目驱动(案例)的教学方法。

3.4 基于网络教学平台,积极探索教学模式、方法和手段

"网络+多媒体"的教育模式是发展的趋向。充分利用已经建好的精品课程平台,积极探索多种教学模式,以前用现代化手段在课堂上搞"满堂灌"和单一的"电子板书"等现象将不复存在,教师除组织好课堂教学外,还应花大量的时间和精力去组织与教学内容相关的辅助资料上传校园网,供学生课后复习或自学用。学生在学习中有什么问题,可通过网络与老师取得联系,并进行网上交互式的辅导,把教学从传统的课堂延伸到课外。通过丰富的网上资源,既开阔了学生的知识视野,又为学生提供了一个自由的学习环境,使学生在不断的学习中培养他们的自主性学习与创造性思维的能力,从而真正达到教育部高等学校计算机教学指导委员会对大学计算机基础课程教学所要求的使学生"掌握信息技术的基本理论知识以及运用信息技术处理实际问题的基本思维和规律"。

当然,要做到这些,对教师有着更高的要求。教师不但需要精通计算机和教学对象所

在专业方面的相关知识，而且需要熟练掌握现代教育技术的应用。

4 教学评价

(1)无纸化考试系统：与浙江省一级考试系统相衔接，通过上机的形式考核理论知识与操作并举，可以考察学生对计算机基础知识、计算机软件的使用或应用能力，也可考察学生应用计算机解决问题的过程和方法。

(2)充分运用表现性评价。采用表现性评价，既要重视学生学习和应用计算机的结果，更要重视取得结果的过程。表现性评价主要以学生在计算机实际操作或应用其解决实际问题过程中的表现或成果为依据，评估学生的实际操作能力或其他方面的信息素养。表现性评价应事先制定统一的评价标准或评价量规。

(3)重视学生平时的表现。学生在计算机课中的平时表现是指课堂授课时是否到场，听讲是否认真，上机是否出席，上机练习的任务是否独立完成，作业是否按时上交，上机任务的结果是否有创意等，这些资料的积累，有利于对学生计算机学习情况的全面认识。总的说来，学生在计算机课中的上机操作能力、大作业完成情况、项目的最后结果，以及平时的表现，在对学生的总体评价中应占主要地位，要淡化纸笔测验，绝不能以通过一次笔试或一次上机考试来评定学生整个学期的学习成绩。

参考文献

[1]教育部.关于进一步加强高等学校计算机基础教学的几点意见试行.北京：高等教育出版社，2006

[2]教育部高等学校文科计算机基础教学指导委员会.高等学校文科类专业大学计算机教学基本要求(2008 年版).北京：高等教育出版社，2008

医学信息技术人才工程实践能力培养中的混合式学习实践与反思

王海舜　刘师少　黄建波　蒋巍巍　李志敏　罗　杰　彭　春　吴　彦

浙江中医药大学信息技术学院，浙江杭州，310053

摘　要：本文针对医学信息技术人才的工程实践能力的不同阶段的递进培养目标，探讨了课程群建设、课程知识点分析和课程间相互联系，提出了具体课程中实施混合式学习的模式，反思了在工程实践能力培养中开展混合式学习的关键问题和有待完善之处。

关键词：混合式学习；医学信息技术；实践教学；人才培养

1　引　言

程序设计能力、软件工程素养、医学信息工程技能是医学信息技术人才的最基本工程素质。混合式学习(Blending Learning)[1-3]是传统的面对面的课堂学习方式和数字化学习两种方式的有机整合，其本质是强调教师的主导作用和学生的主体地位。在探索如何将混合式学习应用到医学信息技术人才工程实践能力培养中，完善医学信息技术人才工程实践能力培养体系，提高人才培养质量的过程中，围绕医学信息技术人才的“程序设计能力、软件工程素养、医学信息工程技能”的递进培养目标[4]，初步建立了分阶段的工程实践课程群；并以此为主线，针对不同阶段的工程实践课程，分析了课程知识点，研究了具体课程的混合式学习导入和实现模式，尝试建立了多元化的工程实践活动组织策略；完善了基于BB平台的复合型医学信息技术工程实践学习支持系统，开发上线了ZCMUOJ(Zhejiang Chinese Medical University Online Judge：浙江中医药大学在线编译)系统，成为了程序设计阶段课外学习平台；部分课程建立了结合混合式学习效果考核的教学评价体系；着手规划分阶段组织开展工程实践教学以及不同阶段课程群相关实践教学计划。

2　分阶段工程实践课程群划分

根据医学信息技术人才工程实践能力所体现的“程序设计能力、软件工程素养、医学信息工程技能”三大基本素质和培养过程，我们分析梳理成以程序设计能力培养为主的启蒙入门、以软件工程素养培养为主的发展提高和以医学信息工程技能培养为主的开发应用三个阶段，并以此为基础，将不同阶段教学重点和相关课程划分课程群，以便加强课程群内课

王海舜　E-mail：Whs@zjtcm.net

本文获浙江省新世纪教改项目(zc20100035)、浙江中医药大学教改项目(09008)和浙江省计算机教指委教改项目(浙本计教指委教改项目2010－5号)资助。

程的教学配合和交流程度，建立密切相关的阶段性课程教学目标和具体教学要求；做好课程群间课程的相互关联，突出每门课程与后继课程的知识有机衔接。具体课程群划分如下：

程序设计能力培养阶段（启蒙入门）：计算机导论、程序设计基础、面向对象程序设计等。

软件工程素养培养阶段（发展提高）：数据结构、计算方法、微型计算机系统与汇编语言、JAVA 程序设计、数据库基础、软件工程等。

医学信息工程技能培养阶段（开发应用）：网络程序设计、数据库开发实践、医学信息学、信息系统设计、ORACLE 基础、JAVA 程序设计与案例、医学图像处理。

3 深入研究分阶段课程群课程知识点与混合式学习策略

通过深入研究分阶段课程群每门课程的教学目的、教学特点和教学规律，列出本课程的主要知识点。为了更直观地表示课程知识点，以及本知识点与前导课程和后继课程的关系，我们设计了树状结构的“知识点的结构关系表”，首先对某一个知识点所在课程、名称、章节等属性进行统一编码，并对该知识点的教学要求、教学策略，以及相关的前驱知识点等属性进行规范化标识。使得每门课程明确各个知识点的教学要求、采取的教学策略，为混合式学习的教学策略设计打下基础。其次，明确与后继课程知识点的教学要求，使得不同课程间的知识点前后互相衔接。最后，把工程实践能力培养的不同阶段课程知识点有机地串接起来，形成了完整的培养体系，通过建立各课程的混合式学习策略，从而规范整个培养过程中混合式学习的内容、要求和组织方式。根据以上设计思想和目的，我们初步完成了工程实践能力培养的三个阶段 12 门专业课程“知识点的结构关系表”，作为课程教学大纲的基础，并探索了在不同课程的教学过程开展混合式学习的策略和方法。

4 建立应用混合式学习的教学模式

研究探索了分阶段工程实践能力培养的课程群各课程的混合式学习策略。主要从课程导入、课程活动组织、课内外学习支持以及教学评价四个教学环节，建立混合式学习模式教学实施方案[5]。

4.1 程序设计能力培养阶段

程序设计能力培养阶段是医学信息技术工程实践能力的启蒙期和打基础阶段，对于后续学习至关重要。我们在 2010 年级和 2011 年级学生中实施了课外程序设计竞赛为抓手的混合式学习导入策略；从程序设计能力培养与训练入手，根据递进式的深化程序设计能力的教学规律，建立不同难度、不同层次的课外程序设计训练和竞赛为主的活动组织机制；设计开发了适合我校学生特点的 ZCMUOJ 系统，成为学生参与程序设计的主要学习支持平台。

为了吸引同学参与到课外程序设计中去，我们建立了周赛、月赛、学期比赛以及单挑赛等多种形式的程序设计竞赛机制，刺激学生参与的兴趣。平均每周组织一次程序设计周赛，每月组织一次个人单挑赛和团体月赛，组织了一次学院比赛和学校比赛，参与人员覆盖了计算机专业一二年级70%学生。

在活动组织上采取自愿组合，教师适当引导、调配的方式，既要确保强强组合，起到引领作用，又要打破弱弱组合，避免有些小组应长期解不出题而失去信心提前退出；在学生骨干的带动下，每周常规训练2次，同时保持一定量的组内训练，每周举行一次由学校ACM集训队学生主讲的程序设计专题seminar，逐步形成了探讨程序设计的兴趣和风气。

通过借鉴兄弟院校程序设计竞赛平台的特点，我们开发了符合我校学生学习特点的ZCMUOJ程序设计系统，可以同时允许200人在线做题，支持C和C++两款在线编译器，对学生提交的代码进行在线编译，并返回结果，以自主添加和更新题目系统，专门设计了简单题部分均为C语言入门级题目，供入学新生练习所用，实现动态排名，大大促进了学生课外参与程序设计竞赛的积极性。

通过以参与程序设计竞赛为主要抓手的程序设计能力培养的混合式学习，学生程序设计能力提高是很明显的，特别是在ACM比赛中，我校在今年浙江省ACM程序设计竞赛中获铜奖三项，其中1项在三本滨江学院，这是我校零的突破；在今年4月，ACM-IPC亚洲赛区晋级赛 福州站比赛中获铜奖1项，学校排名25位。另外，在学校程序设计比赛中有27人获奖。由于参与学生的覆盖面超过以往任何一届学生，学生学习程序设计的主动性、自觉性和探索性大大提高，程序设计成为一些同学的兴趣爱好，大大地促进了主动学习、自觉学习的风气形成。

4.2 软件工程素养培养阶段

软件工程素养培养阶段的主要任务是从软件工程的角度，研究从程序设计到软件工程角度的工程化软件开发能力培养，软件团队合作开发训练，基于常用团队协作软件开发平台的软件开发训练。

课程导入中以软件工程综合性、整体性素养培养为实践目标，综合相关课程知识设计任务，以设计性、综合性实验为主，重点围绕软件开发的完整流程开展实践；强调团队分工与协作，采取以课题小组方式开展学习，重点放在课程设计与开发实践上。实现教师角色转变，变“教”师为“导”师，提供实践思路与方法的指导，引导小组成员协作学习、角色扮演、讨论交流；评价考核主要从程序开发、文档撰写、软件评测、团队协作等多个角度，采用小组自评、组间互评与教师评价等多种形式综合评价；并且主要应用了BlackBoard(BB)平台、软件集成开发环境(如Visual Studio Team System)、版本控制工具(如CVS等)等资源[6]。

例如在“数据库开发”课程中，采用CBL教学方法，通过案例教学，把重点放在数据库开发案例上，案例涉及需求分析、模型设计、程序设计、程序测试以及系统发布等各个环节，全面培养学生软件工程素质；针对教学中的重要知识点，精心设计教学任务，提出任务、分析任务，在任务的驱动下，促使学生自主思考，并通过自主学习、协作学习等方法，探求解决问题的途径；创建教学网站、建设实验项目与实验案例库，采用网络学习平台BB开展小组讨论、课题设计等多种教学手段来使学生提高主动参与意识；对学生进行合理分组，使之相互合作和激励，培养学生探索创新能力和团结协作的精神。

又如，在计算机网络类课程的工程实践能力培养中，引进了多种形式的混合式学习机制，计算机网络基础实验引入了主题探究活动，鼓励学生围绕若干热门技术开展分组学习与报告；网络设计与工程课在若干单次实验的基础上，设计了一组需要 18 人共同完成的综合实践项目，事先公布这组实验内容，考核时学生随机抽签完成其中一部分，促使学生利用实验室课外开放课外主动去熟练掌握这 18 个实验中的每一实验，大大提高学生网络工程的实践能力。同时，完善了实践评价方式，设计相关实验评价指标，引入免费网络服务调查派(http://www.diaochapai.com)，对部分实践项目进行在线的个人自评、组内评价、组间评价以及教师评价，在综合考虑各方因素的基础上得出相对科学的评价。

4.3 医学信息工程技能培养阶段

医学信息工程技能培养阶段的主要任务是从医学信息学的角度，开展跨学科的医疗卫生信息化项目开发实践。我们在医学信息学课程的教学中，建立了课程设计、医院调研、医院信息系统的模拟操作和需求分析、查阅文献和课堂教学等多种教学手段相结合的教学环节，并且针对每个环节设计了具体的教学要求和完成的课程任务，以及相应的评价考核机制，确保了课程的教学效果。人人参与完成一个医院信息系统子模块设计开发作为贯穿于整个教学过程的任务，并且以班级为单位，开发 HIS 的一个子系统，班级设立项目经理和技术总监，负责项目实施管理和技术管理，3～4 人为一组，设立项目组长，负责项目模块的开发，每组要求完成需求、概要设计、详细设计和软件测试四个文档，班级子系统要求能联通并运行各功能模块，在具体实施中，建立了项目经理技术总监和项目组长每周例会制度，进行讨论和指导。学生在具体开发中，以我校临床信息系统安装的医院信息系统案例为依托，开展混合式学习，通过模拟操作实际的 HIS 系统，加深对需求的分析，并且按照软件工程文档要求完成设计文档。课程设计占课程总评分的 40%，考核评价采用项目团队人人上台宣讲自己所做的工作、演示系统，学生代表评分与教师评分相结合。自 2005 年级至 2008 年级，共五届 490 名计算机专业的学生，参加医学信息学课程设计，共完成了 22 个门诊或住院子系统，100 个子模块。通过这种模仿项目开发的课程设计、医院调研等混合式学习，使学生把程序设计、软件工程等前期的知识综合运用到了医院信息系统项目的开发过程中，大大提高了学生的软件协同开发能力，加深了对医药卫生信息化概念的理解，收到了较好的软件工程协同开发效果。

为了提高医学工程技能培养效果，我校与杭州市第一人民医院共同建设的临床信息系统实验室自 2005 年开始至今已组织举办了 6 期临床信息系统培训班，利用双休日和课外时间，由医院一线信息管理专家和医药卫生 IT 企业工程师分专题系统讲授医院信息化建设的最新技术，并与医院、IT 企业现场参观相结合，使学生增加感性认识，共有 328 名学生参加了临床信息系统培训班，最后通过培训班结业考试选拔了其中的 69 名同学留在杭州市第一人民医院参加暑期项目开发实践。从以前 5 期临床信息系统培训班的效果分析，通过 50 个学时的培训，对学生加深医药卫生信息化的了解，启发学生将信息技术应用到医药卫生领域的创新思维，提高学生的学习兴趣方面是很有帮助的，特别是选拔留在市一临床信息系统实验室，经过暑假的实际项目开发，对其工程实践能力提高非常明显，很多同学就在医院或医疗卫生 IT 企业就业。

5 问题与反思

将混合式学习应用于医学信息技术人才工程实践能力培养，丰富了培养手段，改变了培养方法，提高了培养效果，特别是软件开发能力的提高，将有助于整体工程实践能力的快速提高。但反思我们的实践过程，需用特别重视以下几个关键问题：

首先，课程群各个课程的混合学习的导入机制有待进一步深入研究和探索。目前，仅在单个课程点上开展了混合式学习，但是尚未形成完整的体系。所以，下一步要完成三个不同培养阶段的各门课程的混合式学习机制，形成一个整体规范。同时结合培养计划的修订，充分体现出混合式学习在整个工程实践能力培养过程中的可行性和保障作用。

其次，进一步完善基于混合式学习的医学信息工程实践教学的活动组织策略。目前，在三个不同的培养阶段，混合式学习的活动组织还是以课程为主，分散展开，缺乏分阶段工程实践能力培养过程中的一体化混合式学习的活动组织策略和考核评价方法。通过建立分阶段课程的混合式学习的活动组织策略和考核评价，有利于控制整个培养过程中的质量。

第三，加大混合式学习资源建设力度。目前，基于 BlackBoard 的网络学习资源建设，课程间发展还不够平衡，有些课程已建成了完整的学习资源库，包括课程教学素材、参考资料、互动的作业平台和课程设计平台，形成了丰富的学习资源，但也有的课程仅上传了课件、教学大纲等，缺少实际指导意义，导致同学缺少利用网络平台开展学习的支撑性。互动学习的迫切性完善了 BB 平台的学习资源，有利于平台的推广应用。

参考文献

[1]黄荣怀，周跃良，王迎. 混合式学习的理论与实践. 北京：高等教育出版社，2006.

[2]何克抗. 从 Blending Learning 看教育技术理论的新发展. 国家教育行政学院学报，2005(9)：32－48.

[3]王军，徐宁，付宝岩. 浅谈网络教学的现状以及混合式教学方式的发展. 中国环境管理干部学院学报，2009，19(3)：110－112.

[4]Van Bemmel JH，Musen MA 著. 包含飞，郑学侃译. 医学信息学. 上海：上海科技出版社，2002.

[5]王海舜，刘师少，黄建波等. 基于医药背景的计算机专业人才培养. 计算机教育，2011(9). 45－49.

[6] 王海舜，刘师少，黄建波等. 医学信息技术人才工程实践能力培养的混合式学习策略设计. 计算机教学研究与实践. 杭州：浙江大学出版社，2010.

计算机专业卓越工程师教育人才培养模式的探索

叶　绿

浙江科技学院信息与电子工程学院，浙江杭州，310023

摘　要：针对培养具有国际化背景下高层次应用型人才的办学定位，分析了德国应用科学大学对工程技术专业的应用性人才的培养模式，探讨了卓越工程师培养体系构建、培养环节把握，提出了一些建设性的构想；探索了计算机专业“卓越计划”工程技术应用型人才培养模式，提出了以培养学生的应用能力程序设计为目地的应用创新能力培养模式的一些构想。

关键词：工程教育；卓越工程师；人才培养

1　引　言

浙江科技学院成为教育部第一批“卓越工程师教育培养计划”实施试点高校，我校首批参加试点的专业有计算机等6个。

“卓越工程师教育培养计划”（以下简称“卓越计划”）是贯彻落实《国家中长期教育改革和发展规划纲要（2010—2020年）》和《国家中长期人才发展规划纲要（2010—2020年）》的重大改革项目，也是促进我国由工程教育大国迈向工程教育强国的重大举措。该计划要培养造就一大批创新能力强、适应经济社会发展需要的高质量各类型工程技术人才，为国家走新型工业化发展道路、建设创新型国家和人才强国战略服务。该计划对促进高等教育面向社会需求培养人才，全面提高工程教育人才培养质量具有十分重要的示范和引导作用。

我院计算机专业作为“卓越计划”专业将以工程拔尖创新人才培养“试验田”的形式，着重于培养方案的制订实施、教学改革的组织落实、改革经验的总结推广等工作，为全面推进工程教育改革进行试验探索。作为“卓越计划”实施专业，在学生培养过程中将采取导师制、学长制的管理机制，优化课程体系，调整教学内容，创新教学方法，完善考核评价体系。通过课程重心前移，强化综合设计训练，增加工程相关课程，开展研究式教学、讨论式教学，以问题为导向的PBL式教学，以构思、设计、实现、运作模式为主的CDIO式教学以及团队模式教学，加大平时成绩比例。从考核“学习成绩”向评价“学习成效”转变，引导学生从注重“考试结果”向注重“学习过程”转变，增强学生学习的主动性，提高学生的研究能力和工程实践能力。

叶绿　E-mail：yelue@zust.edu.cn

2 德国 FH 人才培养以及“卓越计划”工程教育的特点

我校与德国应用科学大学(简称德国 FH)开展了 25 年的合作,其工程应用型人才的培养模式自 20 世纪 70 年代以来深受德国教育界推崇,他们在人才培养方式、实验课程体系的设置、教学实践的活动过程等方面的经验,都值得我们学习和借鉴。德国 FH 作为高等院校多数成立于 20 世纪 70 年代初,主要培养应用型技术人才。因此,此类高校的教授除了必须有一定的学术资历以外,还必须拥有 5 年以上的企业工作经历。德国 FH 大学的培养目标主要是向学生传授就业必需的专业知识和科学方法,培养学生进行科学研究的能力,以及在自由、民主、社会法制国家中的行为责任心。德国 FH 大学明显的特征是教学与生产实践紧密相结合,除了理论学习以外,学生还得完成不少于 20 周的企业工程技术实习。德国 FH 大学的教学形式有讲座课(Vorlesung)、研习课(Seminar)、练习课(Übung)、实习课(Praktikum)及学术旅游(Exkursion)等。通过研习课,学生可以对某一课题进行透彻的理论探讨,通过练习课和实习课,学生可以把学到的理论知识应用到实践中去。德国 FH 大学还通过小班授课方式确保教学质量。

德国 FH 大学教育最为明显的不同就是实验课程。理论与实践的相结合,是德国 FH 大学教学的根本。在德国无论学习哪一门新知识,实验部分永远都是学习的重头戏。在实验室里很多设备和软件都是由学生的毕业设计开发完成的。为了提高实验室的利用率,德国实验室执行单组不同实验器材制,每次轮流使做实验的小组都会被分配到不同的实验题目。这样使同一个实验室拥有品种繁多的不同设备,激发了学生创新学习的动力,以满足将来就业岗位的需求。

美国普渡大学(Purdue)工程系主任 kah Jamieson 认为,世界正以多种方式发生着变化,未来的工程师需要多种技能,如创造力、灵活性、领导能力以及商业才智等品质。“它不只是你知晓多少数学和电路原理,它是沟通能力、团队协作能力和对职业道德的理解”。美国《培养 2020 的工程师:为新世纪变革工程教育》描绘了未来工程师应该具备的品质,包括:①很强的分析能力;②实践才能;③创新意识和创新能力;④较高的伦理道德标准以及职业素养;⑤动态、机敏、具有弹性、灵活地更新并应用知识的能力;⑥良好的沟通能力;⑦商务与管理技能;⑧领导才能;⑨终身学习能力。

卓越工程师不仅要具备上述未来工程师的品质,而且还应该兼具以下特质:①对局部或整体工程价值的科学判断力;②对权威工程学术或工程技术独到的批判力;③对历史工程文化承载、现代工程文化内涵以及未来工程文化趋势的深刻洞察力;④优秀民族工程文化传承与世界先进工程文化吸收的责任感;⑤工程环境影响的感知与和谐意识的自觉;⑥正确理念的坚持或自我否定的勇气。只有具备了上述 15 种品质特征的工程师,才能称得上是真正的卓越工程师。

“卓越计划”的工程教育改革从根本上讲就是要破解如何培养适应新时代要求的新一代工程师的问题,这不仅关系到中国能否实现新型工业化和建成创新型国家,而且关系到人类能否实现可持续发展。在学校多年工程教育改革和实践的基础上,更加积极地推进多方位、多层次、多方式的改革实践,面对科技革命和全球化的新形势,结合浙江省经济发展的实际,探索出一条适应可持续发展的高素质应用型工程创新人才的培养之路,为浙江省培养一批未来工程应用型人才和一大批适应社会经济发展需要的卓越工程师。

"卓越计划"工程教育改革具有以下三个特点:

(1)行业企业深度参与培养过程,是创新工程教育的人才培养模式。以强化工程实践能力、工程设计能力与工程创新能力为核心,在企业设立一批"工程实践教育中心",学生在企业学习一年,"真刀真枪"做毕业设计。

(2)学校按通用标准和行业标准培养工程人才,建设高水平工程教育师资队伍。参照国际通行标准,评价"卓越工程师教育培养计划"的人才培养质量。参与高校要建设一支具有一定工程经历的高水平专、兼职教师队伍,要改革完善工程教师职务聘任、考核制度。高校对工程类学科专业教师的职务聘任与考核要以评价工程项目设计、专利、产学合作和技术服务为主,优先聘任有在企业工作经历的教师,教师晋升时要有一定年限的企业工作经历。

(3)强化培养学生的工程能力和创新能力。扩大工程教育的对外开放,支持师生开展国际交流和去海外企业实习,拓展学生的国际视野,提升学生跨文化交流、合作的能力和参与国际竞争的能力。

我校将以实施"卓越计划"为契机,加强校内外基地建设,强化工程教育,深化应用型创新人才培养模式,以不断提高我校的教育教学质量,为建设创新型国家作出应有的贡献。

3 计算机专业工程技术人才培养的改革理念

结合企业自身的发展,指出培养卓越工程师的多层次和多种培养途径:以计算机专业"基于问题的学习(Problem Based Learning,PBL)"的教学方法来表示工程教育教学方法的独特性。这种国际流行的小组教学模式,是由导师精心选定一个学科发展问题或最新案例,启发引导学生利用图书馆和网络资源进行自学分析,然后通过小组循环讨论,实现对所学基础知识和专业知识的融会贯通。我校的工程教育应进一步强化工程实践、工程设计和工程创新,加强校企合作和国际交流,体现工程大类课程体系的设想需要。围绕计划、强调实践,注重理论、推进应用,关注学生、繁荣师资,是我们对培养卓越工程人才的三点感想。

3.1 优化理念——大系统观念和国际视野

浙江科技学院经过25年中德长期的合作,且与国际交流合作的平台已扩展到澳大利亚、美国等其他国家,使培养工程人才的国际视野具备了一定的基础。工程教育改革的主要目标是:为建设创新型工程技术人才,进一步形成具有我校国际合作特色的,符合现代教育规律,满足企业界对未来人才知识、能力和素质的基本要求,能够进行自我调整和更新的培养体系。改革将立足本校,从浙江省经济发展出发,充分调动校内、企业界各种资源,充分利用校企合作、国际交流平台,为我校工程人才培养构筑一个开放式的大系统,培养具有国际视野的创新型工程人才。"卓越计划"教学改革将推广到整个学校乃至学校与国内、国际社会的联系,因此必须要有大系统观念和国际视野。

3.2 确立目标——应用性和引领性的工程人才

根据教育部工程教育改革试点高校的总体布局,我院制定的高等工程人才培养目标是:具有国际视野的行业应用型人才、国际认可的工程技术人才和创业研发型应用型人才。

根据上述培养目标,将根据学科、行业发展的特殊性,组织教授及相关专家在认真调查、具体分析和深入研究的基础上,制定具有前瞻性的专业标准。同时,计算机专业卓越工程师试点班,已在2010年秋季入学的120名本科新生中开始实施,参加卓越工程师的培养试点。另外尽可能扩大改革共享面,使可以分享的课程和培养措施即时推广到其他学生,为下一步大面积实施工程教育改革作好准备。

3.3 抓住关键——高水平的教师队伍

建设一支高水平的教师队伍,提高工程教育师资队伍的工程实践能力和设计创造能力是培养卓越工程师的关键。我校尽管一直倡导教学和科研并重,但由于各种原因,教师在执行过程中,往往投入科研的精力偏多,投入教学的精力较少。此外,工程教育改革首先是课程体系的重新梳理和调整,必然伴随教学内容、教学方法和手段的更新,这需要教师们投入大量的精力。

因此,我校将逐步完善配套的师资政策,以及教师出国留学培训、下企业锻炼提高的措施,并设定晋升的条件,其目标是提高人才培养质量,推进卓越工程师培养计划的切实推进和深入实施。

3.4 探索模式——以创新能力为核心,以国际化、产学有机结合为特色

创新能力是卓越工程师培养的核心,培养创新能力首先应该是培养创新的思维,而课堂是创新思维培养的主战场。因此,我校的高等工程教育改革十分强调课程体系的改革,课程设置积极吸取国际知名高校的成功经验,在课程内容、知识学习方式、考核方式和评价标准、实践教学实施方式以及能力培养方式等关键环节进行变革。从2011年开始选派青年教师去德国进修,并引进有工程技术应用特色的课程,回校开展双语或全英语授课,并招收外国留学生,实施好我校中外合作的“双五百”计划。

我院拥有一批教学创新基地,学校以基地为依托,组织各类创新比赛活动。学校的学生在大型企业实习基地参加实践学习,和企业一起研发新工艺、新技术,深化专业知识,锻炼创新实践能力,提高人际交往能力、组织协调能力、表达沟通能力和团队合作意识。

我院在卓越工程师培养计划中将国际视野的跨文化沟通能力作为培养目标的重要方面。卓越工程师试点班的学生要求在校期间锻炼自己的国际交流经历。

为培育课程语言环境,让学生尽早锻炼、提早适应,教学阶段将逐步增加双语授课和英语(或德语)授课的比例,吸引德国教授和工程一线专家来校交流、合作、同台授课,逐步培育并形成稳定的外语授课教师团队。在教学资源上采用引用或自编外语教材的方式,建设外语课程群。

实践教学体系实施“全过程、递进式”培养,贯穿“3+1”整个培养阶段。通过强化基本技能、培养综合实践能力和参与创新实践3个层次,体现认识深化和实践能力递进式提高的不同要求,培养学生的动手能力、基本技能、发表能力和工程综合能力。与众多竞争力强的省内企业建立了长期、稳定的产学有机结合的教学平台。计划与企业合作实行联合课程设计、联合毕业设计等。

4 卓越工程师的培养体系构建

卓越工程师不但要有科学驾驭现代工程的能力，而且要有引领未来工程发展趋势的潜质。因此，如何制订卓越工程师教育培养计划，已经不是简单的学科计划、专业计划或课程计划问题，而是从宏观的育人理念更新、育人环境改善，到中观的教师人格魅力提升、培养方式转变，再到微观的教学方法改革、评价体系创新，直至创业就业指导、发展规划引领，甚至包括心理辅导、人文关怀在内的大系统。构建这样一个宏大系统不是哪一所高校所能够实现的，它需要政府、高校、企业(社会)三位一体的协调才能够实现。

面向工程、面向实践，是工科专业人才培养的准则。卓越工程师培养与传统人才培养模式的显著区别之一就是强调实践。所谓“授之以鱼，不如授之以渔”，实践不仅能使学生增长经验，把学到的知识与工程实践和社会需求对接，而且能够触动学生心灵，使其产生开拓创新的激情与灵感。经过实践历练的学生可以把僵化的书本知识内化成为活的创新能力。

我院计算机专业卓越工程师培养应重点抓好以下3个环节：首先是招生环节。应注重招收那些既具备坚实的学科基础，又历来注重实践，在中学时期就积极参与科学实践活动，在程序设计与开发上展露才华的学生。其次是培养环节。要建立产学研联合培养体系，积极引导企业参与高等工程人才的培养，与学校共同设计高等工程人才的培养目标，制订培养方案，并为人才培养提供广阔的工程实践平台，鼓励学生在学习专业课的同时尽早参与工程实践。再次是师资队伍建设。要建设高水平工程型师资队伍，高校应优先聘用有工程经历的优秀教师，鼓励企业专家参与高校教学任务，并创造条件鼓励校内教师到企业工作，同时，改革工程型教师的评聘与考核制度，将对他们的评聘与考核从侧重评价理论研究和发表论文，转向评价工程项目设计、专利、产学合作和技术服务等方面。

4.1 强调实践与应用能力的工程技术专业课程体系的设置

借鉴德国FH的工程技术专业课程设置，我们将课程体系分为工程技术专业基础课程和专业方向课程。一些通用性、应用性都较强的课程，既为工程技术专业的学生开设，也可由其他学科的学生自由选择。抓住学生编程能力的培养，突出一条程序设计为主线的思想，就是要将程序设计这条主线贯穿整个大学前3年的学习过程，低年级学生从Java、C语言程序设计开始学习，第4、5学期学习汇编语言程序设计、C++/Visual C++高级语言程序设计、网络程序设计、应用程序综合设计、课程设计、项目设计等，将工程技术科学与技术的知识结构体系有机连接起来，这叫做程序设计课程不断线。只有不间断地通过不同类型应用编程的训练，系统地接受程序设计思想的熏陶，才能够培养学生具备较强的应用能力。第4年学生可选择进入企业、联合研发基地、研究所等开始工程技术实习及最终的毕业设计。

在工程技术专业和理工类非工程技术专业本科教学中，设置的很多工程技术课程既有一般性的介绍，也有与该专业紧密结合的内容，包括程序设计技术与应用类的课程和信息技术与应用类的课程。程序设计技术与应用类课程有软件开发入门、软件工具与系统编程、数据形式与结构、软件设计，种类非常齐全、应用范围广。信息技术与应用类课程主要开设数据库理论与实践，对低年级学生或商学主要介绍典型数据库的基本应用。

4.2 改革以工程应用型人才培养为目标的考核模式

借鉴国外应用型大学人才培养的成功经验，改革考核模式，增加大作业、课程项目、面试、答辩等形成性考核方式是十分必要的。推进"基础训练＋综合训练＋科技创新训练"三位一体模式。考核时采用"双结合"的综合评价体系，即"平时作业和离散问题的程序实现大作业相结合、形成性考核和期末考试相结合"的形式，课程考核采用了"离散问题的程序实现——质量考核、综合练习——阶段性考核、研究式训练——团队考核"等灵活多样的考核方式。针对课程特征，施行考核方法多样化，将应用型人才培养的目标融合到本课程的考核方式之中。根据考核内容和课程性质采取不同考核方式，有益于学生创新。

我们要努力营造工程人才的成长环境，改革人才评价模式。成立工程人才培养专家咨询委员会，主动了解相关行业发展态势和工程案例；广泛征求学科发展、专业建设、课程开发和实践指导的意见和建议，增强人才培养的针对性。首先，共同制订实施工程人才培养、人才评价、人才流动、跟踪(追加)培养方案。改变过于学科化的工程教育模式，更加强调实践和设计，使课堂教学、工程训练、工程实践诸环节相互交融，通过工程背景的逐年积累，构建一个亲身感受和知识内化的过程，使学生的工程意识、工程素质和实践能力、创新能力逐步得到深化和提升，使工程专业的毕业生能够很快地适应市场变化和工程开发的需要。其次，建立长期的实质性校企合作机制。校企之间互补性极强，院校要走出去，企业也应主动参与，在互惠双赢的前提下携手共进，共同承建工程项目，

5 结束语

随着世界经济的融合和产业结构的升级，未来的工程和工程教育必将不断发生深刻的变革，只有努力培养造就出数以万计的懂专业、善管理的卓越工程师，才能将我国从一个人力工程大国推进到工程品质强国的行列。通过借鉴德国 FH 实践教学体系，实施企业和学校联合研发基地下的校企合作工程，改变传统的实验教学模式，设立完善的实践教学体系，将原有教学过程中孤立的、单一的基础实验、专业实验及面向课程的设计过程提升为以面向工程项目的设计、实施为目标的工程项目实训过程，加强学生的工程实践能力。这不仅能大大提高实验管理水平，而且通过增设创新研究型实践教学实验、实验室开放和课程设计形成性考核等措施，极大地提高了学生实验学习的积极性和动手能力，真正提高了实验教学效果，锻炼了学生的创新能力。

参考文献

[1]王责成，张明雷."卓越工程师教育"中青年教师教学能力培养研究.煤炭高等教育，2010，(3)：91－93.

[2]汪木兰，周明虎，李建.以项目教学为裁体制订先进制造技术卓越工程师培养方案.中国现代教育装备，2010，(12)：15－19.

[3]李曼丽.独辟蹊径的卓越工程师培养之道——欧林工学院的人才教育理念与实践.大学教育科学，2010.

[4]Jamieson K. 培育优秀工程师美国放眼 2020 年[EB/OL. http//www. eettaiwan. corn/ ART —8800452201—480102～NT bt514109. HTM. 2010-08-16.

[5]Educating the Engineer of 2020：Adapting Engineering Education to the New Century. Washington DC：The National Academies Press，2005.

[6]叶绿.探索德国应用科学大学教学体系，改革计算机实践教学模式.高校计算机教学与研究.北京：科学出版社，2008：168－173.

[7]Ye L，Xiang J. Thought on Bilingual Teaching in Computer Specialty. 工程技术教学研究与实践—2008年浙江省高校工程技术教育研究会学术年会论文集.杭州：浙江大学出版社，2008，174－176.

课 程 建 设

软件项目实训在软件工程硕士培养中的实践探索

程学林　杨小虎

浙江大学软件学院，浙江宁波，315103

摘　要：在软件工程硕士培养过程中开设软件项目实训课程，能使学生在学习阶段就不断接受企业化项目开发的锻炼，掌握企业软件开发过程中各阶段的技能并强化团队沟通协作能力，缩短学生与企业实际所需人才的距离，解决学校与软件企业间的供需矛盾。

关键词：软件项目实训；工程硕士；实训体系

1　引　言

为了探索软件学院办学新机制，提高与产业结合的紧密度，培养学生解决实际问题的能力，紧扣软件工程硕士专业方向的发展趋势，依托软件学院与产业界共建产学研合作平台，以培养具有良好职业素质，实用型、复合型，并具有国际竞争力的高级软件人才为目标，实现人才培养与企业人才需求之间的无缝对接。软件项目实训课程与软件企业紧密合作，借助知名企业在软件产业的背景、强大的国际优势资源整合能力及在软件领域的成熟模式，本着国际同步、产业同步的原则，为社会培养高质量软件工程人才。

软件项目实训的核心是解决学校与企业的供需矛盾，使高校能够培养出满足软件企业需求的合格人才[1]。软件项目实训课程以专题讲座和项目实践为主要教学方式，使学生在学习过程中不断接受企业化项目开发的锻炼，并让理论与实践（尤其是企业环境）完全结合与对接，通过以项目任务为驱动的实训课程，不仅能培养学生掌握软件开发过程中各个阶段的技能，还可以强化团队协作意识，缩短与企业人才需求之间的距离，增强学生在 IT 人才市场中的竞争力。

2　软件项目实训概述

软件学院通过与 IBM、Oracle、阿里巴巴、网新等国内外 IT 企业开展人才培养方面的深层次合作，共同建立软件项目实训体系。实训体系包括企业化工作环境、企业化管理机制、案例库、模板库、评价体系、教材、实训指导教师、专题讲座教师等。图 1 所示为软件项目实训体系。

(1)企业化工作环境

由学院提供场地，企业提供软硬件资源以及资金建立企业化软件项目实训室。建设实

程学林　E-mail：chengxl@cst.zju.edu.cn

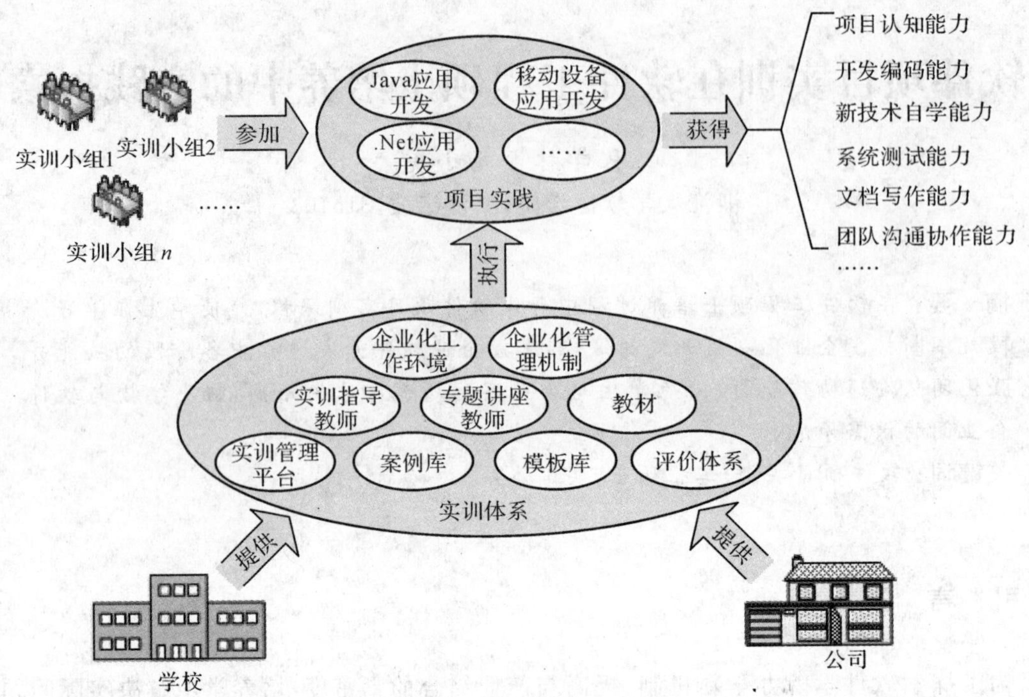

图1　软件项目实训体系

训室是为了模拟企业的真实环境，通过企业化的工作环境让学生在学习期间感受并适应企业的工作氛围。

(2)企业化管理机制

软件项目实训严格按照企业化管理模式，每个小组设置相应的岗位角色，每个角色明确相应的工作职责，实训过程中定期组织项目评审，按期提交个人周报、项目状态报告以及项目成果文档。

(3)实训指导教师

由企业一线从事软件开发的工程师和学院中青年骨干教师构成。实训指导教师是实训过程中最关键的角色，应具有丰富的项目经验和较高的实践水平，以及较强的组织协调和管理能力，负责实训过程中的项目组织、协调与指导；承担部分辅助授课与案例分析工作，紧密围绕实训目标进行实训指导。

(4)专题讲座教师

负责实训过程中关键技术的专题讲座，主要由企业的资深工程师或技术专家负责。

(5)教材

结合企业软件项目开发的流程以及软件工程过程规范，由软件学院与企业共同编写用于指导实训的教材。教材包括教师指导手册、学生指导手册、各类模块文档以及具体的实训时间安排。

(6)实训管理平台

为参加课程的学生、教师和管理人员提供教学全过程的信息交流和管理服务。有管理员、教师和学生三类角色。管理员通过平台可以管理学生、教师、专业、模板、阶段、项目、项目实践、小组等信息，并且能够查看教师周报和学生成绩信息，可发布课程新闻。教师通过平台可以管理个人信息，查看学生周报，给学生打分等，并且查看课程相关的新闻。学生通过平台可以管理个人信息，提交周报，创建小组，组长还能够对小组进行管理，给组员打分并提交小组文档，也可查看课程相关的新闻。

(7)案例库

收集用于实训的案例，每个案例来源于企业的真实项目，结合实训教学的特点进行功能的裁剪以符合项目实训的要求。

(8)评价体系

结合软件项目实训的自身特点以及企业软件项目开发过程规范，制定包括考勤制定、阶段评审的评价指标和评价方法等一整套评价体系。

在校企共建的实训体系上开展软件项目实训，学生被分成各个项目组参加实训，每组根据自身小组成员的专业特点及项目背景，选择具体的项目进行实训，如 Java 应用开发、.Net 应用开发或移动设备应用开发。学生通过实训将获得项目认知、开发编码、新技术自学、系统测试、文档编写及团队沟通协作等能力[2]。

3 软件项目实训实施

软件项目实训课程采取项目实践和专题技术讲座相结合的方式，课程周期为 15 周，每周安排的实训指导时间为 8 小时，共 120 小时。

3.1 项目实践安排

项目实践分 7 个阶段组织开展，每个阶段都有明确的交付物，并设置了需求评审、设计评审和验收评审 3 个考核点和“里程碑”具体安排如下。

(1)项目启动阶段

项目启动阶段持续时间 1 周(第 1 周)，该阶段对学生进行分组，每个项目组 5～7 人，每个学生根据自身专业、技术水平及项目经验确定自己在项目组中的角色，其中有一名项目组组长。项目组确定后选择实训项目，并为小组分配实训指导教师、实训工作位、服务器等资源。项目启动阶段的交付物为实训分组表。

(2)计划阶段

计划阶段持续时间 1 周(第 2 周)，该阶段项目组根据软件项目实训时间表的要求，结合项目组的角色分工及技术水平，运用 Project 等项目管理工具，制订本项目组的项目计划。计划阶段的交付物包括项目开发计划、软件协作计划、测试计划、项目状态周报及个人周报(每位学生都必须交)。

(3)需求阶段

需求阶段持续时间 3 周(第 3、4、5 周)，该阶段项目组运用面向对象的系统分析方法，进行系统的需求分析，完成需求阶段的用例规格说明书和需求规格说明书，实训指导教师指导并帮助小组理解项目需求，需求分析完成后组织需求分析评审。需求阶段的交付物包括需求规格说明书、用例规格说明书、项目状态周报、个人周报。

(4)设计阶段

设计阶段持续时间3周(第6、7、8周),该阶段项目组运用面向对象、数据库原理等技术和StarUML、PowerDesigner等工具进行系统的解决方案设计、数据库设计及详细设计,设计完成后组织系统设计评审。设计阶段的交付物包括解决方案说明书、数据库设计说明书、详细设计说明书、项目状态周报及个人周报。

(5)编码阶段

编码阶段持续时间4周(第9、10、11、12周),该阶段项目组首先是制定统一的编码规范,然后基于CVS、SVN等配置管理工具进行团队协作编码,完成系统的编码任务。编码阶段的交付物包括编码规范文档、项目状态周报及个人周报。

(6)测试阶段

测试阶段持续时间2周(第13、14周),该阶段项目组运用TestDirector、Bugzilla、RQM等测试工具编写测试计划、测试用例等文档,后期可运用自动化测试工具进行系统的单元及集成测试,并进行必要的系统压力测试,最后编写(或生成)测试总结报告。测试阶段的交付物包括测试用例文档、测试总结报告、项目状态周报及个人周报。

(7)系统验收阶段

系统验收阶段持续时间1周(第15周),该阶段项目组编写项目总结报告、用户手册、系统安装配置说明、答辩PPT等文档,每位学生完成个人总结报告,组织系统验收评审答辩。系统验收阶段的交付物是所有实训项目文档和项目源码。

3.2 专题技术讲座安排

为解决学生项目实践过程中的专业技术不足,有针对性地安排5次专题技术讲座,负责讲座的教师是企业某一领域的技术专家或资深的工程师。表1所示为专题技术讲座安排。

表1 专题技术讲座安排

开课周	主 题	内 容	时 间
第2周	需求分析	面向对象的需求分析方法及相关工具	3小时
第5周	设计	数据的设计、系统设计的方法及相关工具	3小时
第6周	系统架构	软件设计模式、mvc实现框架等	3小时
第8周	软件开发工具与环境	Myeclipse/.NET/CVS/SVN等开发工具	3小时
第12周	测试	Juni、TestDirector等测试工具及测试管理工具	3小时

3.3 实训管理

软件项目实训采取企业化的管理模式,在企业共建的实训室组织开展,由软件公司具有丰富开发经验的人员担任实训指导教师,每位实训指导老师负责2～3个项目组的指导。学生被组织成一个个项目组(或团队),每个项目组由5～7名同学组成,每位同学都扮演自己的角色,其中一名能力较强的同学任项目经理,负责团队的管理与项目进度的推进。整个实训周期为15周,每周除了实训指导安排的8小时指导时间外,项目组还需安排不少于2天(16小时)的项目开发时间,具体时间及相应的工作机制由项目经理负责制定。项目组每周通过实训管理平台提交项目状态报告和每个阶段的项目成果(交付物),每位学生每周需提交个人周报。整个阶段设置了需求评审、设计评审、项目验收评审 3 个"里程碑"节点,由所有实训指导教师参与组织评审。

3.4 成绩评价体系

学生的最终成绩由项目组评分成绩、实训指导教师对学生评分成绩和项目组组长给学生评分成绩三部分构成,具体评定办法如下。

(1)项目组评分成绩

项目组评分成绩取需求、设计和系统验收 3 次评审成绩的平均值,项目组成绩占 40%。需求评审评价指标有文档规范性、原型是否完整体现项目需求、系统边界是否明确以及用例完整度等;设计评审评价指标有系统整体软硬件框架、类图、流程顺序图和数据库设计等;系统验收评审评价指标有完成的功能、完成的性能、现场演示、用户易用程度、界面、项目开发流程和文档规范等。

(2)实训指导教师对学生评分成绩

实训指导教师从学生的工作态度、工作能力和团队精神 3 方面给学生评分,实训指导教师对学生评分成绩占 40%。工作态度评价指标有遵守各项规章制度、出勤率、按照要求开展工作;工作能力评价指标有工作适应性、完成任务情况、学习新技术能力、创新能力、外语能力;团队精神评价指标有与指导老师和同学的沟通、服从项目组总体安排、愿意接受帮助或帮助他人。

(3)项目组组长给学生评分成绩

项目组组长参考实训指导教师对学生评分指标将项目组总分(20×项目组人数)差额分配给项目组的每个组员(包括组长本人),即为项目组组长给学生评分成绩,所有组员成绩总和不能超过项目组总分,项目组组长给学生评分成绩占 20%。

学生最终成绩=项目组评分成绩×40%+实训指导教师对学生评分成绩×40%+项目组组长给学生评分成绩×20%。

4 软件项目实训特色

4.1 领先的项目实践过程

项目案例来源于 IBM、Oracle、阿里巴巴、网新等知名 IT 公司。大量的企业真实开发项目,经过指导老师的整合提炼,形成软件项目实训课程独有的案例教学体系,从而保证项目真实性、代表性和科学性。

项目实践采取项目经理负责制,整个实践过程实训指导教师都参与指导。实训指导教师来自软件公司一线项目经理和技术骨干或具有丰富项目经验的教师。

熟悉过程,掌握技能。通过项目实践学生经历了项目计划、需求分析、设计、编码、测试和发布完整的软件开发过程,并使学生能够熟练掌握一项技能、一门技术。

4.2 独有的企业化管理模式

整个实训过程都是在企业化的工作环境下组织开展的，并实行企业化管理，积极引导学生养成良好的职业素质，强调团队协作能力和企业管理制度，严格进行签到、提交周报、定期组织阶段性评审工作。

5 结束语

软件工程硕士的培养目标是复合型、高层次、实用型的软件人才，与传统的研究生教育不同，它更注重实用性[3]。通过软件项目实训，缩短了人才培养周期，使学生快速成长为企业的实用或骨干人才。因此，依靠学校的师资和丰富的人才培养经验，与业界领先的软件企业进行合作，共同研究软件人才的培养模式，具有重要的意义。

参考文献

[1]吕俊.项目实训在高校软件外包人才培养中的实践探索.中国电力教育 CEP，2010(34)：164－165.

[2]姚淑珍，洪冠新，燕丽等.以知识体系为核心构建软件工程硕士教学与实践体系.学位与研究生教育，2009(5)：52－55.

[3]丁箐，李曦，姜明等.软件学院软件工程硕士开放式教学体系研究.计算机教育，2009(13)：172－174.

从能力培养看C语言程序设计实践改革

陈叶芳　陈华辉　李　纲　钱江波

宁波大学,浙江宁波,315211

摘　要:本文通过问卷调查的形式,对程序设计能力培养过程中出现的一些现象进行了总结和分析。在教学改革中,以提高学生的实践能力为主要目标,对实践教学采取了相应的改革措施。通过对程序设计试点班的跟踪分析,证明了这些改革方案确实能取得一定的成果,有进一步改进和推广的价值。

关键词:C语言程序设计;实践改革;问卷调查

1　引　言

"C语言程序设计"是大学计算机基础教学中第一门系统地讲授程序设计的课程,在很多高校以必修课的形式开设。由于程序设计课程的思维模式与一般传统课程的思维模式有所不同,因此在初学程序设计时,学生往往无法适应该课程的教学方式,以中学的方式来开展该课程的学习,虽然学得很辛苦,但是学完以后却不会编程,导致学生产生挫败感。

我们在长期的C语言教学过程中,以及近年来程序设计竞赛的辅导过程中,对程序设计课程的教学理念及教学方法进行了认真思考,依据多年的教学积累和学生反馈,以实践能力培养为主要目标,对C语言程序设计课程的实践教学进行了改革。

2　现状分析

2.1　教学现状

我校C语言程序设计是理工科专业的必修课程。长期以来,由于各种主客观因素的制约,该课程的理论教学及实践教学存在较多问题,原有的教学模式对学生能力的培养存在不足,学生学完程序设计课程以后不会编程的现象非常普遍。更为遗憾的是,很多学生带着无限憧憬来学习程序设计课程,学完以后对计算机课程的好感荡然无存,甚至表示以后再也不要学习相关课程。这是我们在大学计算机基础教育中不希望看到的现象,也不利于提高大学计算机基础教育的培养质量。

同时,C语言教学的这一现状对于计算机专业的能力培养也直接造成了影响。我们对我校2007级计算机专业的毕业班进行了抽样问卷调查,问卷调查分析显示,有大约47%的

陈叶芳　E-mail:chenyefang@nbu.edu.cn

2010年浙江省高校本科计算机科学与技术教学指导委员会专项教学改革项目(浙本计教指委教改重点2010—2号)

学生因为自己程序设计能力一般，在毕业设计选题时比较被动，很多题目担心自己做不了；有约30%的学生因为程序设计能力一般，就业选择受到限制，不敢去那些从事IT开发的单位，甚至有些表示以后将不再从事IT相关的任何工作。

2.2 原因分析

我们在教学过程中发现，C语言教学中出现的各种问题，背后的原因是多样性的：

(1)研究型人才与应用型人才的冲突

信息技术的发展推动社会快速前进，各行各业都需要既大量掌握计算机相关知识的，又具有领域知识的人才。但是在任何专业领域，对于高水平研究型人才的需求量毕竟是有限的，社会大量需要的是能解决工程实际问题的应用型人才[1]。如果我们在程序设计能力培养过程中定位不准，则会导致教学思路的混乱。

(2)计算机专业与非计算机专业的冲突

我校大一学生统一按大类进行招生，这些学生要到大二才会进入各个专业。如工程技术大类的学生，一年以后将分流到计算机、通信、电器工程与自动化、电信、工程力学、工业工程、工业设计、机械设计制造及其自动化、工程管理、土木工程、数字媒体技术等10多个专业中。这说明，上C语言课程的学生最后进入计算机专业的，将只是极少数的一部分。如果不顾生源情况及今后的专业去向，一律按计算机专业的要求进行培养，则会挫伤很多学生的学习积极性；而如果单纯降低教学要求，全部按非计算机专业的要求进行培养，则又会削弱计算机专业学生的培养质量。

(3)理论教学与实践教学的冲突

我们现在的C语言课程还是按照“理论+实验”的模式进行开课的，在学分设置上也是理论学分高于实验学分。虽然多年来一直在强调C程序设计的实践能力培养非常重要，但是在实际教学中，理论依然占据主要地位，实践的重要性并没有得到充分体现。不管是理论教学还是实践教学，基本上都是由教师掌握和控制教学内容及进度的，而没有太多地考虑学生实践能力及兴趣的差异。而“考试得高分，编程得低分”的现象也是目前这种教学模式下的一种常见现象。

3 基于在线评测的实践改革

我们在对计算机专业毕业班的调查中还发现，有72%的学生认为，C语言程序设计课程对其后期的程序设计能力好坏的影响非常大，C语言学得好，再学后面的相关课程就有信心；反之，后面的学习就会形成一种恶性循环。这说明学生本身意识到了该课程的重要性，同时对我们也是一种压力，如何建设好C语言课程，使学生能得到最大的收获，是我们不可推卸的责任。

我们在2010级学生中开设了程序设计试点班，对3个班级约200名学生开展C程序设计试点教学。同时在学习阶段的中期、后期分别进行问卷调查，以了解试点教学过程中的各种情况。

3.1 实践中存在的问题

C语言程序设计课程的实践性很强,实践教学的成功与否几乎决定了该课程的培养质量。毕业班的调查问卷告诉我们,86%的学生认为提高程序设计能力的主要方法是多实践。而对2010级试点班学习中期的抽样调查中也发现,对于学习过程中不能理解的内容,有70%的学生认为是没有多花时间进行实践所造成的。同时,试点班同学对于该课程的建议中,有37%希望教师多讲解代码,有33%希望教师多辅导实验,可见学生自身意愿中侧重实践的比例高达70%,如图1所示。

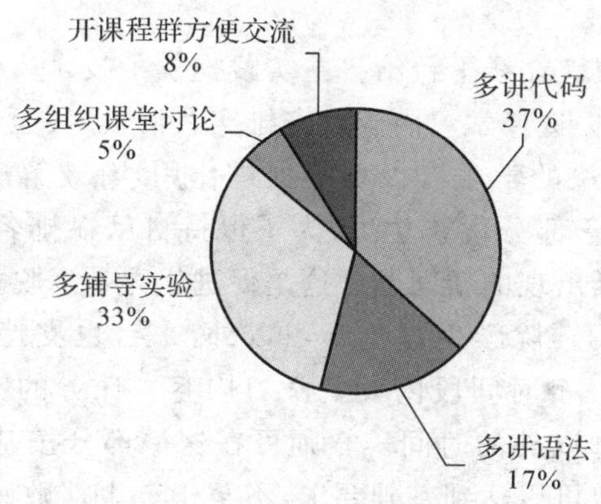

图1 学生对程序设计课程的建议

因此,如何提高实践效果,既照顾到不同个体的差异,又全面有效地培养学生的实践动手能力,是我们迫切需要解决的问题。

在传统的程序设计实践环节,教师按照实验手册布置上机题,学生在上机时间完成实验内容,并撰写实验报告上交,教师根据实验报告给出实验成绩。这样的实践模式存在很多问题:

(1)人工检查的模式使教师根本无法在实验课期间掌握所有学生的做题情况,仅对个别表现积极的学生有所印象,而忽略了大部分学生的学习状况,在忙于检查的过程中缺少对学生的必要指导。

(2)缺少有效激励机制和监管形式,造成学生对实践环节不够重视,实践前没有足够的预习,实践课时间没有得到充分利用,部分学生实验课上无所事事,下课后抄一份实验报告,也能获得一个较好的实验分数,有时候抄的学生比自己做题的学生得分还要高。甚至有个别学生嘲笑认真做题的学生,说抄一份多干脆,没有必要傻乎乎自己做。

(3)统一布置的题目不能适应每个学生的不同进度,不能达到因材施教的目的。久而久之,进度慢的学生因得不到及时的指导,会在畏难情绪中丧失学习兴趣,而原本进度快的学生则会因为缺少客观、公正的评价机制,而失去深入学习的动力,越来越随大流。一个70人左右的班级,每次的实验代码基本上就那么几个版本。由此可见,要提高程序设计课程的培养质量,实践教学的改革迫在眉睫。

3.2 实践改革

当前流行的ACM程序设计竞赛的评测方式比较成熟,很多高校都有自己的在线评测系统(Online Judge,OJ)。我们以 ACM 程序设计竞赛中的在线评测思想为指导,开发了基于在线评测的程序设计课程实践环境,在 2010 级程序设计试点班中进行试用。

与以往的实践模式相比较,基于在线评测系统的实践模式具有很大优势,在开放性、自主性、公正性、层次化、个性化等方面都有较好的表现,主要有如下一些特点:

(1)评价模式客观公正。学习者在线提交程序代码,由机器来评判对错,系统实时给出评判结果和排名情况。这是人工评判做不到的,既显公正又对学生编程思维的严谨程度提出较高要求[2],同时还在学生之间形成了一种竞争的学习氛围,激发学习的动力。

(2)增加实践时间。在线平台面向因特网开放,学生随时可通过网络在线练习,无形中增加了实践的时间。

(3)鼓励学生自主学习。在线平台给自主实践提供了技术支持,在丰富题库的基础上,学生可以按照自己的步调去选择学习内容及安排实践活动,甚至有些内容可以超越课程的要求。这一措施对于进度快的学生有极好的促进作用,有效解决了以前这一层次的学生“吃不饱”的状况,而且,对于部分优秀学生,为了保持自己在排名榜上的“王者地位”,他们愿意不断学习,以解决不断出现的新问题。这是促进优秀学生脱颖而出的较好途径。

(4)教师提供指导学习。除学生自主学习以外,平台也支持构建由教师指导的学习。教师可根据教学进度,在一个时间段内设置学习内容。任务的完成可以局限在实验课时内,也可以扩展到实验课堂以外的时间。教师可在这一部分按基础内容、提高内容来布置任务,确保进度慢的学生也可以达到基础要求,不至于产生挫败感。同时,对进度快的学生增加提高内容的要求,激励这些学生的学习热情。

(5)减少教师的重复劳动,提高教学效率。程序设计初期以编程实践能力的强化为主,因此我们在试点班取消了繁琐的纸质实验报告的书写要求,利用在线平台加大对学生编程量的要求。在线评测及实时排名使教师不需要花大量时间去批改、统计那些重复性较高的实验报告,可以更方便、更真实地掌握学生实践的整体情况,从而可以把更多的时间放在师生的交互、实践内容的设计及实践方式的研究上。

3.3 改革效果

在线实践环境的使用彻底改变了以往的C语言程序设计课程的实践模式,改变了教师或助教人工检查程序所带来的低效及不够客观公正的弊端。对于提高实践环节的效率、促进学生的自主学习、增强学生的创新实践能力等方面都起到了明显的促进作用。

我们在对试点班学生的调查中发现,关于编程能力这一块,29%的学生认为自己基本上可以独立完成课程要求的编程任务,63%的学生认为自己通过翻阅资料也可以顺利完成任务,如图 2 所示。并且有 85%的学生表示在学完 C 语言程序设计以后,还愿意继续学习程序设计相关的课程。

在试点班教学阶段的中期,我们还安排了在线平台上的上机考试,时间为 80 分钟,共布置 4 道题目。考核结果如表 1 所示。

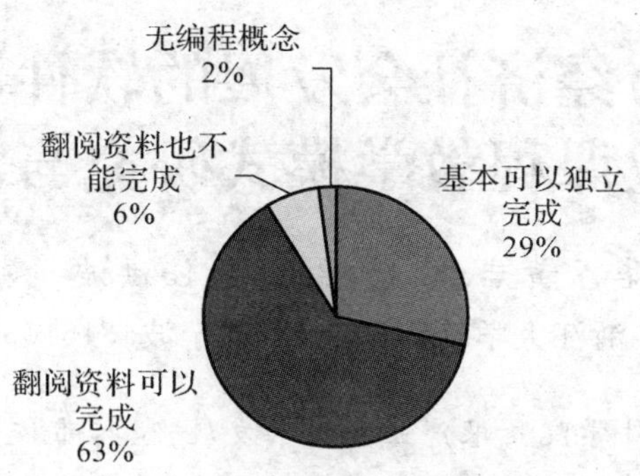

图 2 学生对自身编程能力的评价

表 1 试点班学习中期实践考核情况

解题数量	解出的人数(比例)
4	75%
3	18%
2	5%
1	2%

从表 1 中可以看出,93%的同学都能在规定时间用计算机完成 3～4 题的任务求解,总体考核情况比较理想,说明学生经过一段时间的学习和实践,基本上能够独立地、成功地解决基本的编程问题。

对于学习优秀的学生,我们还通过鼓励他们参加竞赛的形式来促进他们的成长。试点班的学生在 2011 年 3 月参加了我校的校级程序设计大赛,有 9 位同学获得了校级比赛的三等奖。考虑到与 2010 级学生同场竞技的都是高年级的学生,也有很多是计算机专业的高年级学生,在这样的情况下,尚属于工程技术大类的一年级学生获得的这些三等奖就显得极有分量。

4 结 语

C 语言程序设计课程作为理工科专业重要的计算机基础课程,也是各专业解决问题的重要工具[3]。在教学改革中,我们以提高编程能力为主要目标,针对目前实践中存在的问题,进行了大幅度的改革,并且取得了一些初步成果。但是关于整个课程的改革,还有很多需要关注的地方,我们正在逐步地进行探索和改进。

参考文献

[1]王忠民,王陆海,韩俊刚. 行业院校计算机专业人才培养模式探索. 计算机教育,2011(3):4－8.

[2]肖潇,贺细平. C语言程序设计教学探索. 计算机教育,2011(5):65－68.

[3]张帆,周法国,王振武等. C语言程序设计学习中的问题与对策. 计算机教育,2010(20):83－86.

服务地方经济社会发展的软件工程硕士专业课程教学模式研究与实践

干红华　黄启春　方红光　任洪波　蔡晓平

浙江大学软件学院，浙江宁波，315103

摘　要： 浙江大学软件学院紧跟产业和技术发展，坚持市校合作高起点办学，依托浙江大学的学科、师资等资源优势，创新名城名校的办学机制，探索与市场需求接轨服务地方经济发展的产学研相结合软件实用高级人才培养模式，在理论教学、技能培训和工程实践相结合的教学模式上实现创新和突破。

关键词： 服务地方经济社会发展；软件工程硕士；教学模式

1　引　言

当前，宁波正面临着重组产业要素、转变发展方式、实现科学发展的严峻挑战。宁波各级政府正在狠抓机遇，迎难而上，采取有力措施，促进工业调整转型，加快现代服务业发展。从2009年起，宁波全面实施了服务业跨越式发展行动纲要，推进服务业功能区和产业基地建设，大力发展以传统制造业转型升级为标志的生产性服务业，大力发展以新一代信息技术支撑应用为标志的新兴服务业。宁波的家电、服装产业入选了省首批块状经济转型升级示范区试点，工业企业二三产分离发展加速，全国性物流节点城市建设正在积极推进，第四方物流市场平台投入运行，栎社保税物流中心封关运作，梅山保税港区的封关运行的前期准备完成，特别是2010年9月宁波智慧城市建设正式启动，等等，所有这些都说明宁波经济社会发展对高层次人才需求提出了新的要求，面向产业发展、服务地方经济成为宁波高等院校人才培养的重要课题。

浙大软件学院针对宁波产业发展特色和区域社会经济统筹的需要，有选择性地开设高层次软件工程人才需求急需的专业方向，小批量规模化地培养软件工程硕士。本课题研究是以软件服务工程和现代物流专业方向的培养模式为例，阐述专业课程的设置和课程教学方式与产业发展和应用紧密相连，使学生不仅学习专业理论知识，并且了解产业发展趋势，掌握工程化开发方法和技能，直接为社会经济发展服务。

2　培养模式与方法

2.1　强大的产业界合作伙伴

选择具有国际或国内一流水平的产业界办学合作单位是实现高水平人才培养的重要

干红华　E-mail：hgan@cst.zju.edu.cn

环节，我们选择了 IBM 作为软件与服务工程方向的合作单位。IBM 公司不仅是全球最优秀的 IT 企业，而且最近几年已经成功地转型为服务型公司。IBM 的各类信息系统已成为中国金融、电信、冶金、石化、交通、商品流通、政府和教育等许多重要业务领域中最可靠的信息技术平台，IBM 的客户遍及中国经济社会的各个方面。同时，IBM 作为全球 IT 服务的倡导者，具有非常丰富的高层次软件服务人才培养经验和支撑资源。

对于现代物流方向，我们选择了中远集团(COSCO)下属的中远网络物流信息科技有限公司作为办学合作方。中远物流是国内著名的大型央企，是国际航运物流方面的巨头之一。中远网络物流信息科技公司是国内最早从事物流信息化的专业化高新技术企业之一，始终致力于相关应用软件产品和供应链解决方案的开发和研究工作，具有丰富的物流信息化应用研发经验。

2.2 突出实践环节的课程体系

软件工程硕士的教学计划由基础课程、专业课程、实训、实习等多个环节构成，充分体现理论与实践相结合的特征。基础类课程包括公共基础及素质类(如英语、自然辩证法、科学社会主义理论与实践、公共素质类讲座等课程)和专业基础类(如软件项目管理、系统分析与设计等课程)。专业课程则是由每一个专业方向根据产业发展需求定制，教学大纲由学院和产业界合作伙伴共同确认、修订和执行。

例如，软件与服务工程方向的专业课程包括 RUP 方法论、协作软件生命周期管理、软件质量管理、面向对象的分析与设计、代码分析、Java 高级应用开发、Webservice 和 SOA、J2EE 应用开发、J2EE 应用服务管理、数据库高级应用开发等，其中主要专业课程均由 IBM 资深工程师或产品经理承担教学。

现代物流方向的专业课程包括现代物流与供应链管理、物流信息系统、现代物流信息技术、国际贸易和国际采购、物流规划及优化、现代物流前沿技术讲座等，其中主要专业课程均由中远物流的资深工程师担任课程教学。

在基础和专业课程教学的基础上通过课程的实验、案例分析与研究以及项目实训等三种方式组织学生在修课期间参与工程实践。学生在入学的第二学期开始参与项目实训，在实训中坚持采用符合实际应用环境的项目和开发方法指导学生。实训期间，参照企业团队形式，按项目管理要求管理学生，实训的导师来自于行业应用专家及其合作伙伴，采用企业开发模式指导学生参与行业实际应用需求的项目。从第二学年开始，学生进入企业实习。学院内的教学成果要通过参与实际企业实习来检验，学生的能力要通过实习来体现并进一步得到提高。学生毕业后的就业则与学生实习的效果直接关联。由于学生在学院学习期间已接触企业导师和符合企业文化的实训，所以到企业实习后，能马上参与项目工作，能在项目组中发挥作用，快速提高自己的业务和技术能力。

软件服务工程方向的实训项目是由 IBM 提供的真实航空业客户项目剪裁而成，现代物流方向由中远物流提供物流综合管理信息系统(LMIS)解决方案及相关物流新技术设备，项目客户需求真实完善，项目文档完整，学生将按照企业级的项目开发和管理方式演练该项目。其中，学生将直接扮演项目开发组中的成员角色，角色包括：项目经理、技术经理、配置管理员、软件工程师、测试工程师、DBA 等，来了解在软件项目开发团队中的角色、过程、规范和执行方法。整个实训项目是模拟实际客户项目开发过程，以团队的形式，进行项目过程定义、项目计划、需求分析、设计、编码和测试及交付。

学生完成实训项目后，对企业真实工作流程和项目开发实施环境有了很好的了解，也初步具备了职业人的素质和团队协作的意识。在研究生培养的第二学年，他们均按照双向选择的原则进入企业进行实习，实习期限为半年到一年。实习期间，学生与学院、企业签订三方协议，明确自己岗位，承担工作角色，遵守企业工作纪律，完成岗位工作任务。并根据实习内容，完成硕士论文。

软件服务工程的2009级学生一半以上都进入IBM实习，他们的工作能力和水平得到企业的广泛好评。2010级学生也已进入实训阶段。现代物流专业目前都是宁波本地定向在职学生，也正在按照教学计划和课程体系实施教学。

2.3 高水平的专兼职师资队伍

聘任校内具有较高学术水平，工程实践经验丰富，教学严谨，学生反映好的教师负责专业基础课、主要专业课和毕业设计指导的教学任务。

聘请合作企业工程实践经验丰富、具有高度责任感的一线高级工程技术人员承担部分专业课、专业实践课和专题工程训练的教学任务，充分发挥企业教师的工程实践经验的作用。有企业教师参与的课程与实践环节达50%以上。

通过学校教师和企业教师的混合讲课方式，即由来自学校和企业两个方面的教师以多种方式(包括讲课、讲座、研讨、实践等)共同上一门课，取长补短，给学生以多种角度和方式理解课程内容，IBM方面还为软件学院教师提供专门的培训。

针对软件工程硕士培养的特点，充实壮大硕士论文导师队伍。一方面认真总结“双导师制”的经验，进一步推广“双导师制”。另一方面，充分利用学校的相关政策，在原来实行的“双导师制”的基础上，聘请企业中具有丰富工程经验和指导经验的合作导师担任硕士论文导师，独立指导硕士论文。

2.4 面向产业的专题化工程训练

为了实施上述教学计划和课程体系，我们与IBM、中远网络共建了联合实训基地。为了更好地突出实践教学特色，增强实战效果，提升工程设计、开发与实施能力，在实训基地基础上又与相关企业合作建设了RFID、物联网技术应用、物流新技术等专题工程训练基地。相比实训基地，工程训练基地在以下方面有了较大的提升，以取得更好的工程训练效果：场地、设备、软硬件系统等设施达到或接近工业界的工程开发环境；参照合作企业制度，实行严格的项目管理、过程管理和参训人员评价考核制度；工程训练的案例其规模和复杂度更接近实际工程项目，从几个人组队可以完成的小项目提升为需要几十人、数个小组合作完成的中等规模项目；积累数量较多的实际项目案例库，供参训人员参考学习；参照企业实际工程项目配置，选派多层次、多角色具有丰富工程经验的工程师指导专题训练。目前两个专业方向的部分学生已进入专题工程项目小组进行高水平的实训。

3 创新点

针对宁波地方产业和经济社会发展需求，设置相应的软件工程硕士研究生培养专业方向，直接引入国际、国内在该行业具有领先优势的企业参与专业课程体系设置和教学实施过程，建立了紧密型的产学研合作办学体制。

在专业课程体系建设中突出课程实验、项目实训、企业实习等实践环节，实现了高水平的学院教师与企业工程师相结合的混合式教学方式，以企业实际应用项目作为学生课程实践内容，引进企业化项目管理思想，让学生在校学习期间就能体验到企业化的项目管理模式。

根据宁波产业发展情况，与地方政府合作招收宁波在职定向班学生，培养的学生直接为地方经济社会发展服务。

4 应用情况

软件服务工程方向目前为止(2009 级和 2010 级)招生 102 人，其中 2009 级 42 名学生已经进入企业实习，其中在 IBM 实习的超过半数。这一合作项目已经成为国家示范性软件学院与产业合作办学的典范，也成为 IBM 拓展高层次人才培养项目的标记性项目，曾获得 IBM 创新成果奖。

通过与 IBM 的合作办学也间接促成了 IBM 公司在宁波建立 IBM 在中国大陆的第四个研发基地——IBM 中国开发中心(宁波)及 IBM 中国开发中心物流行业解决方案中心。该方向培养人才为 IBM 研发中心的成功设立和运行提供了高水平专业人才保障。

现代物流方向，在共同办学的合作中明确在浙大软件学院合作建立物流新技术工程中心，充分利用中远现有的物流新技术实验室(国家发改委批复的发改办高技〔2007〕406 号)设备和技术，努力争取以该实验室为载体完成技术创新和技术开发任务，并负责专业课程的实验、实践、实训任务。目前实验室主要设备及软件平台已经建立，包括中远供应链物流平台 LMIS、物流仿真软件、物流条码及 RFID 识别设备、物流跟踪 GPS 及 GIS 系统、集装箱铅封报警设备等，初步具备物流新技术研发条件。学院已经组织相关的研发及管理人员并开始进行实训及技术研发工作。同时，工程中心还积极参与工信部、科技部和发改委等国家级课题的申报工作，其中《军民结合、平战两用物流信息化业务协同服务平台》已经获得工信部认可，《面向物流平台的物流金融服务应用试点》项目正在积极申报中。

现代物流专业方向宁波在职定向班第一期(2010 级)录取宁波本地企业物流学生 29 人，2011 年起同时启动脱产学生的培养。

5 结束语

浙江大学软件学院经过多年的探索和实践，在培养复合型软件工程人才方面积累了较丰富的经验，特别在产学研合作办学过程中不断与合作企业协作改进共同提高。当然，由于地方经济发展和办学条件限制等，合作办学还存在较多不足，如宁波地方软件产业发展还不够，产业和软件工程复合型教师不足，具有可持续能力的研究中心建设还有待进一步提高等。在后续办学中继续探索改进，总结经验，培养更多、更好为地方经济和社会发展服务的高层次软件人才。

面向能力培养的数据结构教学改革

顾沈明　张　威　乐　天

浙江海洋学院数理与信息学院，浙江舟山，316000

摘　要：本文围绕学生能力的培养，介绍数据结构课程的教学改革。从课堂讲解、示范与模仿、课外训练等方面来引导学生对主要知识点的理解、掌握，最后到能够应用。不仅调动了学生的学习积极性，而且提高了学生实际动手能力。

关键词：数据结构；能力培养；教学改革

1　引　言

数据结构是计算机专业的核心基础理论课，在整个学科的知识体系中占有非常重要的地位[1]。通过数据结构的学习，学生应当掌握如何根据问题的需求合理地组织数据，在计算机中有效地存储数据和处理数据[2]；并初步了解算法的设计和分析；通过该课程的实践环节，对学生进行复杂程序设计的训练，巩固和加深数据结构的理解，提高综合运用该课程所学知识的能力，培养学生独立思考、深入研究、分析问题、解决问题的能力[3]。数据结构课程内容多、概念多、方法多、高度抽象、逻辑性强、实践性强，这些特点决定了教与学的难度较大，但其教学水平和效果又将直接影响后续课程的学习以及学生实践能力的提高[4]。但是，许多学生对于数据结构的概念、知识的理解不够，不少学生反应数据结构是比较难学、难懂的一门课。多年来，我们一直对该课程的教学进行不断地改革探索[5,6]。注重培养学生实际能力，在教学的各个环节进行改革探索。下面分别从课堂讲解、示范与模仿、课外训练等方面来介绍。

2　课堂讲解

首先，启发引导学生思考。数据结构有许多抽象的概念、算法和思想，以教师为中心的教学模式起不到很好的效果。所以，在教学过程中必须以学生为主体、以问题为中心，激发学生的学习兴趣，充分调动学生的求知欲，提高他们的积极性。在教学过程中都围绕问题展开教学活动，引导学生不断发现问题、提出问题、思考问题、最终解决问题，培养学生的积极思考的习惯。

其次，灵活应用各种教学辅助手段。多媒体教学能使课堂的信息量增大、内容展示丰富生动，已成为深化教学改革的一种有效手段。多媒体教学在教案设计、备课方法、上课方式等方面带来了教学观念、教学方法的变化。我们用一些多媒体动画来演示一些常见的过

顾沈明　E-mail:gsm@zjou.edu.cn

程，如循环队列进出过程的演示（图1为其中的一个截图）。

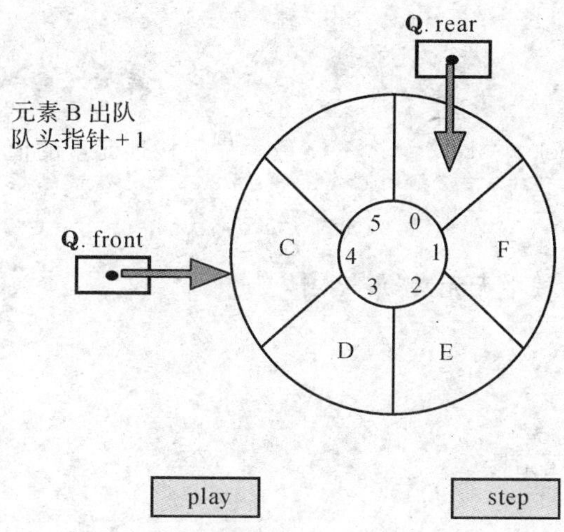

图1 循环队列进出过程的截图

3 示范与模仿

在以往的教学中，学生反应看看书本好像懂了，做做练习感觉不懂。实际上是一知半解，似懂非懂，达不到教学的目的。我们精选了一些常用的案例，作为重点讲解，并且把具体实现的源代码都展示给学生。上机实验是学生就用这些实例作为模仿练习，逐步提高他们实际水平。如堆栈实现的C语言源代码：

```
#define STACK_INTSIZE 50                /* 设定栈的最大存储空间 */
typedef char DataType;                  /* 在此例中栈中的数据类型采用字符类型 */
typedef struct
{  DataType s[STACK_INTSIZE];
   int top;
}Stack;
void Push(Stack * st,DataType x)        /* 入栈函数 */
{  if (st->top == STACK_INTSIZE-1) printf("\n\t\t\t 栈已满,不能入栈!");
   else
{  st->top++;
   st->s[st->top]=x;
}
}
void Pop(Stack * st)                    /* 出栈函数 */
{  DataType x;
   if(st->top==0) printf("\n\t\t\t 栈空,不能出栈! \n");
   else
   {  x=st->s[st->top];
```

```
        printf("\n\t\t\t出栈元素为:%c\n",x);
        st->top--;
    }
}
DataType ReadTop(Stack* st)                    /*显示栈顶元素的值*/
{  DataType x;
if(st->top==0)
{  printf("\n\t\t\t栈中无元素");
return(0);
}
  else
  x=st->s[st->top];
  return(x);
}
void ShowStack(Stack* st)                      /*显示栈中的所有元素*/
{  int x;
  x=st->top;
  if(x==0) printf("\n\t\t\t栈为空!\n");
else
  {  printf("\n\t\t\t栈元素为:");
     while(x!=0)
     {  printf("%6c",st->s[x]);
        x--;
     }
  }
}
```

4 课外训练

课堂教学时间有限,课外训练就十分重要,它是课堂教学的一种延伸,是不可缺少的教学环节。编程中的问题往往比平时的习题要复杂得多,也更接近实际。编程能使学生所学到的书本知识"活"起来,起到加深理解和掌握教学内容的目的,同时编程也是对学生综合能力的训练。

一种是题库训练。让学生做一定量的题库练习,进行强化训练。使学生熟练掌握基本的概念、思想、算法等。

另一种是实例训练。在实例训练时采取循序渐进、逐步积累的方式,引导学生自己建立可利用的程序,并在以后的练习中直接使用。例如这次建立的顺序链表,下次可以用来进行插入、删除节点练习。学生看到自己的程序一点点积累起来,就会有成就感,提高学习的兴趣。在训练过程中,注意要以教师指导为辅,以学生动手为主,达到训练学生的效果。

此外,组织学生参加各种相关的竞赛。竞赛能激发人的潜能,通过组织各种级别的竞赛,强化学生对基础知识的掌握,培养学生的团队协作精神,提高他们解决实际问题的能力。在提高他们能力与水平的同时,还可以带动身边的同学,加强学风建设。

5 总 结

数据结构课程在计算机专业中的地位,决定开好这门课程对学生来说是至关重要的。所以不仅要从理论上进行探讨,还要从教材选择、教学方法、教学辅助资源等多方面进行研究,以真正提高该课程的教学效果,达到培养学生实际能力的目的。

参考文献

[1]严蔚敏,吴伟民.数据结构(C语言版).北京:清华大学,2002.

[2]王玉峰,刘宝旨,王猛刘,魏莉.也谈“数据结构”的教学.计算机教育,2007,8(15):21－23.

[3]舒坚,刘琳岚,陈斌全,蔡虹.“数据结构”课程实践教学改革的设计与实践.大学计算机课程报告论坛论文集,2007:401－404.

[4]耿国华,王小凤,张德同.“数据结构与算法”课程工程型知识体系研究.大学计算机课程报告论坛论文集,2009:9－13.

[5]顾沈明,张建科,李鑫.数据结构教学模式的改革与实践.计算机教学研究与实践,2010:111－114.

[6]顾沈明,李慧,乐天.计算机专业建设的探索与实践.高校计算机教学与研究(第三辑),2010:242－244.

基于培养大学生实践能力的 VB 课程竞赛研究

金林樵　项露芬

浙江树人大学,浙江杭州,310015

摘　要:我校现代教育技术中心以"培养学习兴趣,提升学生实践能力"为宗旨,积极构建并实践了常规 VB 课程教学与 VB 竞赛相结合的实践教学方法,实践证明,该教学方法促进了学生 VB 课程学习氛围的提高,并极大地促进了教学改革的发展。本文详细介绍我中心的 VB 课程竞赛实践。

关键词:VB 课程竞赛;教学改革;实践能力

1　引　言

学科竞赛一般是指与课堂教学紧密结合,考查学生某学科基本理论知识和解决实际问题能力的比赛。其目的是激励学生学习某种学科、专业知识的积极性,提高学生在某学科领域中运用基础知识来解决实际问题的能力[1]。

VB 课程竞赛目的是培养学生的学习兴趣,鼓励有经验的教师参与竞赛辅导工作,提高学生的实践编程能力。开展 VB 课程竞赛有利于增强学习氛围,促进良好学风的形成;有利于促进学科发展,提高教学质量;有利于提高学生的培养质量,促进其综合素质的提高。

2　VB 课程教学存在的问题

近年来,国内大学计算机实践教育有了很大的改善,但仍存在一些不足。首先,有些学校在 VB 课程教学过程中重视理论教学和课堂教学,只强调从理论上对知识点的掌握,却轻视实践环节,使得学生缺乏实践平台,造成有相当数量学生程序实现和调试能力很差的现象[2]。其次,作业布置量严重不足,实验检查只注重程序能否运行,作业检查只注重书面的标准答案等,束缚了学生的实践能力。最后,以笔试为主的考试形式,对计算机这种操作性较强的学科来说,很难考核到学生真正的水平和能力。有的学生对经典的算法讲得头头是道,然而就是不会写程序,不能实现自己的想法。这些都说明在大学生中 VB 程序设计能力亟待加强。

E-mail:xiaoyaoyu030303@yahoo.com.cn

3 VB课程竞赛实例

3.1 VB课程竞赛的内涵

VB课程竞赛是超出课本范围、难度大于常规VB课程考试的一种特殊考试，一般涉及扩展性知识、综合性知识，强调思维的逻辑性、灵活性、创造性和实践能力，是联系课程教学与实践创新的重要纽带，是大学生成才的重要途径[3]。该课程竞赛包括理论竞赛和上机实践竞赛。

3.2 VB课程竞赛的构建

(1)完善VB课程竞赛管理制度

从中心实际出发，根据中心教学培养目标，制订《VB课程竞赛管理办法》，明确竞赛的组织程序、教研室和指导教师各自的职责等，确保竞赛有序进行。

(2)改变课程考核方式

分析VB课程竞赛大纲，及时充分地调研、分析、论证后，有效地改变课程开设计划，增加实践教学的比例，增加设计性和综合性实验。强调课程设计的重要性，将学生参加竞赛所获得的成绩纳入相关课程的成绩考核中。

(3)师资培养

指导VB课程竞赛不同于常规的VB课程教学。竞赛指导教师必须具备更强的专业技能、更全面的知识领域和启发创新的能力，同时具备计算机行业操作规范，可以通过培养“双师型”教师来建设规范的竞赛指导团队。

(4)相关资源建设

建立“VB课程竞赛资源网”，通过网站平台发布最新最准确的竞赛信息，提供各类竞赛的竞赛大纲、模拟赛场、历届参赛总结等，还可以组织竞赛在线论坛来实现更广泛的信息交流。另外，图书资料库的建设也是必不可少的。

(5)组织参赛

成立相应的竞赛领导小组，通过各种方式的选拔来确定参赛队伍。进行全方位的强化培训和指导，由学校和院系筹集专项经费，作为选拔、培训及参赛的专项资金，全力提供选拔、培训所必需的机房、设备等，同时指派经验丰富的教师对参赛队员进行长期、深入的赛前培训。

3.3 VB课程竞赛的成效

(1)有利于实践教学改革和VB专业知识的系统化

通过VB课程竞赛可以给目前设置的实践课程提供指引方向，在理论教学中学生的学习兴趣往往不浓，知识掌握也不够牢固，而在VB课程竞赛的带动下，学生的学习目标非常明确，积极性明显提高。不仅如此，在竞赛准备的过程中，需要系统地学习很多相关的专业知识，这样会加固学生的专业知识，有利于专业知识的系统化。

(2)有利于学生改进学习方法

通过参加 VB 课程竞赛,可以使学生了解到基础知识的重要性,使学生从被动式的听课、复习、考试变为主动式学习,转变为“在实践中创造,在创造中学习”。他们在学好专业基本知识的基础上,积极主动地阅读参考资料,查阅文献,从而极大地开拓了他们的专业知识视野,巩固了课堂教学的内容。

(3)有利于学生展现个性

无论是课堂教学还是实验教学,都会受到教学计划的限制,难以照顾学生的个性差异。而开展 VB 课程竞赛等活动可以根据学生接受能力、兴趣爱好的不同区别对待,为一些基础较好、学有余力的同学创造适当条件,让他们在一定的竞赛中得到强化锻炼,进一步提高自身能力。

3.4 VB 课程竞赛的启示

(1)要改革 VB 课程体系,应该注重动手能力的培养,以实践考试为主、笔试为辅的考核方法,增加课程设计环节。除教学计划内的时间,规定学生每门课程课余时间必须完成一定量的设计和编程任务。

(2)建立科学的实践练习和考核体系。搭建在线判题系统。把程序设计相关课程的实践环节和实践考试都放到在线判题系统上进行。组织部分老师把这些课程的习题和标准程序写出来,产生测试数据,建立试题库,为学生提供完善的实践练习平台和严格的测试检验平台。

(3)将课程竞赛与课程体系和教学改革紧密结合,使课程竞赛成为日常教学的有益补充,日常教学中渗透学科竞赛相关内容。把一些与竞赛有关的课程纳入教学计划,增设与竞赛相关的选修课,让课程与实际应用相结合,以竞赛推动教学内容、教学体系改革,以教学改革为竞赛提供支持。

(4)建立三级竞赛机制,第一级是基础课程学习,让老师和学生都广泛参与进来。定期举行课程学习比赛,如进行周赛、月赛等,激发学生对 VB 程序设计的兴趣,强化 VB 课程竞赛意识,让大多数同学有较强的编程能力。第二级是定期进行全校的 VB 程序设计竞赛,选出部分同学利用业余时间进行集中、系统地培训,强化专业知识学习、增加难度和补充基础课程以外的内容,提高学生专业知识学习、创新和实践动手能力。第三级利用暑假时间进行强化训练,模拟 VB 课程竞赛,促进学生创新能力的培养,培养出实践动手能力强和有创新能力的高层次人才。

4 结束语

总之,基于培养大学生实践能力开展的 VB 课程竞赛,对于促进学生 VB 课程学习氛围提高和教学改革的发展的都起到了较好的作用。

参考文献

[1]周卫江,杜群羊.独立学院学科竞赛探索与科学发展.现代教育,2008(4):190.

[2]李玲芝,徐俊.依托大学生计算机程序设计竞赛,探索信息学科创新型人才培养新模式.实践教学改革与创新,2009(12):92.

[3]郑小军,杨满福."四位一体"计算机学科竞赛模式建构初探.计算机教育,2008(18):149.

A Research for Bilingual Courses of Embedded Systems

Liu Limin
Institute of Embedded Systems, Huzhou Teachers College, Huzhou, Zhejiang, 313000

Abstract: Embedded systems are the most popular computer application systems. With the larger market, education of embedded systems is becoming a hot point in universities. Since the newest documents for embedded systems, such as papers, reports and data sheets, are mostly issued in English, some graduated students feel difficulty to collect new information for updating their knowledge. It is because their native language and course books are not in English. In order to improve their professional English in study and applications, a new way, bilingual education, is developing in some countries. This paper focuses on the organization, objects, and contents of bilingual education for courses of embedded systems.

Key word: embedded systems; bilingual education; computer engineering; IT education.

1 Introduction

The embedded systems have taken an irreplaceable position in many countries[1], including China. In order to continue the pace of technological innovation, many Asian countries are making long-term commitments to increase their engineering, such as electronic and computer engineering, workforce[2]. However, good teaching is at the heart of good engineering and prosperous societies [3]. Therefore, the relevant education is important and useful for high quality workforce in embedded systems.

Since the contribution of the United States for electrical engineering and IT science, twentieth century is called "An American Century"[4]. The newest documents of embedded systems, such as research papers, reports, specifications, data sheets and so on, are almost issued in English. A qualified specialist in embedded systems is required with better English ability, especially in reading. However, the native language and course books for most students in some countries, such as China, are not in English. Although they have English courses and tests, the students rarely learn their professional knowledge in English. Sometimes, the expression differences between two languages can

Liu Limin E-mail: liulimin@ieee.org

make misunderstanding or trouble. For example, The word MCU(Micro-controller Unit), is discassed in English which is discussed as SCM (Single Chip Micro-computer) in Chinese[5]. If a student wants to collect useful information about SCM from English documents, he/she has to be confused. It is because SCM just can be found in Chinese books but not in English professional references. Therefore, some graduated students often have problems when to update their knowledge with foreign language.

In order to work well, many students have to take more time to improve their professional English in their technical positions after graduations. In fact, it is responsibility of educational institutions for engineering students to be trained the English ablity. As a skill to collect new concept and information, professional English is helpful for students in their technological innovation career. Hence, bilingual education for lifelong learning[6] of engineering students, especially in electronic and computer engineering, is significant.

A solution in Chinese universities may be discussed bellow.

2 The Outline of Bilingual Education for Embedded Systems

The bilingual education in China is to take education in both Chinese and English[7].

2.1 The Organization of a Bilingual Education

Organization of a bilingual education includes two main parts, objects and contents. The organization can be indicated as Fig. 1.

The objects in bilingual education are teachers and students. What kinds of teachers and students are more satisfied for the education? Maybe there are various answers. However, at least, their English is OK for the education.

In Chinese universities, the English level of students in one class may be different. Sometimes, the difference is bigger. The reason is that English language education is various for different schools or different areas. For instance, some students start to learn English from kindergartens, some from primary schools, some from secondary schools. Since the English foundation is not similar, students' ability, especially for students in year 1 and year 2, to understand English contents of a course is more different. Therefore, the bilingual education for students of year 1 or 2 in most Chinese universities is more difficult.

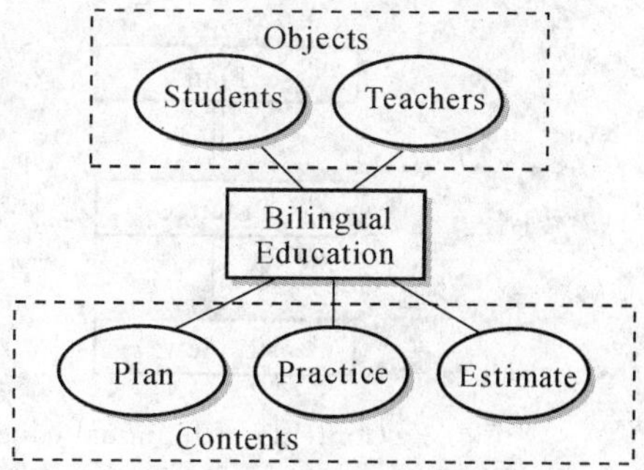

Fig. 1 Organization of a bilingual education

Is it possible to estimate students' English level in China? The answer is positive. There is a rule in many universities for English. It is that a student in most tertiary institutions must pass CET4 (College English Test 4), a national test. Otherwise, the student cannot obtain a Bachelor degree. In order to get their degrees, most students have to pass the CET4 in year 2 or 3. Hence, the students of year 3 or 4 are more suitable for bilingual education. Since students are passive in a lecture, they can be called passive objects in the education.

Opposite to passive objects, the active objects in bilingual education are teachers. After the seventies of twentieth century, thousands upon thousands Chinese go overseas to study, research and work. Some of them have gone back and taken important teaching positions in Chinese universities. Many of teachers with oversea experience are qualified as lecturers for bilingual education. It is because they studied their professional knowledge in Chinese and English, they are familiar with bilingual expression in their fields.

The contents of bilingual education involve plan, practice and review.

2.2 Contents of Bilingual Education

The Fig. 2 shows contents or a procedure of bilingual education.

There are three stages for the procedure.

The first one is plan. Its structure is indicated as Fig. 3. There are three main sectors, selecting course, choosing book and arranging time, in this stage.

Selecting course means to choose a suitable subject according to the education objects, teachers and students. This is very important for the education to success. The course should be understood easier by students and familiar to teachers. If it is difficult to be studied in native language, it should be more difficult to be learned with both native and foreign languages. On the other hand, the course had better to concern design or applications rather than theory. It is because design and applications with English are more helpful for the engineering students in their future jobs.

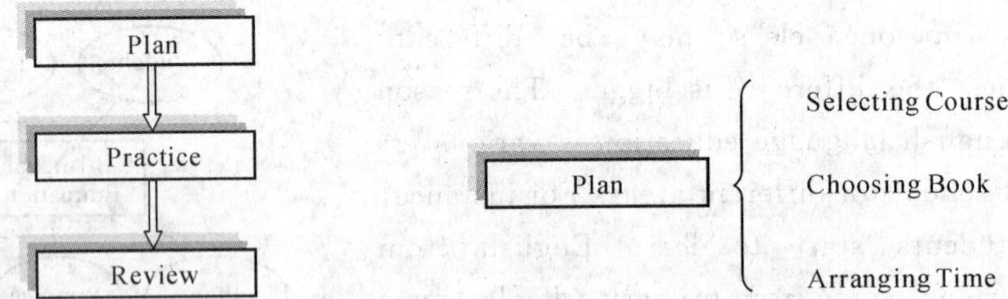

Fig. 2 Contents of bilingual education

Fig. 3 The plan for bilingual education

Choosing book or reference is an important work for bilingual education. For most courses, this sector is not easy. Actually, the course frame in China, is different from some English countries in titles and contents. For instance, in China a course is called Single Chip Micro-computer Principle and Its Applications[8]. The similar course is named Embedded Systems[9] in other countries. The contents of this course is mainly concerned with MCU-MCS51 in most Chinese universities[10]. But in some English countries, the contents are more different. Maybe micro-processors or other MCU are discussed more[11]. Therefore, to find a suitable book or reference is not easy. Sometimes, for bilingual education, an accessible way is to use English data sheets of products as references.

Arranging time is to talk about lecture time for a selected course. Since the course is taught with two languages, it is sure to take more time for the similar contents. Normally additional 1/3 to 1/2 teaching time for a bilingual course is acceptable. If to keep same teaching time, the contents of the course may be decreased 1/3 at least. On the other hand, in order to get a more efficient result, the proportion of native and foreign language in a lecture should be arranged better. At the beginning, the lecture with foreign language takes less time, about 1/5 to 1/4. When students are used to the discussion in the class through the foreign language, the teaching by foreign language can take 1/2 class time.

Practice of bilingual education is composed of lectures, homework, experiments and tests. The detailed discussion for the practice will be introduced in section 3. 2 of this paper.

Review is important to estimate and improve the bilingual education. This is a feedback procedure. In this stage, administration of school collects information from objects, teachers and students. In fact, an available estimation should be got from the graduated students yet. But it is more difficult. So far, the work can not to be done well.

3 The Bilingual Education for Embedded Systems

Courses of embedded systems, the most popular computer applications[12], are compulsory to students for undergraduate or postgraduate degree in most Chinese universities. The bilingual education for computer applications or embedded systems is a kind of engineering education[13-14]. To train ability of design, development and applications is a main target in an engineering institution. A practical procedure of bilingual education for a course of embedded systems is described as follows.

3.1 The Plan of Bilingual Education for MCU

Refer to Fig. 3, the plan of bilingual education for engineering consists of selecting course, choosing book and arranging time.

Selecting course is the first stage of education plan. The basic contents of selecting course are shown in Fig. 4.

According to the analysis for students in above section, bilingual courses in engineering had better to be opened in year 3 or year 4 at Chinese universities. The reason is that most students have passed CET4 in year 3. Their English level is good enough for bilingual education. Normally there are 8 terms for students in universities for Bachelor

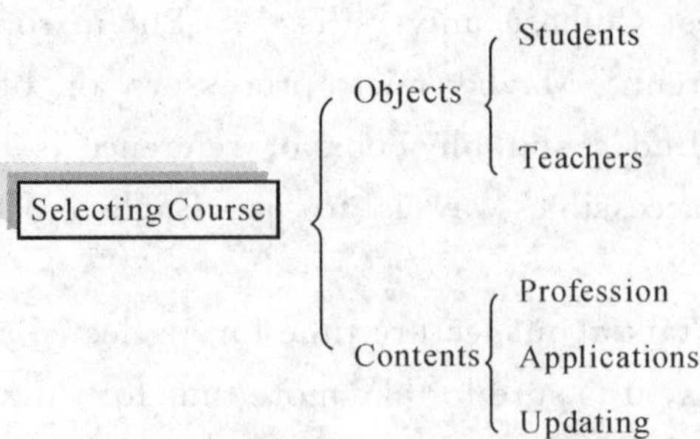

Fig. 4 The basic contents of selecting course

degree. The final design is in the term 8. A course of bilingual education may be better taken in term 6 and 7.

For example, the course, MCU and Its Applications, is selected as a bilingual course in term 7. There are several reasons. Firstly, the teacher is familiar with MCU with bi-language. It is easy to teach for the lecturer. Secondly, it is a professional course. Some basic knowledge has been introduced in the pre-courses. Its content is not very hard to be learned. Thirdly, its main teaching point is in design and applications. The English references can be got more easily. Finally, some MCU chips are often in updating. MCU system design is to refer to newest information in English frequently. The bilingual education of MCU is more useful and helpful for students.

Choosing book for MCU in fact SCM, course in Chinese is very convenient[15-16]. There are many choices for MCU Chinese books, twenty to thirty versions at least. In order to learn easier, the contents of English books should be similar to Chinese. But the relevant English book is hardly to be found. Although some books concerned with MCU, the content about MCS51 almost cannot be found. In order to get a solution for the book choosing, to collect some references is necessary. As a replacement, product data sheet of 89C51 MCU[17] is used as an English reference for the MCU bilingual education.

Arranging time for MCU bilingual education is not very difficult. The course is issued in term 7. The teaching time of MCU for bilingual education is similar to single language. But its content may be cut down, it focuses on training skills of design.

3.2 The Practice of Bilingual Education for MCU

The practice of bilingual education is illustrated as Fig. 5. In Fig. 5, the contents of practice mainly include lectures, homework, experiments and tests.

Lecture is the first content for bilingual education practice. It concerns how to teach student with bi-language in a class. MCU lecture with bi-language is not popular in China. However, it may be a significant attempt. In order to get a good education result, to seriously plan the lecture is necessary. How to make students accept bilingual lecture more easily? Firstly, students have to know what is the purpose of the new approach. It is useful and helpful in their future technological careers. Secondly, the content should not be very difficult. If some content is more familiar, it is easier to be understood in foreign language. When students know the expressions, terms and descriptions with foreign language, they would like to study the lecture with bi-language. Thirdly, method of education may be interesting and fresh. The analysis and explain on a class would not be boring. Therefore, the new contents of MCU in a class are often introduced in the native language of students. At the same time, the English terms should be written on the black board. The English lectures mainly review the contents learned before. Through education practice, the method is available, especially for the first or second course of bilingual education for a class.

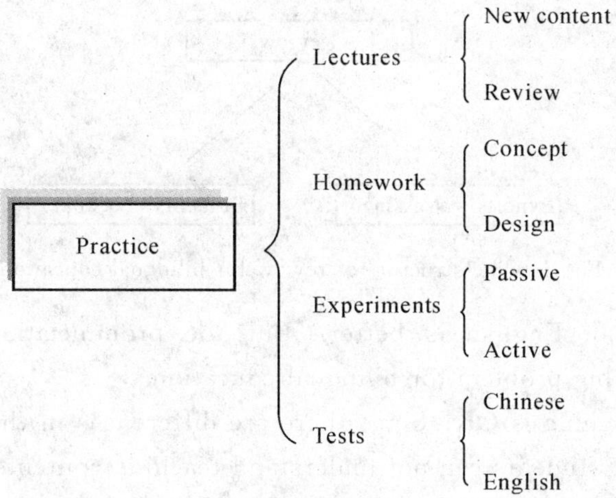

Fig. 5 The practice of bilingual education

Homework has to be finished with bi-language. For concept, most professional terms can be used in foreign language. For design and applications, the important training is to refer English documents, such as data sheets, specifications and application notes. Students are required to get useful information through several ways, which may be books, magazines and websites on the Internet.

Experiment is an important stage for MCU education[18]. The experiments are mainly concerned to hardware with C or Assembly language[19]. Here, two aspects of experiments are discussed, passive and active. A passive experiment is that students have to do an experiment under some demands step by step. It can train students in the basic method and skill. The active experiment means to show questions to students. They can get a solution with different ways. It is to improve the ability of application design.

Test is to check the result of study. The purpose of MCU education is a basic training for design of application systems. Test contents include concept and design, and the design takes more than 60%. The English questions of the test would be about 20%～40%, others in Chinese. For English, the content involves terms and design, to explain terms and design with English references.

3.3 Review of Bilingual Education for MCU

Review is important to estimate and improve the bilingual education. Assessment of experts and feedback of students are main parts of a review for bilingual education. The structure of review is illustrated as Fig. 6.

The experts' assessment is the opinions of education experts after listening some lectures. For the MCU bilingual course, the assessment is as follows.

The selected course is suitable for bilingual education.

The English references of the course are good.

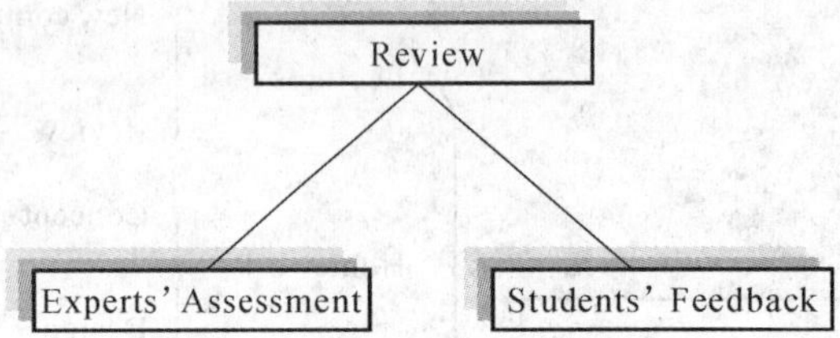

Fig. 6 The structure of review for bilingual education

The expression in English is better. But the pronunciation is not very good. However, it is not a big problem for bilingual education.

The result of teaching is OK. Since there are differences in the knowledge level and English ability, some students can not understand teaching contents well.

The attempt is positive and significant. It should be improved and done continuously.

Suggest enhancing the research and practice of professional English education in the university.

There are two important points from students' feedback. One is aspiration. Most students expect to study more and improve their professional English through bilingual education. Another one is difficulty. Some of students feel hard in learning with poor English.

Although the MCU bilingual education is just taken one cycle, responses from students show that bilingual education is helpful to improve their professional English in design and applications.

4 Conclusions

In order to improve students' abilities in study, research and development for embedded systems with foreign language, bilingual education is a new attempt.

The bilingual education in China is to take education in both Chinese and English.

The education involves education objects and contents. The objects are people. They are teachers and students. The contents include plan, practice and review. In plan, there are three main contents, selecting course, choosing book and arranging time. Practice of bilingual education is composed of lectures, homework, experiments and tests. Review is important to estimate and improve the bilingual education. It is a feedback procedure.

A course, MCU and Its Applications, in term 7 for a Bachelor degree, is selected as a bilingual course. According to assessment of experts, the attempt is positive and significant. The responses from students show that MCU bilingual education is helpful to improve their professional English in design and applications.

Acknowledgment

This research was supported in part by the National Natural Science Foundation of China under grant 60872057, by Zhejiang Provincial Natural Science Foundation of China under grants R1090244, Y1101237, Y1110944 and Y1100095.

References

[1]Sifakis J. Embedded systems design-scientific challenges and work directions. Proc. of DATE '09, Nice, IEEE Press, 2009, pp. 2.

[2]Liu L. Advanced manufacturing of China and embedded systems. Proc. of CCIE 2010, Wuhan, China, 2010, pp. 81－84

[3] Proske M and Trodhandl C. Anytime, everywhere-approaches to distance labs in embedded systems education. Proc. of 2nd International Conference on Information and Communication Technologies, 2006, pp. 589－694.

[4]Nooshadadi S and Garside J. Modernization of teaching in embedded systems design-an international collaborative project. IEEE Transaction on Education, 2006(49), pp. 254－262.

[5]Wang Y. MCU Principle and Embedded Applications. Beijing, Xiwang Press, 2002, pp. 102－136.

[6] Karanian BA and Chedid LG. 21st century trends that influence constructing creative classroom environments. IEEE Transaction Education, 2004(47), pp. 157－159.

[7]Wang X. The bilingual education in China 2. China Education and Research Networks [Online]. Available: http://www.edu.cn/20020315/3022744.shtml.

[8]Zhang Y and Xie W. Single Chip Microcomputer Principle and Its Applications. Beijing, Mechanical Industry Press, 2004, pp. 23－54.

[9]Marwedel P. Embedded System Design. New York: Springer, 2004, pp. 201－233.

[10]He L. The development of 8-bit MCU. Microcontrollers & Embedded Systems, 2002(17), pp. 5－8.

[11]Heath S. Embedded Systems Design. MA, Newnes, 2003, pp. 5－35.

[12] Dou Z, Song P and Li K. New development and challenge in embedded system design. Microcontrollers & Embedded Systems, pp. 2004(48): 5－9.

[13]Marwedel P, Gajski D, et al. Embedded systems education: how to teach the required skills? Proc. of International Conference on Hardware/Software Codesign and System Synthesis, 2004, pp. 254－255.

[14]Liu L. A hardware and software cooperative design of SoC IP. Proc. of CCIE 2010, Wuhan, China, 2010, pp. 77－80.

[15]Xu J. MCS51 Applications and Interfaces. Beijing, Peoples' Telecom Press, 2003, pp. 46－57.

[16]He L. Advanced Micro-controllers. Beijing，BUAA Press，2000，pp. 102－134.

[17]Philips. “P89C51RD2xx”，Semiconductors Data Sheet. 2002，[Online]，Available：http://www.semiconductors.philips.com/pip/P89C51RD2.html.

[18]Liu L. Embedded systems training with bilingual education. Proc. of IEEE TENCON 2007，2007，pp. 80－83.

[19]Kilts S. Advanced FPGA Design：Architecture，Implementation，and Optimization. New Jersey. Wiley，2007.

“大学计算机基础”教学模式改革探索

楼永坚　郭艳华　韩建平　胡维华
杭州电子科技大学计算机学院，浙江杭州，310018

摘　要：计算思维是当前国际计算机界广为关注的一个重要概念，已经在国内外计算机教育中引起广泛的重视。本文通过探究教学模式改革，在“大学计算机基础”中实施基于计算思维的认知型教学，有助于培养学生的计算思维能力，使学生对计算机本身及其应用方式有一个全面的了解和理解，为其今后的专业学习和创新活动打下坚实的基础。

关键词：计算思维；教学改革；教学模式

1　引　言

非计算机专业计算机基础教育和计算机专业专门人才培养是互相补充、相辅相成的，我国各个领域中计算机应用的水平，在相当程度上取决于非计算机专业计算机基础教育的水平，计算机基础课程对我国信息化建设具有重要的意义。教育部在相关文件中从不同角度，就计算机基础教育问题，给予了明确的要求。“大学计算机基础”是大学计算机基础教学中的基础性课程，我校计算机基础教学面向全校近 50 个专业的学生，涉及面广、影响大，是我校人才培养不可或缺的重要方面。

随着中小学信息技术课程的普及，大学计算机基础课程不再仅仅是计算机基础知识和基本技能的扫盲课程，而是提出了“面向应用、服务专业、提高信息素养”这样的教学要求，以此为导向的教学模式改革既启发了非计算机专业学生学习计算机的兴趣，又培养了学生的计算思维及信息素养。计算思维是运用计算机科学的基础概念进行问题求解、系统设计以及人类行为理解地涵盖了计算机科学之广度的一系列思维活动。因此，“大学计算机基础”可以建设成在可实现基础上的具有可见性的思维性教学课程。

2　计算思维

人类认识世界和改造世界有三种思维：理论思维、实验思维和计算思维。

理论思维：以推理和演绎为特征，以数学学科为代表。理论源于数学，理论思维支撑着所有的学科领域。正如数学一样，定义是理论思维的灵魂，定理和证明是它的精髓。公理化方法是最重要的理论思维方法。

实验思维：以观察和总结自然规律为特征，以物理学科为代表。实验思维的先驱是意

楼永坚　E-mail：louyjhz@hdu.edu.cn

大利科学家伽利略,被人们誉为“近代科学之父”。与理论思维不同,实验思维往往需要借助于某些特定的设备,并用它们来获取数据以供以后的分析。

2006年3月,美国卡内基·梅隆大学计算机科学系主任周以真(Jeannette M. Wing)教授在美国计算机权威期刊《*Communications of the ACM*》杂志上给出,并定义了计算思维(Computational Thinking)。周教授认为:计算思维是运用计算机科学的基础概念进行问题求解、系统设计以及人类行为理解等涵盖计算机科学之广度的一系列思维活动。

计算思维作为人类三大科学思维之一,虽然比理论思维与实验思维更晚受到关注和缺乏厚重的积累,但是计算机与信息科技的迅猛发展以及计算科学技术本身的严密性和逻辑性,却使计算思维研究完全可能快速发展并后来居上。

计算思维能力是利用计算机技术解决问题的思路,并理解问题的可求解性,包括问题抽象、模型建立和算法设计。计算思维能力培养是大学通识教育的重要组成部分,计算机不仅为不同专业提供了解决专业问题的有效方法和手段,而且提供了一种独特的处理问题的思维方式。计算思维课程在国内一些高校中已经有正式开始实践。

3 “大学计算机基础”课程认知思维型教学

3.1 课程教学目标

1. 使学生理解计算机的计算基础、基本体系结构和工作原理。
2. 通过学习算法的设计和伪代码实现,培养学生掌握问题求解的思路和方法。
3. 掌握实用且必需的计算机基本技能。

3.2 课程内容体系的构建

(1)理论教学内容体系构建

第一讲 课程目标与计算机综述(2学时)

- 计算机工作原理与系统组成
- 计算机的发展与应用
- 计算思维基础知识

第二讲 Office应用(4学时)

- Word
- Excel
- PowerPoint
- FrontPage与Access(网络与数据库简单概述)

第三讲 信息表示(4学时)

- 计数制
- 计算机中数值信息的表示
- 计算机中字符信息的表示
- 图像、视频和音频信息的数字化

第四讲　计算机组成(2 学时)
- 图灵机,冯·诺依曼计算机
- 处理系统
- 存储器
- 计算机的基本工作原理
- 非冯·诺依曼计算机结构

第五讲　计算机软件(2 学时)
- 计算机软件系统组成与功能
- 操作系统的组成与功能
- 指令与机器语言
- 程序与数据

第六讲　程序设计语言(4 学时)
- 程序设计语言概述
- 程序设计语言的分类
- 结构化程序设计

第七讲　算法基础(6 学时)
- 算法的基本概念：定义,分类,表达
- 算法的设计方法:迭代法,递归法,随机法,启发式法等
- 算法的分析：最坏情况分析,平均情况分析
- 基本算法介绍：求和,求积,最大/最小,排序,查找等

第八讲　数据描述(2 学时)
- 数据类型
- 常量、变量
- 运算符、表达式
- 常用函数

第九讲　程序基本结构实现(4 学时)
- 顺序结构
- 选择结构
- 循环结构

第十讲　范例实现与演示(2 学时)
- 伪代码实现算法讲解
- 范例演示(常用算法的 C/VB 实现)

上述课时在实际教学根据情况可做适当调整,在教学上探索进行不插电的计算思维教育,即在设计的游戏活动中理解计算机解决问题的方法和思路。

(2)实践教学内容体系构建
- Office 软件(课内 10＋课外 8)
- 程序设计基础(课内 6＋课外 8)

4 结束语

总之,“大学计算机基础”作为大学计算机基础教学的第一门课程进行可实现基础上的具有可见性的思维性教学具有很大的意义。

通过“大学计算机基础”课程教学模式改革力求培养学生的计算思维能力,包括:科学的探索精神和分析能力;解决问题的思路和方法;实践动手能力。

参考文献

[1]何昭青.《计算机导论》课程内容体系构建的研究与实践. 湖南第一师范学院学报, 2010,10(5): 63—67.

[2]牟琴,谭良.基于计算思维的探究教学模式研究.中国远程教育,2011, 22(5): 40—45.

[3]Wing J M. Computational Thinking. Communications of the ACM,2006,49(3):33—35.

[4]周以真.计算思维.中国计算机学会通讯,2007,3(11):83—85.

VB 程序设计课程改革初探

孟学多　钟晴江
浙江大学城市学院计算机与计算科学学院，浙江杭州，310015

摘　要：“VB 程序设计”是我国高等院校非计算机专业学生必修的重要基础课程之一。本文首先分析了该课程的教学内容和知识应用，提出了在“VB 程序设计”课程中增加 Excel-VBA 内容，形成“VB＋VBA 程序设计”课程结构，最后讨论了如何从 VB 程序设计过渡到 VBA 程序设计的教学方法。

关键词：VB；Excel VBA；VB 程序设计；VBA 程序设计；课程；教学改革

1　引　言

“VB 程序设计”是我国高等院校非计算机专业学生必修的重要基础课程之一，其目的是培养学生程序设计和简单的系统开发及应用能力。选择“VB 程序设计”的一个原因是大家认为 VB 程序设计课程相对于其他程序设计课程学生学起来要简单一些(例如 C 语言、JAVA 语言)。而针对“VB 程序设计”的实际应用往往被人忽视。

2　当前 VB 课程的现状

2.1　VB 课程的定位

对于大多数非计算机专业学生而言，该课程是作为“大学计算机应用”(或者“大学计算机基础”)课程之后学习计算机程序设计开设的。教学目的是让学生通过对该门课程的学习，了解并初步掌握程序设计的基本概念和方法，为今后计算机语言的深入学习或计算机应用打下坚实的基础。

依据国家教育部非计算机专业指导委员会的设计和建议，对于非计算机专业学生，在学习了“VB 程序设计”课程后还应再学习计算机应用的相关课程。事实上，几乎所有的高校对于文经管类偏文科类的学生，在开设“VB 程序设计”课程后不再另行开设后继的课程。也就是说，从大学计算机教育的三个层面看，目前的普遍现象是完成了前两个层面的学习，而最能反映学生计算机应用能力的计算机应用类课程却因为学时数等原因被舍弃了。

2.2　VB 课程的教学内容

从“VB 程序设计”课程的教学内容上看，主要可分为两大部分。一是程序设计基础，主

孟学多　E-mail：mengxd@zucc.edu.cn

要讲解数据类型、结构化程序设计的三种结构、数组的概念和使用、自定义函数和自定义过程;二是面向对象的程序设计,主要介绍 VB 基本控件的使用,其中学生较难理解并掌握的有 List 控件的 ListIndex 属性,Timer 控件的 Timer 事件编程,Picture 控件上的绘图等。最后,简单地介绍一下 VB 的文件概念。

程序设计基础部分的教学内容对于非计算机专业学生了解程序的概念、理解计算机工作过程和通过编写简单的程序来加深这一概念是非常有意义的,从计算机教育的三个层面来看也很好地实现了第二层面的要求,同时为第三层面的课程打下良好的基础。而对于面向对象程序设计教学内容,目前的教学学时和教学深度很难达到计算机应用的层面。从现实的教学效果来看,它仅能使学生了解面向对象程序设计的概念。同样的,作为计算机上使用最多的数据存储(文件操作)概念,也因为学时数的限制没有讲解透彻,所以也无法为学生今后的计算机应用打下基础。

3 VB 课程的改革

3.1 VB 课程的重新定位

在现代信息社会中,计算机应用无时不在、无处不在,与我们的学习、工作和生活息息相关。计算机处理信息的过程就是计算的过程,大学生应该具备一定的计算思维能力。而学习程序设计就是训练计算思维能力的有效途径。但课程内容和方式要与时俱进加以改进,把培养抽象计算思维与解决实际应用结合起来,一举两得。

VB 语言被选作我国高校计算机基础课程系列中的程序设计基础与实验的主要语言之一。事实上,VB 也是 Windows 的编程语言之一,很多专业编程人员可以非常方便地、高效地用 VB 编写 Windows 应用程序。Visual Basic for Applications(简称 VBA)是新一代标准宏语言,是基于 Visual Basic for Windows 发展而来的。VBA 提供了面向对象的程序设计方法,提供了相当完整的程序设计语言。VBA 易于学习掌握,可以使用宏记录器记录用户的各种操作并将其转换为 VBA 程序代码,这样用户可以很容易地将日常工作转换为 VBA 程序代码,使工作自动化。

就语言的语法和程序格式来看,VBA 本身是 VB 的子集。就 VB 程序设计课程的应用而言,Excel-VBA 是它的用武之地,VBA 可以让学生把学到的程序设计技术很好地应用到实际工作当中去。

总之,在目前的教学学时等条件下,VB+VBA 的课程设计基本能较好地满足非计算机专业学生计算机教育的第二、三层面的要求。

3.2 VB+VBA 课程的教学内容

VB+VBA 课程的教学内容应包含两个方面:一是 VB 的程序设计基础,主要目的在于让学生了解程序设计的基本知识,初步掌握程序设计的基本方法,从而能设计一些基本程序;二是 VBA 的程序设计部分,这是本次课程改革的重点。VBA 可以在微软 Office 办公软件的每个应用程序中使用,作为课程中的一部分内容而开设的 VBA,要选好宿主对象。经挑选,Excel 的 VBA 更为合适。

VB程序设计基础：在这一部分的教学中，突出的是基本程序设计的概念、方法，以及学生能在此基础上独立编写小程序的能力。内容为：

- VB环境与VB程序如何运行
- 数据类型、表达式和常用函数
- 程序的三种结构：顺序结构、分支结构和循环结构
- 数组
- Sub过程和Function函数过程
- 窗体、Label、Text和Command的属性、方法和事件

VBA在Excel中的应用：这部分内容也是该课程改革的主要内容[4]，包括：

- VBA基础知识
- VBA常用对象与程序设计
- VBA控件与窗体
- VBA初步应用实例

3.3 课程改革的特点与目标

本课程改革的特点：一是要基于学生计算机应用能力的培养，VB+VBA的课程特色在于把程序设计基础课和程序设计的实际应用结合起来，使该课程既有“理论”又有“应用”。它既强化了学过的Excel内容，又为学生搭起了与专业和实际相结合的“桥梁”，为专业应用服务。二是基于学生信息化素质的培养，通过本课程，培养学生的信息素养与计算思维。处于信息社会的大学生，应该学会用信息的观点来思考问题，用计算思维来解决问题。

正是因为以上两点，才使本课程具有一定的创新性。目前全省乃至全国高校分别开设VB程序设计课程或者VBA程序设计应用课程的都有，而把两者有机地溶合为一门课程本是该课程改革的初衷。这里所说的“溶合为一门”不是简单地把两门课程的内容堆积在一起，而是要把相关内容有机地结合起来，走出一条从VB程序设计基础到VBA程序设计应用的教学新路。

本课程改革的目标是：通过学习程序设计，培养学生逻辑推理能力与实际动手能力；与专业应用相结合，大力提升学生利用计算机解决实际问题的能力；培养学生成为具有一定信息素养和计算思维能力的应用型人才。

4 VB到VBA的衔接

从“VB程序设计”课程到“VB+VBA程序设计”课程，主要的难点在于如何从VB程序设计过渡到Excel-VBA程序设计。浙江大学城市学院对此作了探索并已进行了两轮的教学实践，有了一些教学体会。

4.1 VB编程环境与VBA编程环境

VB编程环境与VBA编程环境的确不同，但仔细对比会发现它们有很多相同之处，给学生讲清楚两者的相同点与不同点，学生可以很快地进入VBA的编程环境并开始VBA编程。

VB 编程环境中的窗体对应 VBA 编程环境中的工作簿和工作表，但是它们在概念上不是相同或相近的对象，所以在使用上有很大的差别。如可以用 Print 语句在窗体上输出数据，却不能用在 VBA 的工作表上，但是又都可以用在立即窗口上（即 Debug. Print）。

VB 编程环境中的模块与 VBA 编程环境中的模块概念是一样的，而且在 VBA 中显得更为重要和常用。在“VB 程序设计”课程中一般较少介绍并要求学生使用模块来编程，但是在 VBA 中要强调在模块中编写过程和函数，因为 VBA 中的过程就是“宏”，而函数能作为用户函数增加到 Excel 的工作表函数中（在实际工作中，这个功能很有用）。同时要注意过程和函数定义的前缀词 Private/[Public]，用 Private 定义的过程和函数只能在本模块中被调用，它们是不能作为“宏”或“用户定义”函数直接在工作表上使用的。

4.2 VB 到 VBA 的切入点

VB 编程到 VBA 编程的切入点是 Excel 工作表中的“宏”和“用户定义”函数。

“宏(Macro)”是一段定义好的操作，它可以是一段程序代码或一个子程序。在课程讲解上先录制一个“宏”，然后在 VBA 环境中与学生一起分析这个“宏”，最后通过编写语句扩充这个“宏”的作用，这样学生就能较快地进入 VBA 环境了。

“用户定义”函数与“宏”的作用相当。例如可以把判闰年的工作写成一个函数，工作表上输入一些年份后就可以像使用 Excel 中的 Sum 函数一样方便地用这个判闰年函数了。图 1 是判闰年函数在 Excel-VBA 中的截图，图 2 是在 Excel 工作表上调用该函数的操作过程。

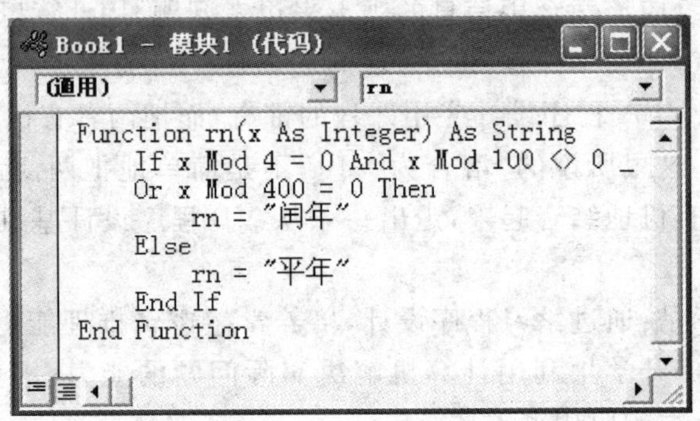

图 1　判闰年函数

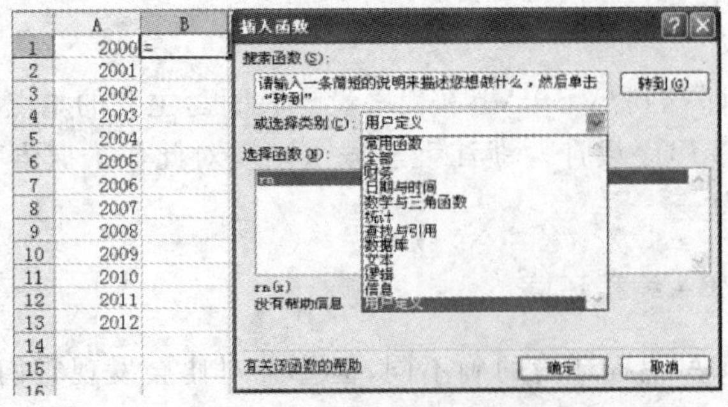

图 2　Excel 工作表上调用判闰年函数

4.3 Excel-VBA 的对象

VBA 对象指 Excel 中的各种元素，即 Excel 对象。VBA 程序要自动化操作和控制 Excel 应用程序，则必须得与 Excel 所提供的对象进行交互，比如访问某张工作表、修改某批单元格的数据，等等。所有 Excel 对象构成了 Excel 的对象模型。尽管 Excel 对象模型包括 100 多个对象，但基本 VBA 程序设计主要集中在如下四个对象上：

- Application 对象
- Workbook 对象
- Worksheet 对象
- Range 对象

这并不是说用不到其他对象，只是说明这几个对象最为常用。在课程讲解上以这四个对象为主线，逐步让学生理解并掌握这四个对象的部分常用属性、事件和方法。

讲解 Excel-VBA 的对象，一是要少而精，二是要让学生学会使用联机帮助中的对象模型与层次结构。

5 结束语

教学改革包括多个方面，可以是形式上的，可以是案例方式的，也可以是教与学的互动方式上的。“VB 程序设计”这门公共基础必修课的教学改革应从教学内容上进行，即不放弃程序设计基本知识的教学，引入具有较好教学效果的案例方式，同时增加课程的实际应用内容，从而使大学基础课程也萌发“知识应用”的新芽。

浙江大学城市学院对“VB 程序设计”课程两年来的教学实践，初步达到了“VB＋VBA 程序设计”课程的教学要求。学生通过 VB 和 VBA 两者有机结合的教学，掌握了“宏”和“用户定义”过程的应用，能对 Excel 工作表的数据处理进行简单的编程。

当然，“VB＋VBA 程序设计”课程的设计和实践才刚起步，对于两者间的学时数分配、VB 基本程序设计的教学深浅度、VBA 在 Excel 上的应用深度和是否有必要讲解 VBA 在 Office 的其他应用程序中的编程等问题还需进一步研究。

参考文献

[1]董彩霞.VB 课程教学的改革与实践.中国教学与研究杂志，2010，22(7)：45，111.

[2]陈庆章，胡同森.VB6.0 程序设计教程(第二版).杭州：浙江科技出版社，2010.

[3]邹梓秀.基于编程能力培养的《OFFICE VBA 编程》课程教学改革与实践.电脑知识与技术，2010，6(22)：6395－6396.

[4]李政，梁海英，李昊，林广朋.VBA 应用基础与实例教程.北京：国防工业出版社，2009.

SI-NS 图程序设计与开发方法

斯传根

浙江科技学院、杭州思图软件科技有限公司，浙江杭州，310023

摘　要：本文通过一个编程实例提出了一种 SI-NS 图程序设计与开发方法。软件工程师在程序设计与开发过程中始终面对的是读起来远比程序容易理解得多的 SI-NS 图。用 SI-NS 图算法设计，在 SI-NS 图上执行并验证程序的算法逻辑（Code Walkthrough）。当计算机测试执行结果与预期的不一致时，在 SI-NS 图上分析出错原因并进行修改。当有新的需求时，首先也在 SI-NS 图上找到相关的程序模块，扩充和修改相应的程序逻辑。即便用到计算机也是短暂的，不耗费精力的，而且完全可以交给其他人去做。软件工程师的聪明才智都可以用在刀刃上，并始终保持充沛的精力和清醒的头脑。这样的开发模式能保证程序的开发质量，一次开发成功率非常高，自然能有效缩短软件的开发周期，降低软件的开发成本。

1　引　言

编一程序，读入形式为 XXX…X＜A＞B 的字符串，其中 A 和 B 是 2 到 10 之间的整数；X 是 0 到 9 的数字，XXX…X 是一个 A 进制的数字串，代表一个 A 进制的整数。要求将此整数转换成 B 进制的整数再输出。例如程序读入的字符串是：

```
12345<6>10
```

它表示将一个 6 进制的整数 12345 转换成一个十进制的整数，然后再输出。如图 1 所示。

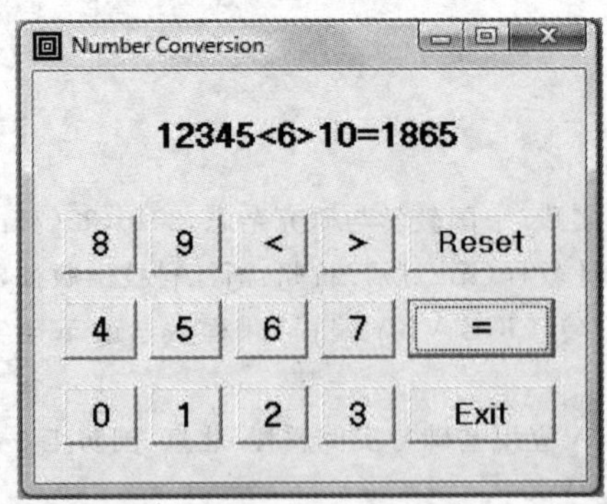

图 1　十以内不同进制数据转换

2 解题分析

该题看似简单，却涉及对输入字符串的语法和语义分析。这里采用自顶向下、逐步扩充的 SI-NS 图程序设计与开发方法，将该题分解成以下一个个简单得多的问题和步骤加以解决。

(1)用语法图定义输入字符串的语法。

(2)用 SI-NS 图设计语法分析程序，并测试程序。

(3)将语法分析程序扩充为能辨别类似“17＜2＞8”这种语意上不合法的字符串错误，并测试程序。

(4)将程序扩充成能实现十以内不同进制数字串的转换，并测试程序。

3 解题过程

3.1 用语法图定义输入字符串的语法

语法图如图 2 所示。

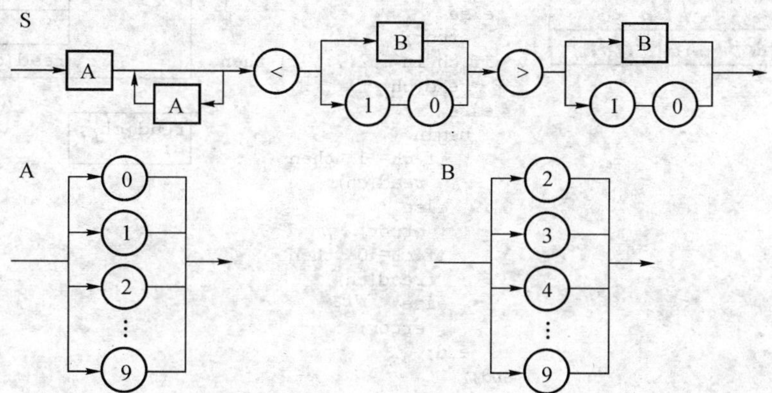

图 2 语法图

3.2 用 SI-NS 图设计语法分析程序，并测试程序

(1)依据语法图，设计 SI-NS 图语法分析程序(最好用铅笔，便于修改)。

(2)在设计好的 SI-NS 图上执行并验证程序逻辑(白盒子测试)，该 SI-NS 图程序能够辨认出如 20＜8＞、8＜18＞3 等输入字符串的语法错误，但不能辨别出符合语法但不符合语意的错误，如 17＜2＞8。

(3)依据设计好的 SI-NS 图，键盘输入相应的程序(注：可交给其他人做，稍加训练，便可达到熟练程度)。

(4)立即将程序变换成 SI-NS 图(使用本公司研发的“思图工具软件”)。

(5)比较刚生成的 SI-NS 图与手工设计的 SI-NS 图两者在结构上是否一致，以确认输入代码的正确性。

上述过程如图 3 所示。

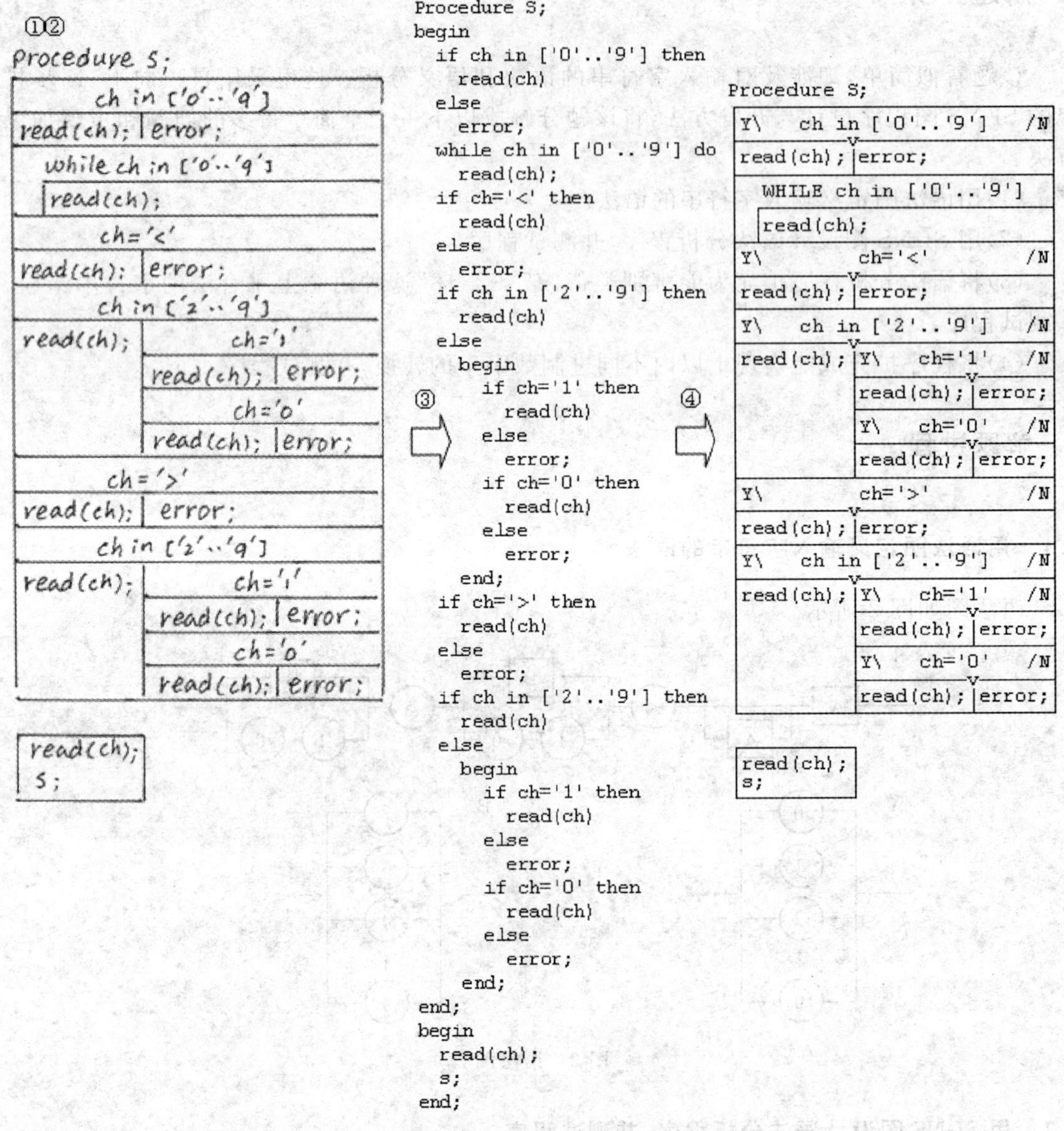

图 3 设计语法分析程序

(6)添加相关变量和过程说明,使语法分析程序可以编译执行。

(7)在计算机上测试执行程序。测试过程如果遇到问题,总是先分析并修改打印出来的 SI-NS 图,再修改相应代码程序,然后又立即将修改后的代码程序变换成 SI-NS 图。这样,分析 SI-NS 图就是分析代码程序;修改代码程序,等同于修改 SI-NS 图。总之,软件工程师始终面对的是 SI-NS 图,再也不需要为分析和读懂程序耗费太多的时间和精力。

以下图 4 是扩充了 read(ch)、error 过程,以及 ch 等变量后可以执行的 SI-NS 图语法分析程序(扩充部分用红色标记),右图是点击了等号键后,对输入有语法错误字符串测试的实况。

```
var
  Form1: TForm1;
  st:string;
  ch:char;
  k:integer;

implementation

{$R *.dfm}

procedure TForm1.B_EaqualClick(Sender: TObject);
procedure error;
```

```
beep;
showMessage('输入的字符串有语法错误！');
halt;
```

```
(*------------------------------------------------*)
procedure read(var ch:char);
```

```
k:=k+1;
ch:=st[k];
```

```
(*------------------------------------------------*)
Procedure S;
```

```
Y\   ch in ['0'..'9']   /N
read(ch); | error;
  WHILE ch in ['0'..'9']
    read(ch);
Y\        ch='<'        /N
read(ch); | error;
Y\   ch in ['2'..'9']   /N
read(ch); | Y\  ch='1'  /N
          | read(ch); | error;
          | Y\  ch='0'  /N
          | read(ch); | error;
Y\        ch='>'        /N
read(ch); | error;
Y\   ch in ['2'..'9']   /N
read(ch); | Y\  ch='1'  /N
          | read(ch); | error;
          | Y\  ch='0'  /N
          | read(ch); | error;
```

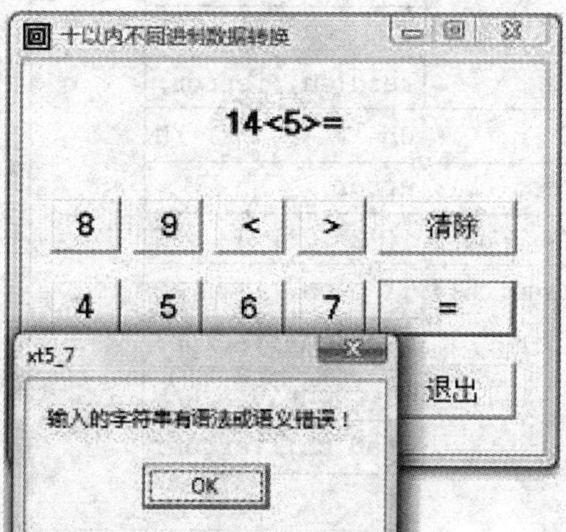

```
Label1.Caption:=Label1.Caption+'=';
st:=st+'=';
k:=0;
read(ch);
s;
Label1.Caption:=st;
```

十以内不同进制数据转换

14<5>=

8 9 < > 清除

4 5 6 7 =

退出

xt5_7

输入的字符串有语法或语义错误！

OK

图 4 扩充了相关过程和变量可以上机执行的语法分析程序

3.3 将语法分析程序扩充为能辨别类似“17＜2＞8”这种语意上不合法的字符串错误，并测试程序

算法是：将读入形式为 XXX…X＜A＞B 字符串中的每一个字符 X 与 A 比较，假如有大于或等于 A 的 X，则出现语义错误。

实施的扩充如下：

(1)新增 i、j 以及数组 A 变量，i 的初始值为零。

(2)将图 5 中左图 3 个用黑体标记的 read(ch)分别扩充成右图所示的语句块。

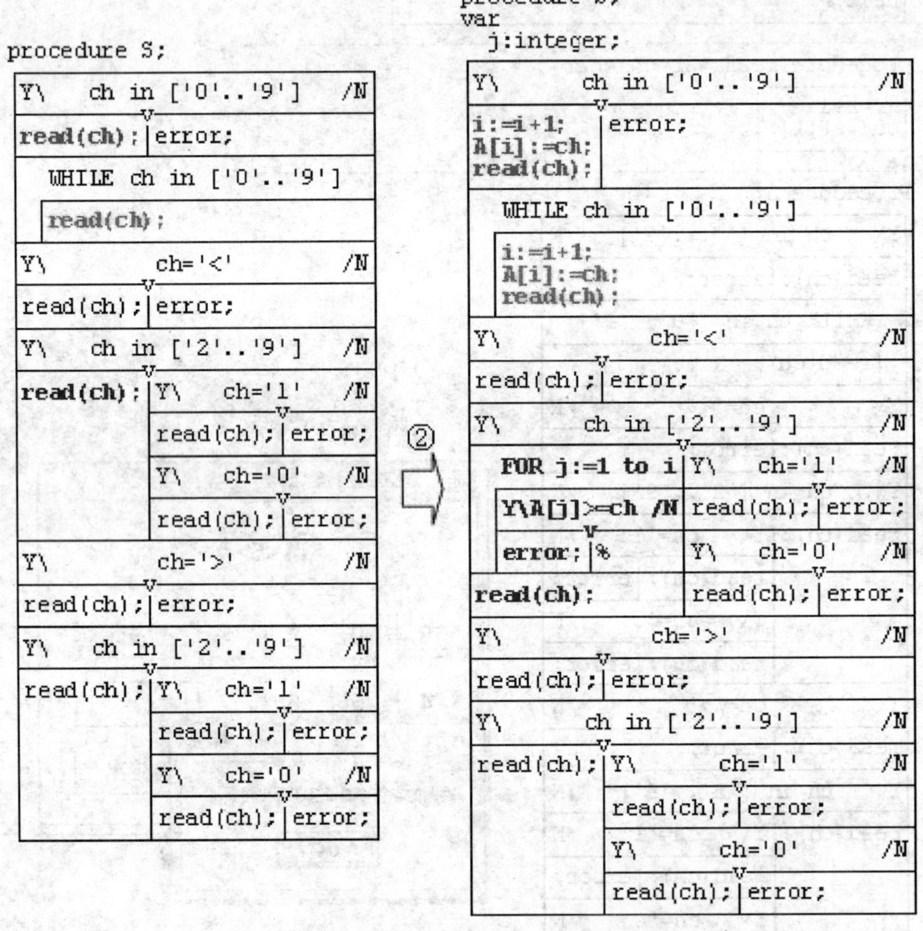

图 5　扩充了语义分析的语法分析程序

(3)图 6 是作了语义扩充后的 SI-NS 图程序(扩充部分用红色标记)，该程序不仅能识别输入字符串的语法错误，还能识别语义错误。右图是点击等号键后对输入有语义错误字符串测试的实况。

```
var
  Form1: TForm1;
  st:string;
  ch:char;
  k,i:integer;
  A:array[1..20]of char;
implementation
{$R *.dfm}
procedure TForm1.B_EaqualClick(Sender: TObject);
procedure error;
  beep;
  showMessage('输入的字符串有语法或语义错误！');
  halt;
(*------------------------------------------*)
procedure read(var ch:char);
  k:=k+1;
  ch:=st[k];
(*------------------------------------------*)
Procedure S;
var
  j:integer;

Y\  ch in ['0'..'9']  /N
  i:=i+1;   | error;
  A[i]:=ch;
  read(ch);
WHILE ch in ['0'..'9']
  i:=i+1;
  A[i]:=ch;
  read(ch);
Y\  ch='<'  /N
  read(ch); | error;
Y\  ch in ['2'..'9']  /N
  FOR j:=1 to i       | Y\  ch='1'  /N
    Y\A[j]>=ch /N     | read(ch); | error;
    error; | %        | Y\  ch='0'  /N
  read(ch);           | read(ch); | error;
Y\  ch='>'  /N
  read(ch); | error;
Y\  ch in ['2'..'9']  /N
  read(ch); | Y\  ch='1'  /N
            | read(ch); | error;
            | Y\  ch='0'  /N
            | read(ch); | error;

  Label1.Caption:=Label1.Caption+'=';
  st:=st+'=';
  k:=0;
  read(ch);
  s;
  Label1.Caption:=st;
```

十以内不同进制数据转换

45<2>6=

8 9 < > 清除

4 5 6 7 =

退出

xt5_7

输入的字符串有语法或语义错误！

OK

图 6　作了语义扩充后点击等号键的 SI-NS 图程序

3.4 将程序扩充成能实现不同进制数字串的转换，并测试程序

算法是：

(1)先将 XXX…X<A>B 字符串中的 A 进制字符串"XXX…X"转换成十进制数 Iten。

(2)再将十进制数 Iten 通过对 B 进制值求模取余转换成 B 进制数。

图 7 是在原有 SI-NS 图程序基础上为实现不同进制数据转换而进行的又一次扩充(扩充部分用红色标记)。

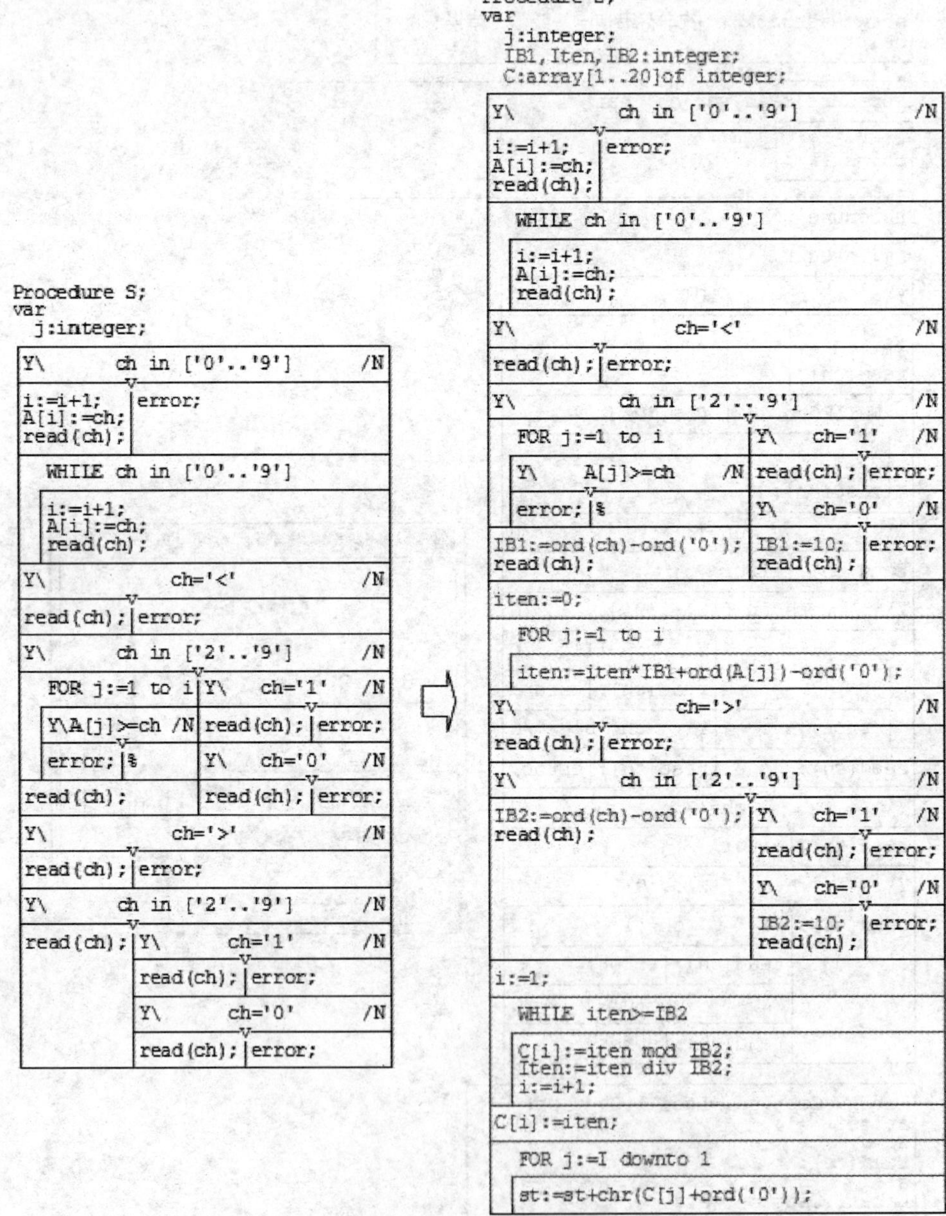

图 7 为实现不同进制数据转换而进行的又一次扩充

(3)图 8 是完成了不同进制数据转换扩充后点击等号键的 SI-NS 图程序，以及最后的测试实况。

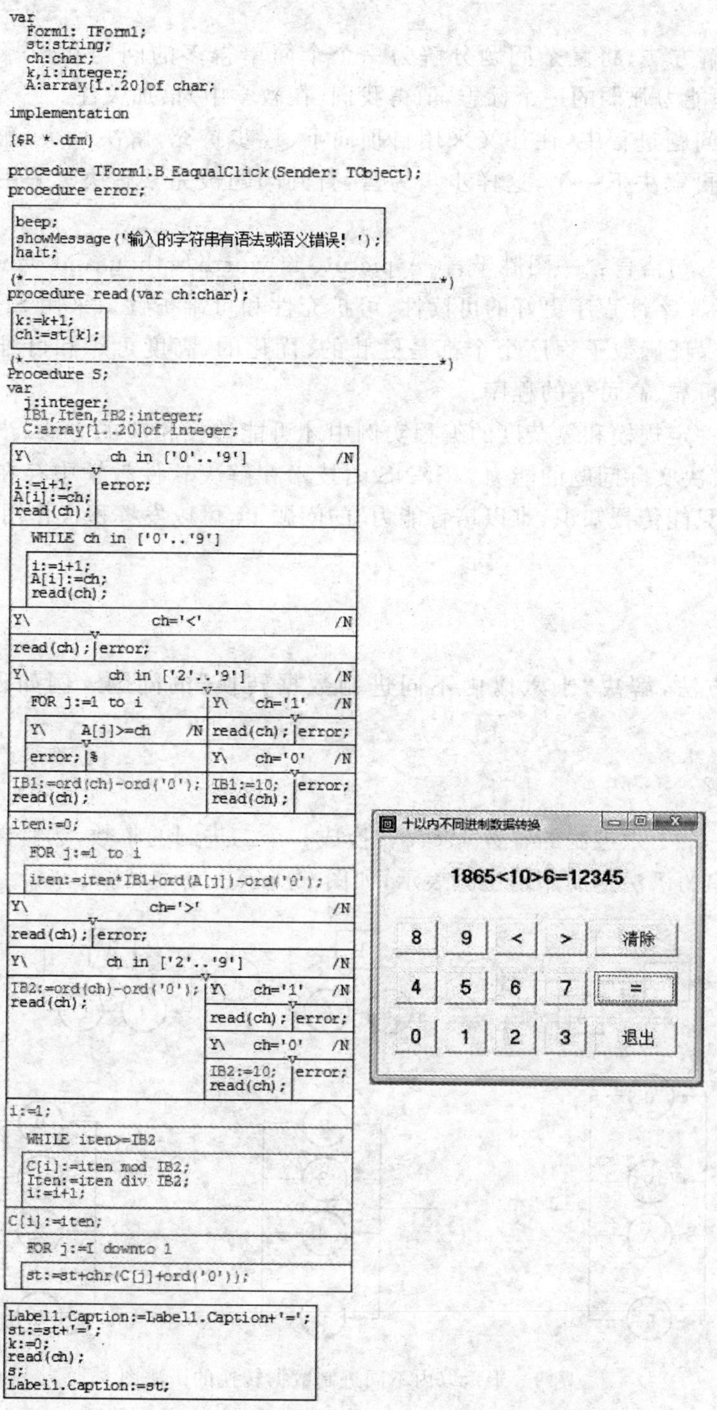

图 8 完成了不同进制数据转换扩充后最后的测试结果

4 结束语

(1)善用分解方法，将复杂问题分解为一个个简单得多的问题和步骤，是软件工程师(学生)解决问题能力强弱的一个标志，值得我们(在教学中)倍加关注。

(2)在解决问题过程中，往往又采用自顶向下、逐步扩充，解决一个，测试一个，然后在此基础上扩充，再解决下一个，这样步步为营，直到问题被完整解决。采用这样方法，有较高成功率。

(3)美国有一句格言："一图胜千言(A picture is worth a thousand words)"。SI-NS 图具有远比复杂的文字性程序更好的可读性、可扩充性和可维护性。采用 SI-NS 图程序设计与开发方法，能保证函数子程序个个都是健壮的、优化的、高度可靠和可维护的，有助于开发出高质量、高可靠、高可信的程序。

(4)只有在一定规模和复杂度的编程实例中才可能传授相应的方法、步骤和经验，才有助于培养学生解决实际问题的能力。SI-NS 图技术在解决软件教学中存在的"程序实例大多不超过一页，只能传授知识，难以培育能力"的问题上，可以发挥积极作用。

5 实训练习

试用上述方法，解决"十六以内不同进制数据转换"的问题。例如程序读入的字符串是：

```
178A<16>2
```

它表示将一个十六进制的整数 178A 转换成一个二进制的整数，然后再输出。

输入字符串的语法定义用语法图表示，如图 9 所示。

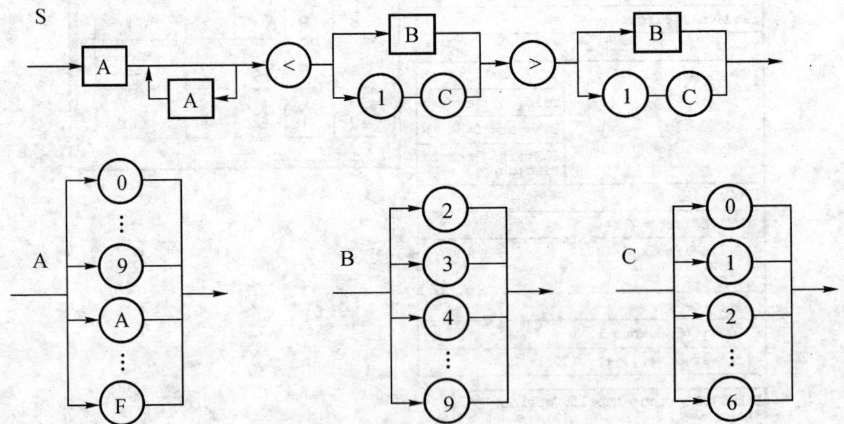

图 9 十六以内不同进制数据转换的语法图

有心者可以借此实践"SI-NS 图程序设计与开发方法"，并检验自己的学习效果。

参考文献

[1]斯传根.PASCAL 程序到 SI-NS 结构图的自动变换.计算机学报,1986,9(3):237－240.

[2]斯传根.SI-NS 程序图形化表示方法.工程设计学报,2001(3):157－160.

[3]斯传根.编译设计与开发技术.北京:清华大学出版社,2003.

[4]斯传根.以提高学生研发能力为目标的编译教材和教学改革研究.计算机教育,清华大学主办 2004(2/3):138－141.

[5]Si Chuangen,X Si, Zhang Ch. SI-NS Diagram Program Design and Development Method. CCCM 2010.

“软件开发技术基础”教学改革与实践

陶虹平　黄荣保　雷新贤

同济大学浙江学院，浙江嘉兴，314000

摘　要：软件开发技术基础是工科类非计算机专业学生的一门重要的技术基础课，本文根据我校软件开发技术基础教学的特点，分析了该课程教学中面临的困难，并从新的课程内容体系、教学观念与教学方法以及考试改革等几方面，对该课程的改革与创新进行了有益的探讨，以全面提高教学质量。

关键词：软件开发技术基础；案例驱动模式；C#

1　引　言

“软件开发技术基础”课程是我校面向工科类非计算机专业本科生开设的一门技术基础课，作为“大学计算机基础”和“高级语言程序设计”的后续课程。教学内容主要涉及软件工程、数据结构、数据库等方面的基础知识，其目的是通过该课程的学习，使学生能够全面系统地掌握计算机软件开发技术的基本知识，熟悉软件工程概念与流程、数据结构概念与算法，并且结合数据库知识具有一定的软件系统设计能力。将计算机专业的若干门缺乏内在联系的专业课内容糅合成一门课给非计算机专业的学生上，其难度可想而知。本文中针对该课程现阶段教学中存在的问题，提出了改进的方法。

2　教学中面临的问题

软件开发技术基础课程涉及的知识面广、概念多、原理抽象、实践性强，学生难以掌握。从几年的教学实践中发现本课程现有教学中存在的一些问题，主要体现在以下两个方面：

(1)学生方面

本课程是以“C语言程序设计基础”的学习作为基础，C语言作为工科类高级语言程序设计的基础课程在大学一年级开设，对于初次接触程序设计的学生来说太抽象，而C语言本身的概念多而复杂，学生掌握比较困难，大多数学生的C语言基础并不牢固。另外，多数学生感到计算机软件开发技术基础课程知识点多，缺乏内在联系，且内容和应用脱节，觉得学而无用。

(2)教师方面

担任本课程教学的教师感觉这门课非常难教，原因是课程教学内容很多，分配给课程的教学学时数却较少(周学时为2学时，上课17周)，而分配给该门课程的实验教学学时更

陶虹平　E-mail:hp.tao@163.com

少，很多教师在组织课堂教学时，将大部分时间都花在了基本概念等的讲述上，对程序设计和调试技巧等实践性较强的部分则往往只是点到为止。也有教师为了赶进度将学时硬性平均分为若干部分，这样就会引起重点不突出等问题，从而导致学生最后根本没有掌握软件设计的一般方法。

3 构建新的课程内容体系

必须要从实用出发，以应用为目的来重新组织教学，因此构建了新的课程内容体系，包括四部分内容：基于C#的Windows应用程序开发技术、软件工程方法、数据结构和数据库技术。

引入Visual Studio平台下的Windows应用程序开发技术，该技术的实现语言主要有C#、VB.NET、Visual C++等，我们选择简单实用的C#语言作为突破口，既可以解决与先导课程"C/C++程序设计"课程的衔接，又可以使学生掌握简单的界面设计方法。因为界面作为人与计算机软件交互的窗口，在软件工程生命周期中也占有重要的地位，甚至现在很多软件开发方法都是围绕界面进行的。从教学角度来看，以往程序设计课程的教学经验启示我们，选学VB程序设计课程的学生往往比选学C语言程序设计课程的学生表现出更大的兴趣，不仅仅因为VB较C简单，更重要的是这种带界面的设计比只能在DOS窗口中看到结果的C程序设计更能带给学生成就感，调动学生的自主学习兴趣。

在内容组织上，要对课程内容分主次，有偏重的实施这门课程的教学。具体方法就是以C#语言课程内容为主线，穿插一些章节的内容。教学主要分为三个阶段。

(1)前期：较快速的对C#语言的语法、功能等进行浏览、讲解，结合C语言进行适当的复习，理解和掌握变量、数组、存储单元等概念及其相互关系，立足于对问题的抽象理解。

(2)中期：以案例驱动，辅以简单、实用的界面设计方法，增强对数据组织结构和算法思想的理解，适当增加对数据结构部分的实践，因为该部分对软件设计起着非常重要的作用。

(3)后期：在学习最后做小型项目时引入软件工程和数据库的内容。这样以C#语言为主线，以数据结构和算法为核心，运用数据库知识、以软件工程的开发方法为指导，将各部分内容有机地结合起来。

4 更新教学观念

现在社会知识更新速度很快，计算机科学目前仍然处于快速发展期，新观点、新技术日新月异。作为教师，若不与时俱进，讲课照本宣科，不仅不受学生欢迎，而且有碍自身教学水平提高。知识是无止境的，只有时刻更新自己的观念和知识体系，不断进取，及时吸收学科前沿知识与研究成果，才能达到"教学相长"的目的。

4.1 强化实践，注重培养学生的动手能力

计算机是实践性极强的学科，所学的内容和上机实践是一个整体，往往书上看不懂的在机器上动手试试，就弄懂了。因此，我们的基本思想是：在理论指导下，让学生动手、动脑，为学生提供更多的上机实践机会。实践证明，"软件开发技术基础"课程的学习，只有让

学生动手,他才会有成就感,进而对课程产生兴趣;在学生编写和调试大量程序之后,才能获得进步,感到运用自如,学起来才比较从容。注重学生动手能力的培养是和以往该课程教学最大的不同之处。

4.2 突出能力和意识的培养

从课程体系结构上看,“软件开发技术基础”课程涉及软件编程方方面面的内容。上好这门课的关键是要把授课的重点放在思路、算法、编程构思和程序实现上,抓住该课程最本质的东西教给学生。例如,对于有难度的实例可以着重讲解流程图,使学生理解程序流程和事件过程之间的联系,能根据不同任务确定所需的事件过程,根据算法编制程序,培养学生将形象思维过渡到逻辑思维的能力,同时在程序设计的实践中进一步熟悉语言知识,提高编程能力。而课程中细节的东西,不应该面面俱到。例如,语句只是表达工具,讲一些最主要的,细枝末节的东西可以不讲。

4.3 培养良好的编程习惯

通过“软件开发技术基础”授课,让学生养成良好的编程习惯是十分重要的。计算机编程的工作是一个非常严谨的工作,“粗枝大叶”往往要出错。授课时,要非常注意让学生养成良好的编程习惯,即强调程序的可读性、规范性。例如,变量须加注释、程序构思要有说明、学会如何调试程序与分析运行结果。这对于学生多方面素质的提高很有帮助。

5 采用案例驱动的教学模式

“软件开发技术基础”课程的范围和内容非常广泛,而课时较少,不可能在规定的学时中将所有内容都讲到,因此要求教师必须有重点地精讲。以案例驱动的方式组织教学可以将枯燥的理论方式、步骤渗透到实例当中,使学生在较短时间内快速掌握主要内容,且印象深刻,非常适合以应用为目的的非计算机专业学生。

另外,我们在每个章节中设计一些相关的小型任务,在全部内容结束后,设计一个和学生所学专业相关的综合性实用项目。由于我校的“软件开发技术基础”课程一般开设在大二下学期、大三上学期,对于这些学生而言,已经有了一定专业方面的基础,可以要求他们以软件工程的方法为指导,运用数据结构和算法的相关知识,结合所学的数据库知识及综合界面设计来解决各自专业领域知识的一些实用性任务。

案例教学可以在教学中发挥重要的作用,而实际开发案例更是不可缺少。从专业领域实际问题引发学生的关注与思考,然后通过教师的提示,扩展思路,使学生对学过的基本知识有更进一步的了解与掌握,为解决实际问题奠定基础。

6 考试改革的尝试

考试是学生学习导向的指挥棒,也是检验教学效果的基本方法。我们对学生的学习评价方式也尝试进行了一些改革,考试统一为上机考试,将考试分为两部分进行:理论考试和操作考试。理论考试主要是为了检验学员对理论知识的掌握;操作考试主要是为了检验学生对编程工具的熟悉程度和对编程语言的掌握程度。在平时上机实验中也需进行适当考核,作为实验部分的平时成绩,这样可以随时掌握学生的学习和应用情况。

试题库建设是教学的一个重要环节。试题库应该采用相关软件统一管理,首要的工作是管理软件的研发,使教学资源得到充分利用。试题库管理软件要具有随机抽题组卷、打印、统计分析考试结果、维护修改试题库等多种功能。用题库管理软件把一个个试题内容保存到计算机中,这也是一项非常繁杂、细致、要花大量时间的工作;对试题库的建设更是一项长期需要更新和维护的工作。

7 结束语

计算机基础教育的任务和目标是培养既精通本专业知识,又能掌握计算机应用技能的复合型人才。"软件开发技术基础"是计算机基础教育的基本内容,是学生在本专业学习和研究中,开展计算机应用和系统开发的立足点,它的意义和作用都是不容忽视的。计算机技术及其在各专业领域飞速发展的特点决定了该课程的内容需要不断调整更新。本文针对该课程现阶段教学中存在的问题,以 C# 语言为突破口,提出了改进的方法。实践证明,能有效地提高学生的软件设计能力和创新能力,取得了良好的教学效果。

参考文献

[1]Diaz-Herrera JL. Software Engineering Education. Springer Berlin. Heidelberg, April 2006.

[2]Zain JM, bt Wan Mohd WM, El-Qawasmeh E. Software Engineering and Computer Systems. Springer Berlin, Heidelberg, June 2011.

[3]Carver J. The Impact of Background and Experience on Software Inspections. Empirical Software Engineering, 2004(9);259—262.

[4]Denning P. Professional software engineering education. Annals of Software Engineering. 2002(6):145—166.

[5]邵顺增, 李琳. C#程序设计:Windows 项目开发. 北京:清华大学出版社, 2008.

“数据结构与算法”课程实践教学模式的探索与改革

王竹云

浙江财经学院，浙江杭州，310018

摘　要：数据结构与算法课程是大学计算机专业教学的核心课程，也是其他理工类专业的主要选修课程之一。本文叙述了数据结构与算法的内容特点及课程教学要求，分析了数据结构与算法课程在教学中存在的一些问题，影响了该门课程的教学效果。从而从教学实践出发，并针对这些问题提出了相应的改革措施。

关键词：数据结构与算法；内容特点；教学改革；教学方法；实践教学

1　引　言

“数据结构与算法”课程的教学目标是系统地介绍数据的逻辑结构，如线形表、栈、队列、树、图等逻辑结构的算法实现，并介绍与各类数据结构与算法相关的非数值算法。数据结构与算法不仅是计算机专业的核心课程，也是其他理工类专业的主要选修课程之一，和软件设计、数据库开发、计算机网络等方面的研究有着更加密切的关系。通过这门课程的学习，不仅能使学生在软件开发的过程中合理地选择数据的存储结构，有效地设计算法，还有助于学生学习数据库原理、计算机网络、算法设计与分析等后续课程。数据结构与算法也广泛应用于应用开发中，很多IT企业在招聘开发人员时，都要考核应聘者的数据结构与算法知识。是计算机专业研究生入学考试的必考课程，在全国计算机软件资格与水平考试中，和数据结构与算法相关的试题占了很大比例。因此，必须提高数据结构与算法课程的教学质量，才能培养高素质的计算机人才。

2　“数据结构与算法”的内容特点及课程教学要求

2.1　“数据结构与算法”课程的主要内容和特点

本课程的先修课是C＋＋语言程序设计，理论性和操作性较强，具有相当的难度和抽象性。“数据结构与算法”课程的内容主要包括如下三个方面的内容[1,2]。

(1)基本数据结构：线性表、栈、队列、串、数组和广义表，掌握它们的特点、表示和实现，对静态结构要求有非常熟练的编程上机实现，对动态结构要求逐步熟悉链表的表示，通过模仿实验教程中的例子，掌握编程技巧。强调了C语言的书写规范，特别注意参数的区别，输入输出的方式和错误处理方式，以及抽象数据类型的表示和实现。能熟练完成以下的应

王竹云　E-mail：wangzhuyun@tom.com

用:多项式的计算、语法检查、回溯算法、递归算法、表达式求值、离散事件模拟、文字的编辑和稀疏矩阵进行矩阵运算采用的处理方法。

(2)复杂数据结构:树、二叉树、图和动态存储管理。掌握它们的定义和特点、表示和实现,特别注意与基本数据结构的区别,掌握各种遍历的递归和非递归算法,能熟练完成以下的应用:最优树、拓扑排序、Huffman 编码、关键路径和最短路径问题。掌握使用可利用空间表进行动态存储管理的分配策略。

(3)数据结构的应用:查找和内部排序。熟练掌握静态查找表的查找方法和实现,掌握动态查找表和哈希表的构造和查找方法。掌握各种内部排序方法的基本思想、算法特点、排序过程以及它们的时间复杂度分析。

2.2 "数据结构与算法"课程的教学目标

本课程着重于培养学生的算法设计与分析的基本理论知识和技能,掌握基本数据结构与算法的特点,了解数据结构与算法的关系及优劣。培养学生设计及选择有效的算法、设计合适的数据结构与算法的能力。着重于培养学生的算法设计与分析的基本理论知识和技能,掌握基本数据结构与算法的特点,了解数据结构与算法的关系及优劣。培养学生分析问题,解决问题,应用知识的能力。

3 "数据结构与算法"课程教学中存在的突出问题

3.1 学生的学习兴趣不高

在教学中,学生刚接触到"数据结构与算法"课程时,总认为"数据结构与算法"是一门理论课,感到枯燥、乏味,学习兴趣不浓,甚至有学生认为不学数据结构与算法照样能编出程序。数据结构与算法是一门理论性与实践性并重的课程,注重培养学生利用理论知识解决具体问题的能力的培养。如果仅仅满足于讲解清楚,而不注意教学的生动性,学生的学习行为只能是种被动行为,为了考试而学习。最后导致学生死记硬背课堂讲解的知识点,把一门实践性很强的课程变成了一门内容枯燥、乏味,需要大量记忆知识点,与实践完全脱钩的课程。

3.2 学生程序设计能力不足

学生在学习"数据结构与算法"课程时,由于其前导课程掌握不好或没能熟练掌握(高级程序设计语言或面向对象程序设计),导致学习"数据结构与算法"课程时感觉很困难。数据结构与算法中的算法多数由类 C、类 C++实现,在学数据结构与算法之前,已经系统地学习过 C,C++的相关知识,但由于学生们开始接触程序设计语言,对计算机语言的许多约定理解得不是很透彻,用计算机解决问题不可能得心应手,程序设计水平有待进一步提高;对类 C、类 C++语言描述的高度抽象的算法理解困难,有算法思路,但编制程序又无从下手,不能熟练地用程序设计语言描述出来。

3.3 传统教学模式限制课堂教学效果

在"数据结构与算法"课程的教学过程中,长期以来,我们遵循以教师为主体,学生被动学习的传统教学模式。教学过程严格按照教学日历、教学大纲和教学进度来组织进行。在整个的教学过程中学生被动地接受知识,教师很少考虑学生的需要、情感、态度和价值观。对于数据结构与算法这样一门概念、算法繁多,需要较强逻辑思维能力的课程仍采取传统教学模式,就很难取得良好的教学效果和达到预期的教学目的。在教学活动中,学生容易对课程学习的意义产生怀疑,失去学习方向,学习的兴趣和主动性逐渐减退,最后变成机械式地听课、做笔记、上机实践。

3.4 理论教学与实际应用脱节

"数据结构与算法"课程内容抽象、琐碎、庞杂,涉及很多概念和技术。所有这些内容均自成体系,相互之间的衔接线索很少,总体感觉内容零散,没有个整体的知识框架体系。这些内容在实际应用中又都很重要,而现行的教学计划实践课时普遍不足,实验课安排的实验项目很难涵盖课程的所有知识点。同时实验内容的设置上,往往都是大量的验证性实验内容,缺乏对实际问题的解决,学生在实验之后仍然不知道学习数据结构与算法在解决实际问题的时候能对编程有什么指导意义。

3.5 教学手段单一

数据结构与算法中有些算法的演示利用传统的粉笔加黑板的教学方式,缺乏直观性效果,难以充分展示算法的动态变化过程,学生难以想象数据之间的复杂关系。近年来,数据结构与算法的教学已经大量采用多媒体教学,但只是采用简单的PPT,仍然不能很好地解决这样的问题,且存在多媒体授课信息量大,学生听课时强度大,理解困难,严重影响了教学效果。

4 实践教学模式的探索与改革

"数据结构与算法"是一门理论性和实践性都很强的课程,培养学生求解问题的实践能力是教学的首要目的。上机实践是学生学好"数据结构与算法"、培养实践能力最关键的环节。学生必须通过反复的实践训练,强化学生拥有数据结构与算法、算法、程序三者密切相关的意识,理解、习惯、掌握算法构造思维方法,从而得到求解问题的能力。针对"数据结构与算法"课程教学中存在的突出问题,经过调研、分析后决定以培养学生求解问题的能力为核心,开展课程的教学改革,围绕实际问题求解设计教学内容,组织理论教学和实践教学,加强"C语言程序设计"和"离散数学"课程的教学,构建"问题化、层次化、多样化"的实践教学模式。

4.1 加强"C语言程序设计"课程和"离散数学"课程的教学

加强"C语言程序设计"课程的教学是"数据结构与算法"课程教学的必备条件,笔者发现部分学生能看懂一些算法的原理和思想,但却无法理解用伪代码描述的算法过程,也欠缺编程实现的能力。可见,C 语言程序设计课程教学效果的不足(尤其是结构体、指针、函数递归等内容)为后续课程的教学埋下了隐患。在 C 语言的教学中,首先要从注重语言语法转变为注重学生算法设计和编程能力的培养;其次要统筹安排各部分内容的授课时间,保证指针、结构体和函数等内容的教学有足够的时间;再次要辅以一些习题课和实验课,在不超过教学大纲范围内选取更多具有典型算法思想的习题和练习,提高学生的抽象构造能力、程序代码阅读能力和编写能力,拓宽学生的编程思路。对于离散数学课程的教学,应加大图论部分所占的教学比例,注重图论中的基本概念和方法的讲解,为数据结构与算法中非线性结构的教学打下基础。

4.2 实践教学内容"问题"化

编写程序就是解决一个问题,而"问题"又是创新的起点,是引发学生兴趣、诱发学习动机的理想载体。因此,实践内容的设计必须以问题求解为主线索,体现分析、设计能力的培养。针对每个教学单元的重要知识点,选择有代表性、难度适中、综合性的典型算法,合理设计"问题"作为实验项目,以点带面,使学生在面对实际问题中学会分析问题、设计解决问题的方案,从而我们精心设计了:顺序表基本操作的设计与实现;顺序表基本操作应用实验 1;顺序表基本操作应用实验 2;单链表的设计与实现;两个一元多项式相加实验;串的复制;求子串;链栈的设计与实现;循环队列的设计与实现;链队列的设计与实现;顺序存储二叉树的实现;链表存储二叉树;二叉树的遍历;计算二叉树的深度;顺序查找的设计与实现;折半查找的设计与实现;二叉排序树的设计与实现;哈希查找的设计与实现;直接插入排序的设计与实现;冒泡排序的设计与实现;快速排序的设计与实现;直接选择排序的设计与实现;图的邻接矩阵表示和邻接表表示互相转换实验;图的遍历实验等实验项目。让学生编程、上机、调试,在实验中加深掌握某种"数据结构与算法"下数据组织、加工、处理方法,进一步理解算法的设计,同时锻炼编程和调试程序的能力。

4.3 实验教学体系层次化

以往的教学中实验大多由教师按教材统一组织进行,先理论后实践,实践只是对理论知识的简单验证而已,教师只关心学生是否来做实验,而不关注学生是否会做实验及实验的效果。结果是学生对实验越来越没兴趣,不利于学生创新意识的培养和实践能力的提高。针对"数据结构与算法"抽象性强、难度大的特点,构建一个渐进式、层次化的教学体系尤为重要。我们尝试着按基础性、综合性、实用性和创新性四个层次构建"数据结构与算法"课程的实验教学体系。第一层次,基础性实验。针对某种"数据结构与算法"的基本运算如插入、删除、查找等算法设计实验项目,其目的是让学生掌握基本概念基础知识和基本操作,通过实验学会如何从算法转变为程序。如队列结构的基础实验可以是队列的插入或删除运算。第二层次,综合性实验。在一个实验项目中整合某种"数据结构与算法"的一些基本运算算法,提高学生分析问题、解决问题和综合运用知识的能力。如队列结构的综合实验包括队列的创建、入队、出队、查询、输出等算法。第三层次,实用性实验。实验项目是解决一些实际有意义的问题,进行实战训练,提升学生的兴趣和自信心,提高实践能力。如在"栈和队列"基本实验、综合实验训练后,给出"停车场管理"问题,通过这个实验项目的分析、设计、编程实现,让学生体会栈、队列这样的"数据结构与算法"如何从现实问题中抽象出来，又如何用来解决现实问题。第四层次，创新性实验。给学生自主设计自主选择的空间，引导学生深化问题。如在“停车场管理”基本问题的基础上，进一步引导学生思考“汽车种类不同，收费标准不同”、“汽车在便道和在停车场不同收费标准”、“栈、队列采用不同的存储结构”等问题，同时鼓励学生提出新的问题，分析新问题，解决新问题，通过实验解决自己想解决的问题。

4.4 实践教学形式多样化

抽象思维、编程实践都是极其复杂的工作，能力的提高不是一蹴而就的，需要反复训练实践。而本课程的实验学时数受总学时数的约束，不可能很多。只有利用课内课外相结合的方式，通过强化实验课、项目设计、课程设计以及开放实验项目，来达到培养学生理论联系实际、提高实践动手能力的目的。

实验课是“数据结构与算法”实践的一个基础训练。通过单个实验项目，了解掌握基本“数据结构与算法”的应用，掌握从算法到程序的转换，并学会调试、测试程序能力。如停车场管理实验，让学生体会栈、队列等基本“数据结构与算法”的基本运算如入栈、出栈、入队、出队等操作的合理应用。

开放实验项目是给出一些“数据结构与算法”的经典问题，让学生课外完成。这部分是针对学有余力的同学开展拓展训练的。

课程设计又是一个必修环节，是学生综合应用“数据结构与算法”的训练。每个学生必须独立完成一个综合项目的问题描述、需求分析、逻辑设计、详细设计和编码实现到测试的过程，训练学生分析问题、描述问题、解决问题的能力。

4.5 培养良好的程序编写习惯

“数据结构与算法”课程的学习过程也是程序设计的训练过程，程序除了能调试通过外，还要求学生编写的程序结构清楚和正确易读，符合软件工程的规范。良好的编程习惯需要在不断地实践中养成，而且很大程度上影响学生的上机实验效果。因此，教师可在以下方面注意引导学生。

(1)代码书写格式。采用良好的书写格式使代码可读性强，便于调试和交流，但一些学生觉得麻烦、没必要，这需要教师在教学和实践过程中强调和引导学生认识到书写格式的重要性，并逐步形成良好的代码格式书写习惯。

(2)注释习惯。注释是程序的一个重要组成部分，它可以使代码更容易理解。而很多学生认为没有必要写注释或者程序调试完后再象征性地补加注释，教师要强调程序的功能性注释与语句性注释的重要性，引导学生逐步养成良好的注释习惯。

(3)重视实验报告的书写。实验报告除了实验目的、实验内容、实验步骤和算法分析等常规内容外，需要重视实验中出现的问题、解决的办法、实验改进的想法这三项内容的书写，这样可以培养学生实验后总结积累经验的习惯，提高学生分析、改进算法的能力。

4.6 改革考核方式，引导学生加强实践

数据结构与算法是一门理论和实践性都很强的课程，理论指导实践，也只有通过实践才能加深对理论的理解和掌握。考核方式和内容引导学生的学习方向，因此要提高数据结

构与算法的教学质量，把好考核这一关也非常重要。数据结构与算法的考核可以结合使用多种考核方式，考核成绩的组成可以包括平时成绩、期末笔试成绩、期末上机考试成绩以及课程设计成绩，其中平时成绩要综合考虑实验准备、过程和结果情况，以及上课回答或提出问题等情况，课程设计也可以考虑采取小组形式完成并结合答辩情况给出成绩。

以上各个环节相互衔接相互渗透，多样化的实践环节提供学生反复训练的机会，强化学生独立思考、发现问题、分析问题和解决问题的能力，从而加强学生的实践能力和创新意识、创新思维的培养。

5 结束语

“数据结构与算法”课程的教学要根据教学对象的特点，灵活运用教学方法，才能有效地激励学生的学习动机，激发学生学习的主动性、积极性。要设计正确科学的课堂讲授思路，强化阶段目标教学内容设计，提高课程的教学效率。只有这样，才能把计算机专业的“数据结构与算法”课程的教学提高到一个新的认识，教学质量达到一个新的高度。

参考文献

[1]严蔚敏，吴伟民编著.数据结构(C 语言版).北京：清华大学出版社，2009.

[2]严蔚敏，吴伟民，米宁编著.数据结构题集(C 语言版).北京：清华大学出版社，2009.

Research and Application of C-Language Multimedia Teaching Based on Modern Education Technology

Wang Xiaoyong Zhang Wenxiang

Junior college, Zhejiang Wanli University, Ningbo, Zhejiang, 315100

Abstract: Taking the developments and researches of C-language course multimedia teaching integrated system as an example, this paper is mainly on the research and development thoughts, system functions analysis and the main technology that realizes the computer language of integrated teaching system, based on modern education technology. At the same time, it points out that we can realize the development of multimedia integrated teaching system, as long as we adjust corresponding function modules of the system and modify the teaching materials or other resources in background database according to the demand of teaching contents and procedures in different courses.

Key word: Modern Education Technology; Integrated Teaching System; Research and Development; Multimedia Teaching System

1 Development Background

1.1 Selecting Traditional Teaching Mode and Multimedia Teaching Mode

With the rapid development of multimedia computer and tele-education by Internet, great changes have taken place in teaching mode, which eventually has developed into modern multimedia teaching mode from the traditional one in universities, an important method in the teaching. The traditional teaching methods are lecturing, discussion, demonstration, visiting, exercising, experiment and review. The limitation of traditional teaching methods with lecturing as the major has also been more outstanding with the development of multimedia technology and computer application technology. On one hand, because of sole media of information transfer and monotonic transfer way in traditional teaching, teachers can not integrate many teaching methods or freely switch from one teaching method to another in class teaching; on the other hand, though demonstration, visiting and experiment can greatly enhance students' perceptual knowledge and remedy

Wang Xiaoyong E-mail: wxy0574@126.com

defects, the experience and operation on the inside working status and program debugging of the computer is still limited by teaching organization form and the fact that students can't do visual observation, which makes students unable to have more knowledge. Teachers switch back and forth among lecturing, demonstration, excising and other teaching procedures, which makes the whole teaching process not smooth and intuitionistic enough and also the organization of all class teaching content less distinct and methodic.

At present, apply multimedia teaching is applied in most courses in university. Though multimedia teaching is used, the teaching method is mainly lectured with demonstration on large screen as a supplement yet. The form of multimedia mostly remains in traditional teaching method while multimedia teaching doesn't yet realize the multimedia in real meaning and its resource is not better used. It is still one teaching research for teachers in universities to explore all the time in the teaching reform how to make organic integration on various teaching methods in multimedia teaching and realize the transition and join between many carriers, like animation, picture, emulation, sound and letter to make the teaching method achieve high integrity, swiftness and visualization in teaching reform.

1.2 C-Language Course Teaching Statuse

"C-Language Programming" is one compulsory subject for the students in computer and application major of universities and colleges and as well as one important basic course for students in some non-computer major. At present, C-language teaching method in most universities applies multimedia teaching, but the main form is still to take lecturing as major and programming demonstration on screen as supplement, remaining in traditional teaching status. Because powerful function and expression of C-language brings many data types, complex grammar structure and procedure-oriented structured programming, while traditional teaching makes the beginners feel that C-language learning is too difficult and its process is dull. In C-language teaching, teachers must find suitable teaching measures and methods for students, reasonable organized teaching content and elaborately designed teaching examples. The purpose of researching on multimedia teaching integrated system based on modern education technology is to explore one new teaching measure or method, making all teaching procedures integrated in class to make the class teaching more vivid and orderly through the swift transition and join between all teaching procedures and forms, to arouse student's learning interest in C-language course teaching. We will adopt many kinds of teaching forms to make students have solid grammar base and active programming consciousness, and fully experience the interests of programming, turning the learning process of C-language from the dull into pleasant exploration trip.

Taking the designing of course multimedia teaching integrated system as an example, this paper analyzes the design thought and designing process of course multimedia integrated teaching system based on modern education technology.

2 Design Thought

In the teaching process of C-language programming course, we need to explain teaching content, demonstrate programming examples, analyze programming code, link network teaching platform and so on. The purpose of setting various teaching procedures is to ignite students' learning interest in C-language and mobilize their listening mood by plentiful and vivid class teaching methods. In order that teachers can switch these procedures like lecturing, demonstration, exercising and examples more conveniently and practically master multimedia teaching with lecturing, demonstration, watching, listening and operating interlaced in teaching, we design multimedia integrated teaching environment for this course. The schematic diagram of the teaching procedures of the multimedia teaching system and teaching resources is as shown in Fig. 1.

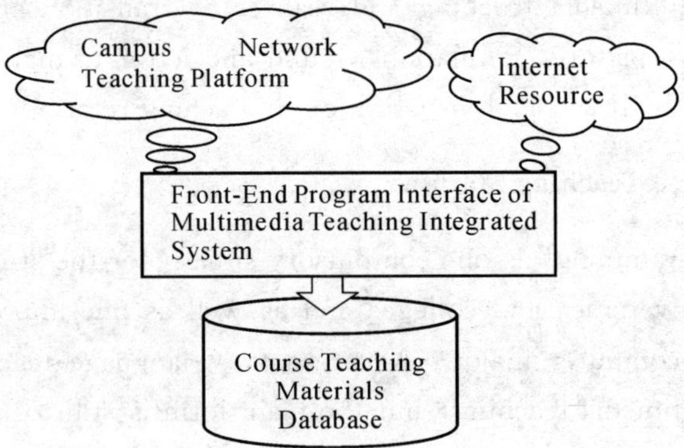

Fig. 1 Integrated schematic diagram of the multimedia integrated teaching system

3 Analysis ON System Functions

Theory Divided according to class teaching procedures, the multimedia integrated teaching system of C-language includes such function modules as course learning, in-class exercises, programming code analysis, classical algorithms, resource link and mini-program development examples[1]. Each module is analyzed as below.

3.1 Course Learning

This module includes two sub-menu items: course teaching content and outline of teaching content. The course teaching content is listed in tree structure, convenient for teachers to make the introduction of new content link with the old and new knowledge points in class teaching while the outline of teaching content is convenient for students to understand and master the key and difficult points in class teaching.

3.2 In-Class Exercises

This module is divided into two sub-modules: basic knowledge test of C-language grammar and structured programming. Through interactive test system, we access the background database of teaching materials and make in-class basic knowledge test of grammar to ignite students' listening mood and enhance teaching interaction. On the structured programming module, we give practical programming topics, then programs in class, and also visual programs, debug and run by program debugger.

3.3 Programming Code Analysis

This module gives classical programming methods. We train students' program reading ability and foster their programming consciousness through the reading and analysis of classical programs.

3.4 Classical Algorithms Demonstration

This module gives the whole execution steps of classical algorithms by animation form of flash to help students understand the design thought of classical algorithms.

3.5 Resource Links

Through this module, teachers can access Internet resources and campus network teaching platform, realizing resource links.

3.6 Mini Program Development Examples

This module includes two parts: examples of practical topics and excellent programs developed by students. Through example running and excellent project demonstration, we ignite students' learning passion and make students understand how to use what they have learned in C-language course to serve the practical purpose[2].

3.7 In-Break Entertainment

This module uses the resources in multimedia classroom to make students appreciate the designed production, like small game program that has been uploaded into teaching material library through multimedia integrated system.

3.8 On System

This module gives system help information and realizes the log-out.

The function structure of the whole system is as shown in Fig. 2.

Simulated demonstration of sorting classical algorithms in multimedia integrated teaching system is as shown in Fig. 3. Running demonstration interface of students' excellent programs in development examples of mini programs is as shown in Fig. 4 and 5.

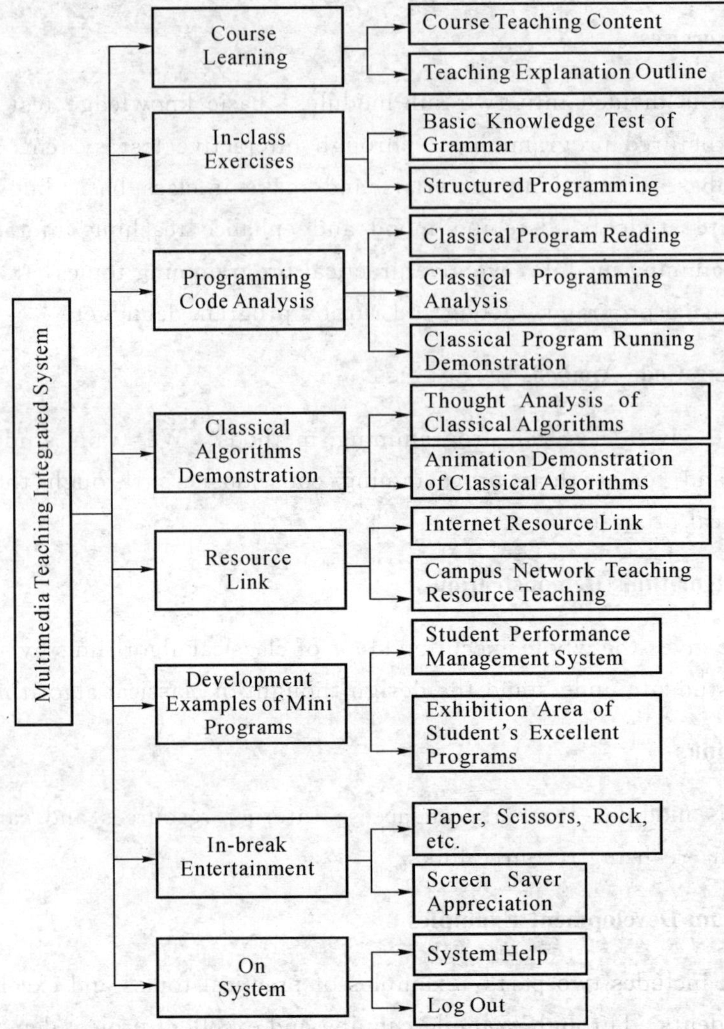

Fig. 2 Function structure diagram of multimedia integrated teaching integrated system

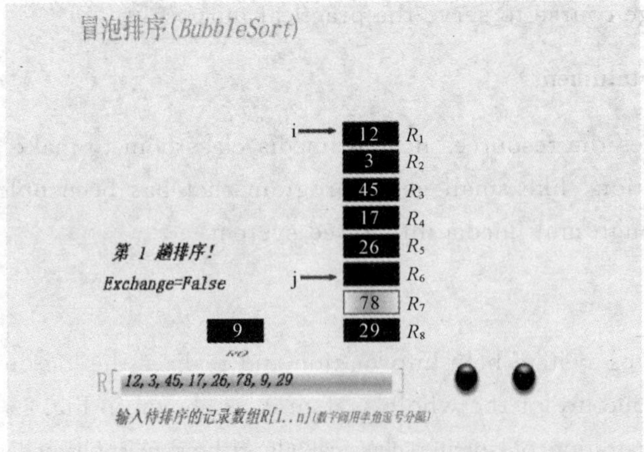

Fig. 3 Simulated demonstration interface of sorting classical algorithms

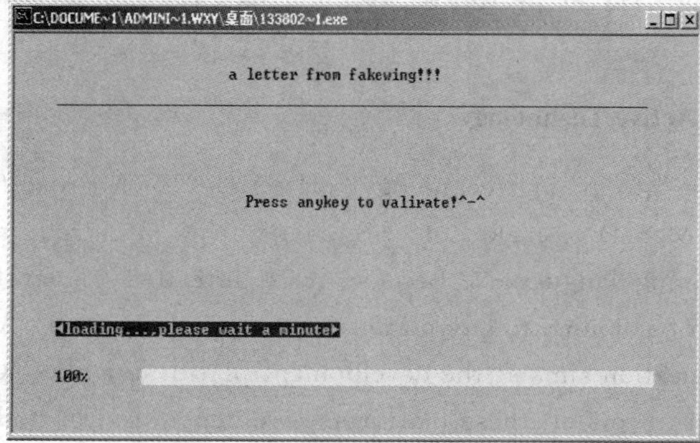

Fig. 4 Running demonstration interface of student's excellent programs

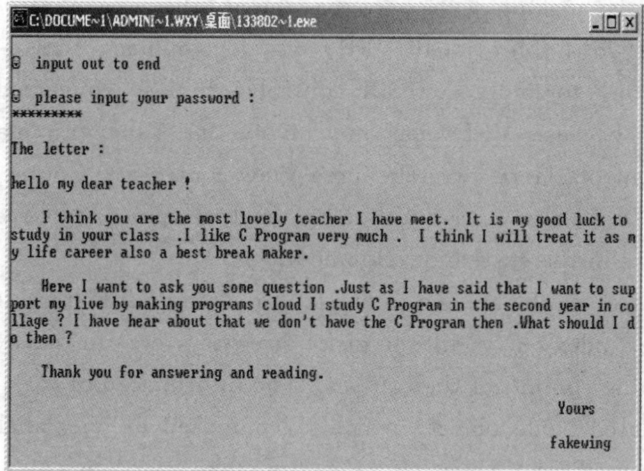

Fig. 5 Running demonstration interface of student's excellent programs

4 Main Realization Technology of Integrated System Design

4.1 Database Design

Based on demand analysis of course teaching, we organize course content and teaching explanation outline according to course chapter in tree structure; organize test exercises according to course learning module; collect classical programs to read and analyze source code, make demonstration flash of classical algorithms; Source routine code of and executable files of student's excellent programs, teaching materials, like mini programming project examples. According to the three basic formulae in database design, we set up each kind of resource form respectively, forming teaching material library. In the multimedia integrated teaching system this paper introduces, if its teaching material library is very plentiful, we use SQL server as the background database, otherwise, adopting visual FoxPro[3].

4.2 Application of Active Technology

ActiveX is one group of technology collection of Microsoft, applying COM (Component Object Model) to make software components interact in network, unrelated to specific programming language[4]. Because it is unrelated to development language, ActiveX controls can be applied to any platform that supports them. At present, most of ActiveX control application aims at the development platforms, like VC, Delphi, VB and PB. Using ActiveX controls on these platforms, we generally can find the instruction of property, method, event of ActiveX controls in their help function according to their examples. Even some development tools have applied partial ActiveX controls as the common form controls, making developers convenient, the system introduced in this paper applies Visual FoxPro (abbreviated VFP) as development tool, but on the VFP development platform, to apply ActiveX controls are less convenient than the above development tools, because VFP does not involve relevant grammar description and examples on this control. Here, we take Tree-View control in "Course Learning" module as an example to describe how Active technology as development tool realizes the data with hierarchical structure in the system development.

Tree-View control can be applied to display the data with hierarchical structure, such as organization tree, index entry, files in disk, directory, etc. In this system, it is applied to display the teaching content of the courses. The information of each item of Tree-View control has one related Node object, which is composed of one label and one optional bitmap. After creating Tree-View control, we can make operations on each Node object by setting property and calling method, including adding, deletion, alignment and other operations. We can program unpacking and folding back of Node objects to display or hide all sub-nodes. Trough compiling code on Collapse, Expand, Node click, we realize the operation on sub-node. In "Course Learning" module development of the systematic front-end program, the event codes of Collapse, Expand and Node click events are shown in Fig. 6 to 8 respectively.

4.3 Realization of Resource Link

In the systematic front-end program, we apply OLE technology to embed IE browser and realize resource linked by applying integration. Fig. 9 shows the links between campus network and teaching platform resources in multimedia integrated teaching environment.

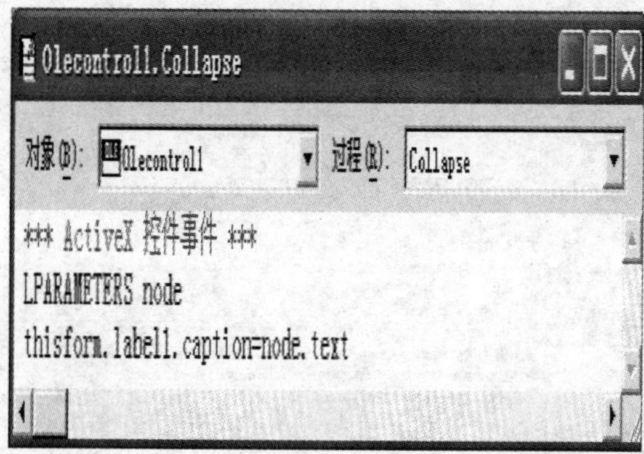

Fig. 6 Collapse event code of tree-view control

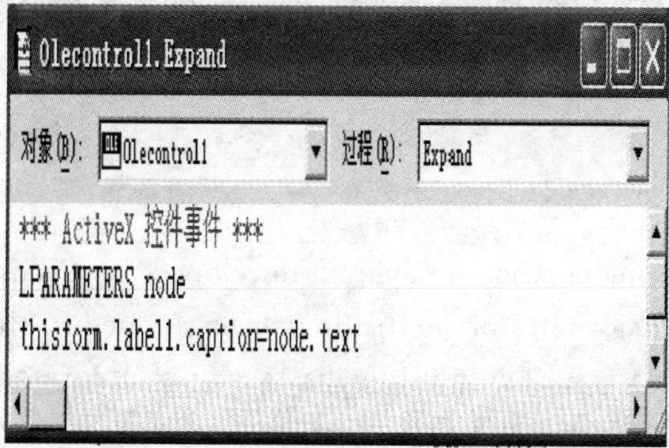

Fig. 7 Expand code of tree-view control

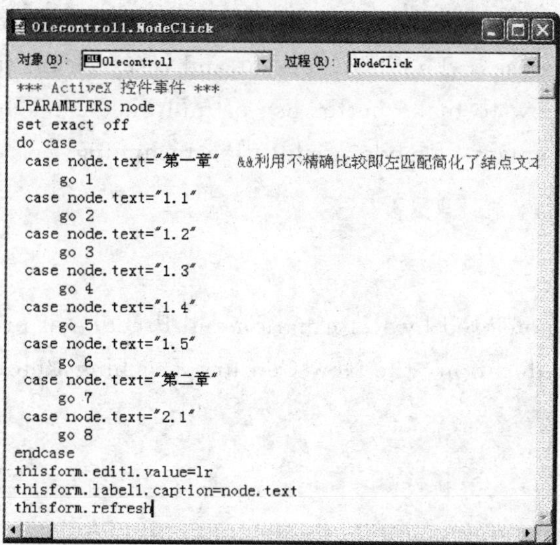

Fig. 8 Node click code of tree-view control

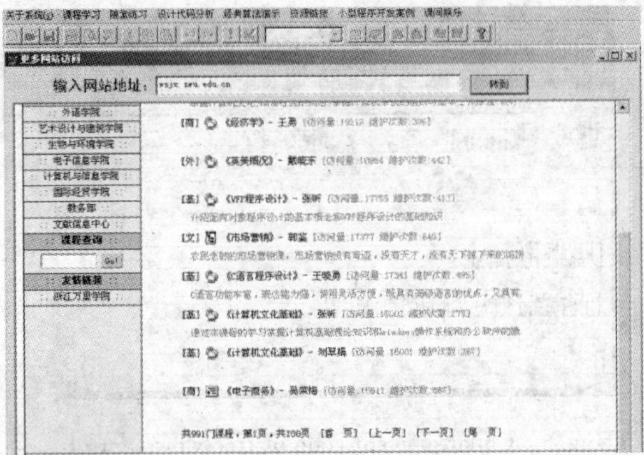

Fig. 9 Links between campus network and teaching platform resources in multimedia integrated teaching environment

5 Conclusions

The integrated multimedia teaching system developed for C-language program design course of non-computer majors in universities has been applied in the multimedia teaching of this course with good effect. The multimedia teaching integrated system introduced in this paper is also suitable for the university teachers to make multimedia teaching design on other courses. On the basis of the development thought of this system, we can realize it by adjusting the systematic relevant function modules and modify the data, like the teaching materials in background database according to the demand of teaching content and procedures in different courses. The development and research on this system has been a effective exploration on how to make better use of multimedia teaching resources and the methods under the requirement of modern education technology.

6 Acknowledgment

This disertation is sponsored by Reformation and Practice of professional-application-oriented computer basic education, the New Century Teaching Reform Project of Zhejiang Province, 2010.

References

[1]张洪举等. Visual Foxpro 开发答疑. 北京:人民邮电出版社,2003.

[2]刘玮玮,汪晓平等. C 语言高级实例解析. 北京:清华大学出版社,2004.

[3]求是科技编著. SQL server2000 数据库开发技术与工程实践. 北京:人民邮电出版社,2004.

[4]刘红岩等. PowerBuilder 对象与控件技术详解. 北京:电子工业出版社,1999.

基于综合能力培养的办公软件高级应用教学改革与实践

谢红霞　钟晴江

浙江大学城市学院，浙江杭州，310015

摘　要："办公软件高级应用"对学生来说是一门非常实用的课程，实践性很强。对于本科教学，要避免使之成为一门纯技能的操作课，在教学过程中应始终把培养学生的综合应用能力放在首位。为实现这一目标，首先把教学内容按能力来分解，分为基础模块和与专业相结合的拓展模块。同时，把办公软件与程序设计有机结合，通过学习 VBA 编程使学生从被动使用 Office 转变为主动开发 Office 功能。然后从课程设计、教案设计、课件制作、题库制作，上机练习与测试系统等方面展开配套教学，真正把学生的综合应用能力培养落到实处。

关键词：办公软件高级应用；综合能力培养；教学改革

1　引　言

Office 软件包在实际工作中非常实用，现在许多大专院校都开设了相应的计算机应用基础课程，主要讲解和训练 Office 办公软件包中 Word、Excel、PowerPoint 三个组件的基本操作，但 Office 办公软件的高级功能大部分学生没有学过，也没有用过，因此，经常看到有些办公人员在制作文档时采用最原始的操作方法，将文字输入→排版→打印，其效率极其低下，没有企业的文档规范，更谈不上模板管理。在校大学生所写的毕业论文格式凌乱不堪，数据图表不能准确表达意思，所做的 PPT 文字密密麻麻，答辩老师一看就头晕，不知所云。因此看起来这么容易的 Office 软件，真正要用好，也不是简单的事。我们经常听到这样一种说法，80％的用户只使用了办公软件全部功能的 20％左右，也不难理解为什么经常看到用人单位要求应聘人员对 Office 的使用要相当熟练，并且能够利用 Office 灵活处理有关事务[1]。

因此，"办公软件高级应用"对学生来说是一门非常实用的课程，无论他们所学的专业是什么，也不管他们今后从事何种职业，计算机是一个无处不在，无所不用的使用工具，尤其在办公领域中，运用计算机技术，可以实现办公自动化，成倍地提高工作效率。也是出于对这门课程重要性和实用性的考虑，浙江省计算机等级考试中心从 2009 年开始把这一科目列入二级考试的范畴[2]。

谢红霞　E-mail：xiehx@zucc. edu. cn

2 改革理念及思路

2.1 以能力培养为核心的教学理念

本课程是一门实践性很强的课程，对于本科教学，要避免使之成为一门纯技能的操作课。在教学过程中始终面向应用，将培养学生的学习能力和解决实际问题能力作为教学的目标。

第一，在教学中注重理论和实践并重，合二为一。因为没有一定的理论基础，站不到一定的高度，技术就成为无本之木，学生就成为了工匠，不但不能深入学习，更谈不上举一反三，能力培养也就无从谈起。第二，教师要指导学生主动地使用教材和实验指导书，遇到问题善于使用在线帮助解决问题，提高学生的自我学习能力。第三，采用模块化的专业案例，针对不同专业进行知识分解，搭配不同的教案，着力培养学生解决实际问题的能力。第四，考核同样体现能力培养，注重平时成绩，侧重知识的综合运用[3]。

2.2 模块化教学的能力培养方式

既然以能力培养为目标，就不能按传统的知识体系来讲授。目前的教学往往不细分学生的专业背景和需求，不管是商学院的学生还是医学院或工程学院的学生，教学方法上采用简单地一刀切，都讲一样的例子，做一样的实验。而采用模块化的教学方法就可以很好地解决问题。

第一模块是基础模块，即办公软件中的基础知识部分，所有专业的学生都要学习和掌握。

第二模块是与专业相结合的拓展模块。例如，工程学院的学生经常需要画各种图纸，我们设计的实验就以流程图设计为主；传媒学院的学生与各种出版物关系更为紧密，让他们做一些电子报的设计排版就显得更加合理；还有医学院的学生，教授如何设计表格进行病因档案的管理；等等。总之，要想办法使计算机课程与专业相结合，与实际应用相结合，这样才有利于学生学习兴趣的提高和综合应用能力的培养。

2.3 办公软件与程序设计的有机结合

高校的计算机公共基础课程设置一般是先开设“大学计算机基础”、“办公软件高级应用”课，然后学习程序设计，文科类专业通常以 VB 语言为主。理论上，学习程序设计的目的是训练逻辑思维能力，掌握基本的编程能力，能够编写小型应用程序。但实际的教学效果却不尽如人意。一方面学生抱怨程序设计难学，又不实用；另一方面教师也抱怨学生学习积极性不够高。出现这个问题的关键是没有把相关课程的关系理顺，没有把办公软件应用和 VB 课程有机地结合起来，使得学生无法把所学的 VB 编程技术用到实处。因此我们改革 VB 程序设计课程，把办公软件高级应用课程中没有展开学习的宏和 VBA 部分，作为 VB 课程的延伸来讲授，因为这个阶段的学生已经具备了一定的编程能力，他们再来学习和 VB 语言规则完全相同的 VBA 就不会觉得难，这样就能把 Office 的高级应用包括 VBA 部分完全讲透了。由于 Office 软件的高普及性、高使用率，在 Office 下用 VBA 进行简单编程也就成了首选方式，这样不仅把两门原来看似不相干的课程有机结合起来，而且把程序设计真正落到了实处，发挥了实际效用。

更主要的是，学生从被动使用 Office 功能转变为主动开发 Office 功能，综合应用能力大大提高，更好地体现了课程的培养目标。

2.4 完善教学内容体系结构

目前"办公软件高级应用"的教学内容还局限于 Office 系列中的 Word，Excel，PowerPoint 三个应用组件，但教学内容在体系上相对还不够完整，应该在课程中加入 Office 软件包中的另两个应用软件，即 Visio 和 Access。

Word 在画流程图、网络拓扑图、数据分布图等图形时常常显得力不从心，既费时，又费力，且重复劳动，影响工作效率与质量。而 Visio 正好弥补这个缺点，它将绘图过程加以简化，并融入图形化管理的规则，所以，Visio 逐渐成为办公管理活动中不可缺少的工具。Access 是基于 Windows 的桌面关系数据库管理系统，它小型、简单，但功能完备，提供了表、查询、窗体等 7 种用来建立数据库系统的对象；提供了多种向导、生成器、模板，把数据存储、数据查询、界面设计、报表生成等操作规范化；为建立功能完善的数据库管理系统提供了方便。若结合 VBA 编程，学生可以凭借所学知识，开发一个小型的数据库管理实用系统[4]。

在课程体系上，我们将 Office 的 VBA 融入到 VB 程序设计课程之中，从而完善了计算机基础课程体系的建设。

3 教学方法改革实践方案

"办公软件高级应用"属于新开课，需要不断地补充内容，从课程设计、教案设计、课件制作、题库制作、上机练习与测试系统等方面不断完善。

3.1 完善课程设计

根据计算机技术的发展，不断更新和调整教学内容，不断完善课程设计。目前，我们的课程安排总学时为 48，3 个学分，教学周为 16 周，每周 3 节课，统一在多媒体机房上课（不分理论课和实验课）。每次课安排教师讲解 1 学时，学生练习 2 学时，教师通过基础知识讲解、案例演示、解析操作步骤，进而引导学生独立完成相应的实验作业。因此，采用实例化教学，通过案例来讲授基础知识和基本操作是这门课程的主要教学模式。教师的工作重点是设计教学案例，进行课堂答疑和操作指导，学生实践操作能力的提高是教学的最终目标。

3.2 完善教案设计

为每一个知识点设计相应的实验项目，为不同专业背景的学生设计实践方案，通过实验达到掌握知识的目的。每一章节，每一次课都有明确的知识点要求，教师演示范例，学生练习实验。

由于这门课是在低年级开设的公共基础课，任课教师、开课班级比较多，这样的课程通常属于四统一课程（统一教学大纲，统一教学要求，统一组织考核，统一阅卷评分）。因此有必要对每一次课都做好教案设计，该讲什么，该做什么都予以明确规定。而且所做教案设计还需要在实际教学过程中不断实践和改进，使教案不仅在教学进度上合理安排，而且在实验的针对性及实验的作业量上也趋向合理化。这样的教案是具有可操作性的，是教师和学生都能从容完成的，也是受欢迎的。

3.3 题库制作

“办公软件高级应用”课程的特点是容易理解，容易上手操作，但遗忘也快。因此，编写“办公软件高级应用”题库集是势在必行的。

题库集包含了典型例子及例子中每一小题的详细操作步骤、注意事项及动画演示。动画演示用视频录像做成，采用 GIF 格式嵌入到网页中，可以重复演示，并把网页放在教学网站上供学生观摩，如图 1 所示。这对于帮助学生整理课程内容，掌握操作步骤都具有积极的作用。

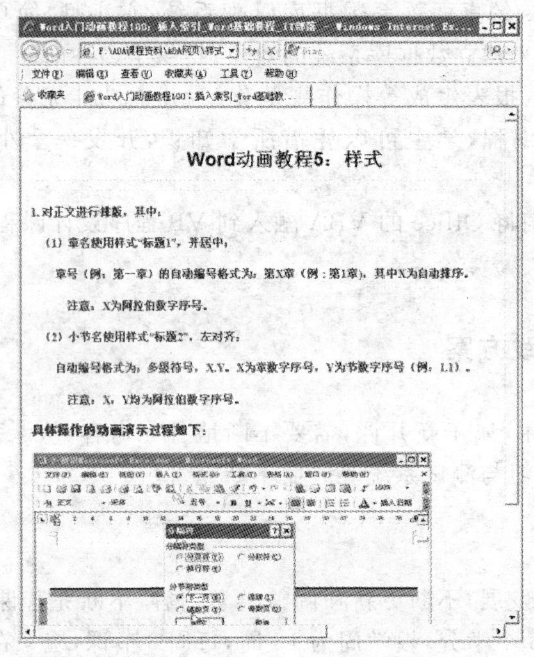

图 1

3.4 完善上机测试系统

为配合“办公软件高级应用”课程的上机练习及课程测试，我们与兄弟院校合作开发了“办公软件高级应用”评测软件，在教学过程中不断改进，使得运行更加稳定可靠，功能进一步完善，并及时更新题库，保持与应用的同步，也保持与浙江省计算机二级考试 AOA 科目的同步。教师可以借助该软件系统进行专题测试、综合测试，学生可以借助该软件系统进行平时上机练习及自我评价。学生的课程综合成绩借助于上机测试系统把平时成绩、综合练习与期末考试结合起来，充分考量学生的综合能力。

4 结束语

“办公软件高级应用”对所有大一新生开设，选课的学生多，任课的教师多，而且借用的机房资源多。因此，把这样一门大课建设好，意义非同寻常。

尤其对于大一新生来说，学习这门课程既能提高了自身的计算机综合应用能力，又能为学习后续其他计算机课程打下一个坚实的基础，同时，也为帮助他们参加浙江省计算机二级考试(AOA 科目)做好准备。

参考文献

[1]周苏. 办公软件高级应用案例教程. 北京：中国铁道出版社，2009.
[2]教育部理工类计算机基础课程教学指导分委员会. 计算机基础课程教学基本要求 V4.0. 北京：高等教育出版社，2009.
[3]王红，马蓉. 浅谈 MICROSOFT OFFICE 2003 在工作中的实用技巧. 计算机教育，2007(7).
[4]刘大伟，杨雪萍，裴纯礼. MICROSOFT OFFICE 与教师的信息素养. 中国信息技术教育，2008(8).

CDIO 教育模式在“标志设计与图形创意”课程中的探索与实践

应　英

浙江水利水电专科学校，浙江杭州，310018

摘　要：CDIO是一种先进的、系统的教育理念和人才培养模式，使知识、能力、素质的培养紧密结合，理论、实践、创新合为一体。本文介绍CDIO模式在“标志设计与图形创意”课程中的探索与实践活动，介绍该课程教学改革的基本思想，以及在教学方法、实训方法及考核方法等方面进行的一系列改革措施，提出“做中学”的关键在于合理选择实训设计项目，用实训项目驱动“做中学，学中做，边做边学”的过程，实训项目要结合学生的学习生活、学生创业相关以及企业的实际任务。通过教学实践表明，该种教学模式对培养学生的创新思维和提高学生的实践能力有很好的作用，因而得到学生的认可。

关键词：CDIO模式；教学改革；做中学；实训项目驱动

1　引　言

美国“进步教育”运动的先驱约翰·杜威(John Dewey)首先提出“做中学”(Learning-by-doing)的学习方法。杜威认为，“做中学”也就是“从活动中学”、“从经验中学”，并指出，“从做中学是比从听中学更好的学习方法”。它把学校里知识的获得与生活过程中的活动联系起来，充分体现了学与做的结合，知与行的统一。

2000年，美国麻省理工学院和瑞典皇家工学院等四所大学组成的跨国研究组合，获得了Knut and Alice Wallenberg基金会近1600万美元的巨额资助；经过四年的探索研究，创立了CDIO工程教育模式并成立了CDIO国际合作组织。CDIO是构思(Conceive)、设计(Design)、实现(Implement)、运作(Operate)四个英文单词的缩写。CDIO工程教育理念以产品从研发到运行的生命周期为载体，为学生提供理论与实践之间相关联的教学情景、鼓励学生以主动的方式学习工程学。它是“做中学”和“基于项目教育和学习”(Project based education and learning)的集中体现。

CDIO倡导的“做中学”和“产学合作”与高职高专所倡导的项目教学及校企合作办学在理念上具有一致性，这就决定了CDIO引入高职高专教育的可行性[3]。2010年浙江水利水电专科学校引入了CDIO教育模式，从人才培养方案到教学计划的制订都在尝试进行以CDIO工程模型为基础，培养高素质及创新型人才，进一步提高学校人才培养质量的改革。CDIO工程教育模式在职业技术类院校的推广必将掀起新一轮的教学改革，笔者尝试在“标

应英　E-mail:yingying@zjwchc.com

志设计与图形创意”专业课里使用 CDIO 教育模式，进行教学改革实践。

2 课程的基本情况及原先存在的问题

“标志设计与图形创意”是我校数字媒体专业必修的专业技术课，它整合了“标志设计”和“图形创意设计”两门课程的内容，共 32 学时计 2 学分。它的先修课程有色彩、素描、设计概论与形态构成和数字图形设计。后续课程有商业平面设计、企业 VI 设计及项目实战等平面设计模块的课程。

课程目标：(1)运用文字创意、图形创意以及色彩的这三大要素，根据设计的构思和要求展开创作联想，适当地将三者融合起来进行标志设计；(2)培养学生的标志设计创意思维、创新能力、设计制作综合能力。

原来课程组织形式采用“理论教学与实践教学相结合”的模块式教学，课堂教学一般 16 学时，实践教学也是 16 学时，通常是在教室讲 2 学时然后去机房实训 2 学时，教学实施方法是选取一本合适的教材，讲书上的案例，做书上的习题，无论是授课案例还是实训项目都来源于书本。这样教学的案例和实训的题目往往与学生的生活脱节，学生设计的兴趣不大，激发不出灵感，往往一拿到题目就是想上网“摆渡”(在百度上搜索)，找相似的设计题目，参考那些标志及图形进行设计，下课前上交设计作业，这样在 2 学时内仅仅是为了完成作业，上交的学生设计作品往往达不到理想的效果。

3 引入 CDIO 模式进行课程教学改革的实践

CDIO 不仅继承和发展了欧美 20 多年来的工程教育改革的成功理念，而且更重要的是提出了系统的能力培养、全面的实施指导、完整的实施过程和严格的结果检验的 12 条标准，能完全满足产业对工程项目人才质量的要求，具有很强的可操作性。它以工程项目从研发到运行的生命周期为载体，将 CDIO 模式运用于教育改革中，是一种能让学生将专业课程与实践实训有机联系起来的方式和主动学习的新型工程教育模式。

平面设计就其内容来说或大或小，小到标志设计和商标设计，大到海报设计和刊物设计，完整地包含了构思、设计、实现和运作四个阶段，因此，在平面设计模块中的课程引入 CDIO 的模式进行教改完全可行，尤其可以引入 CDIO 模式中的“做中学”和“基于项目的教育和学习”。引入 CDIO 模式，“标志设计与图形创意”课程教学改革主要从以下几个方面进行。

3.1 更新教学观念

CDIO 教学模式与过去的教学模式区别主要体现在教师教学与学生学习的经验获取方式及技能的训练方法上，要求教师转变原有的一些授课习惯性思维和观念。

首先，改变原先的理论教学与实践教学的学时分配比例，减少理论教学和案例分析的时数，增加实训时数。当然，在实训机房能安排的情况下，最好的方式是在机房教学做一体完成“做中学，学中做”。一体化的教学模式，即打破理论教学与实验教学的界限，使讲课、演示、实验、设计、制作有机地形成一个整体的教学模式。

其次，改变过去以教师为中心，以课堂为中心、以传授知识为目的的传统教育观念，将其转变成以学生为中心，引导学生主动学习、主动思考、求解问题，增加主动学习和动手实践，强调分析问题和解决问题的能力。

3.2 深化基于项目的案例教学

应用 CDIO 的工程教育理念，选择与专业相关的实际项目或者精心设计的模拟案例进行教学实践，应用基于项目或案例的“做中学”的教学模式，使学生在校内的学习阶段就有机会接触专业相关的实际项目，积累实际工作经验、熟悉标志设计的整个过程。重点讲解标志设计的设计方法，360°解密标志创意，讲述了许多成功的标志设计案例，让学生了解标志设计的整个过程，向成功设计师学习，共同分享成功设计带来的启示和愉悦感，从而找到借鉴的方法，最终能举一反三。

充分利用现代网络优势，寻找国内外的各种优秀的标志设计作品，收集设计素材，弥补教材的不足，开阔设计视野，提高视觉审美。运用多媒体课件把课程理论教学与优秀标志设计分析结合起来，启发学生的形象思维和创意思维。标志设计的过程实质就是研究视觉传达艺术的过程，需要有鲜明的形象性，即使是理论课程，通常也用大量的图片、实例来阐释原理、分析个案，从而开发学生的形象思维。在授课中，教师不仅要准备相应的示范作品，而且还必须针对学生普遍存在的技法难点，进行当堂示范；“百闻不如一见”，很多似乎很玄奥的表现手法，在教师的演示中，都能直观地展现出来；学生在欣赏过程中，引发感悟，启发思考，获得创意灵感，收到举一反三的效果；使学生在“听中学”、“看中学”，再进而“做中学”。笔者认为，不能是推广了一种新的教学方法而否定原先的教学方法，应该结合实际情况，不同的项目采用不同的教学方法，或者将各种优秀的教学方法综合交叉运用。

3.3 实训项目驱动“做中学，学中做，边做边学”

将课程的内容融合到各个相关的实践项目中，采取基于项目学习的教学模式整合课程内容，强化实验、实训过程。在小组合作完成项目的过程中培养学生的自主学习、协作学习、人际沟通交流及创新能力，同时注重其敬业精神等职业素质的培养。

“做中学”的关键在于合理选择实训设计项目，在每个教学单元内用项目的任务引导学生从“做”中完成“学”的过程，围绕职业岗位能力的形成，科学设计和选择实训项目，以完成一个完整的任务所需要的知识、能力和素质结构设计教学方案，按照一个完整的任务操作流程组织实施教学，使学生在完成设计任务的过程中，“做中学，学中做，边做边学”，达到人才培养目标的要求。

实训项目选择原则：根据教学大纲要求完成的教学目标，结合学生的学习生活、学生创业相关以及企业的实际任务选择实训项目，如图 1 所示。

CDIO 教育模式认为实践项目最好来自产业第一线，是企业真正需要解决的问题和真刀真枪的项目，而不是“假题真做”，更不是“假题假做”。来自企业的项目更实际，包含更多的信息，可让学生学到技术之外的许多东西，如管理、市场、顾客沟通和服务、成本、融资、团队合作等知识和经验。因此，笔者花大量的时间从“任务中国”、“时间财富”和“猪八戒”等威客网中寻找合适的设计任务作为学生的实训项目，要求学生在规定的时间内完成设计后去网站注册并投标。在设计过程中若遇到设计任务和要求不明确的情况，鼓励学生与发布

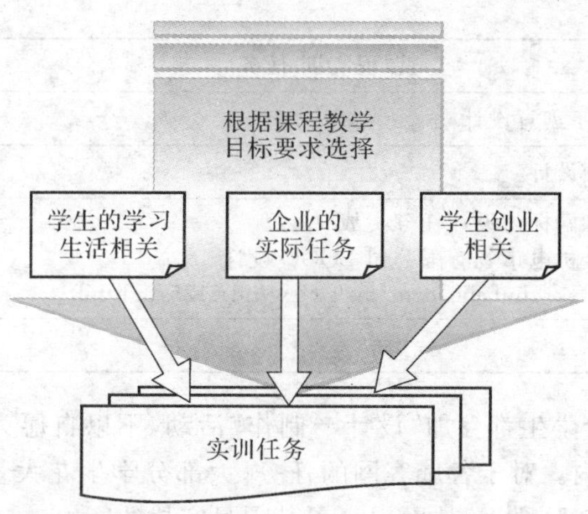

图 1　课程实训项目的选择原则

任务的雇主直接沟通。

例如，笔者根据当时学校的一些主要活动和来源于“任务中国”等威客网的企业实际任务主要安排了如表 1 所示的实训项目，使学生在“做中学”。由于这些实训项目与学生的学习生活密切相关，学生的学习兴趣十分浓厚，学习主动性和积极性也大大地提高了。学生在项目实践过程中，理解和把握课程要求的知识和技能，培养分析问题和解决问题的能力。笔者充分利用网络资源，将网上的招标项目直接搬到课堂教学，这样的实战项目可以快速提高学生的设计能力，并且帮助学生提高与客户沟通的能力。

表 1　课程实训项目表

编　号	课程实训 任务	学　时
1	新学院标志设计、系标志设计	2
2	校运动会会标设计	2
3	校文化艺术节节徽标志设计	2
4	模拟自主创业：公司取名、标志设计、吊牌设计	2
5	个人 QQ 头像设计、房产公司标志设计	2
6	“任务中国”威客网标志设计任务实战(1) 佛山思庭家具有限公司征集公司标志设计 http://www.taskcn.com/w-60811.html	2
7	“任务中国”威客网标志设计任务实战(2) 亚普斯德(Upside)投资公司 LOGO 设计 http://www.taskcn.com/w-62035.html? r=41639	2
8	海报设计(1)(校文化艺术节海报)	2
9	海报设计(2)(校读书节海报) “时间财富”威客网标志设计任务实战 福州浩普软件技术开发有限公司 LOGO 设计 http://www.vikecn.comTaskTaskView.asp? 88938.html	2

续表

编　号	课程实训 任务	学　时
10	图形、文字创意设计	2
11	四格漫画设计	2
12	“猪八戒”网标志设计任务实战 皇达五金机电市场有限公司LOGO设计 http://task.zhubajie.com/task-view-tid-512575.html	2
	合　计	24

CDIO模式要求每个学生都参加“设计一制作”活动，不以自愿为原则。但这些实训项目的完成时间不限于课内。对于各威客网的任务，大部分学生花大量的时间在CDIO的构思、设计、实现和运作四个阶段上，从而提高了其项目实战的能力。

课程结束后，仍有学生在“猪八戒”威客网站参与设计任务，图2就是其中一位学生的中标作品。

图2　学生赵建(注册名为破面)的中标作品

3.4　CDIO能力评价标准促进学生主动学习

根据《浙江水利水电专科学校学生课程考核实施细则》第六条规定“对需要期末成绩，但没有期中考试的课程，期末成绩占80%，平时成绩占20%。未独立设课的实验课，实验成绩按10%的比例计入课程考核总成绩，此时平时成绩以10%计(实验学时占课程学时的比例低于15%时，不单独计实验成绩)”，本课程的最终成绩的计算办法是：平时成绩10%＋实验成绩10%＋期末考试成绩80%。这个规定显然是过时了，学生成绩的评定不应以一张期末试卷定结论，在学生成绩的评定中应加大过程考核。于是与相关领导沟通，对于成绩的计分方法作了相应的调整：加强对学习过程的考核，增加平时实训的计分比例，减少期末考试成绩的比例，并且对参加学校或者社会的各类设计竞赛获奖的学生加分，对于在威客网上中标的直接给出“优秀”的成绩。

新的成绩计分方法如下：

(1)总成绩1＝考勤及学习态度10%＋实训项目成绩30%＋期末考试成绩60%。

(2)总成绩 2＝{总成绩 1＋6 分(一等奖)或者 4 分(二等奖)或者 2 分(三等奖)
优，如果在威客网的任务中标}

这样的成绩评定更加合理和全面，可更准确地确定学生学习效果，并提高学生学习的积极性和主动性，得到了学生的认可。学生章思思自行参加学校的寝室文化节标志设计竞赛(作品如图 3 所示)，获一等奖，总成绩获得了加分。其他还有几名同学在校文化艺术节节徽标志设计中分别获得了一、二、三等奖及优胜奖，都得到了相应的加分。

图 3　学生章思思标志设计作品

4　结束语

CDIO 工程教育模式是一种面向高等工程教育，以“做中学”和“基于项目的教育和学习”为精髓，以工程能力培养为目标的新模式。笔者以“标志设计与图形创意”课程为例对 CDIO 模式进行了探索和实践，从威客网上寻找合适的设计任务作为实训项目，将学生置于“做中学”的项目实战环境里，让学生边实践边学习。实践表明，该模式的“做中学”和“基于项目的教育和学习”能较好地激发学生的学习热情，使得学生对专业课的学习兴趣更加浓厚，学生的创新设计能力也得到了很好的锻炼和提高，增强了学生面对实际设计任务的自信心。学生在有限的学时内较好较快地掌握该门课程，迅速培养和提高学生实际的工程实践能力和团队协作能力，学生通过“基于项目的学习”，主动学习，主动实践，取得了前所未有的学习效果，普遍认为自己学到了真正的设计技能。按照 CDIO 的教育模式进行的“标志设计与图形创意”课程改革取得良好的教学效果，笔者认为 CDIO 模式值得在其他设计类课程中作进一步的推广和研究。

参考文献

[1] 查建中.论“做中学”战略下的 CDIO 模式.高等工程教育研究，2008(3).

[2] 李曼丽.用历史解读 CDIO 及其应用前景.清华大学教育研究，2008(5).

[3] 杨宏伟，宋文华，罗晓蓉.关于 CDIO 模式引入高职动漫教育的探索.山西财经大学学报，2010(1).

教学方法与教学环境建设

面向问题学习的理论和实施方法探讨

陈庆章　古　辉　梁荣华　胡同森　王子仁

浙江工业大学计算机科学与技术学院，浙江杭州，310023

摘　要：面向问题的学习已经被大学教师所重视，但具体实施起来却感觉有很大难度。原因之一是对面向问题学习的理论理解不够和实施具体方法的掌握不够。本文较全面地介绍了面向问题学习的起源、操作过程示意、从理论层面的理解、与其他方法比较，以及具体组织环节等。研究指出，实施面向问题的教学要点是：学生的一切学习内容是以问题为主轴所架构的，问题一般是非结构式的问题，偏重小组合作学习，学生必须担负起学习的责任，教师的角色是助手或教练。

关键词：面向问题的学习；教学方法；教学理论；小组学习

1　研究动机

在目前的教学环节中，大部分教师习惯采用传统教学法来达到教学目的，例如板书、讲述、练习及测验等。我们知道，学生不是如白纸般地被写上知识，知识是通过人与人讨论和沟通来建构的，因此学生上课不应只是安静聆听，而是需要与教师和同学交流来共构知识。

为了实现沟通交流，在目前大学教学中，教师普遍开始重视面向问题的教学(PBL)，以此教学方法来实现教师与学生、学生与学生的交流。面对问题、分析问题、解决问题，已经成为教学环中受到关注的事情。其理念主要希望学生在未来面对问题时，能分析问题并寻找出解决问题的方法，以养成终身学习的能力。

要想很好地实施面向问题的教学，必须对面向问题教学的特点和流程进行深入理解，尤其是认知教师在其中承担的角色，以合适地扮演这样的角色。本研究将全面探讨面向问题的学习学的起源与发展、面向问题的学习的意义、面向问题的学习的特色、面向问题的学习的进行流程，以及教师在面向问题的学习中所扮演的角色。

2　面向问题的学习的起源与发展

面向问题的学习源自杜威的教育理念，最早应用在医学教育上：从做中学，希望教师教学时激发学生的潜能，以生活经验吸引学生学习和引起学习动机。在医科教学领域应用面向问题的学习，主要的原因有以下五点[1]：①临床实习有助于知识的成长；②临床理论印证；③有效能自我引导学习策略；④增加学习动机；⑤成为有效能的合作者(Collaborator)。

20 世纪 60 年代，加拿大 Hamilton 的 McMaster 大学首先建立以 PBL 为主的教育改革

陈庆章　E-mail：qzchen@zjut.edu.cn

课程,并引起共鸣。70 年代新设的医学院(如荷兰的 Marrstricht、澳洲的 Newcastle)亦采用 McMaster 的面向问题的学习课程;往后,Barrows[2] 将应用在医学教育的 PBL 称为"以执业为基础的学习方法"(Practice-Based Learning)。由于 Barrows 的想法受到美国许多专业教育的认同,因此很多专业领域也开始应用 PBL 教导学生如何运用知识解决问题的方法。例如,美国 New Mexion 是美国第一个采用 PBL 课程的学校,该校是采用传统与 PBL 并行的课程。之后,哈佛大学也成立了 PBL 的实验班,试行多年之后也全面采用 PBL 课程。1982 年,乔治亚州的 Mercer 大学医学院成为全美首先采用 PBL 的医学院校。随后,夏威夷大学及加拿大的 Sherbrooke 大学医学院也直接改为 PBL 课程[3]。根据 1991 年美国医学学会杂志(JAMA)的调查研究,美国已经有 100 个以上的医学院采用 PBL。

3 面向问题的学习的操作示意

传统的面向主题的学习(Subject-Based Learning,SBL),授课的主动权主要在教师手里,教师定了主题之后,按照一定的步骤,很有系统地介绍这个主题的内容。整个过程中,虽然架构完整,但大多是单向传授,师生互动不足。面向问题的学习是以实际情境为脚本,通过教师的指导,以小组合作方式进行的教学法,学习者经由团队合作方式进行学习,通过不断分析、批判和测试式,发展出成果,以获得学习成就。

举例来说,当电工学课程教授时,传统 SBL 的方法可能会从电子的结构、电流、电压、电阻的特性及各种定律讲起,最后才谈到电学的实际运用,如家用的烤面包机即电热学的一项应用。这种学习法,学生可能学了很完整的电学知识,可是当家里的烤面包机坏了时,却不一定知道如何修理。相对地,实施 PBL 方法的教师在指导电学时,他并不自己讲授电学,他可能对学生说:这里有一台烤面包机坏了,你们想办法修好它。学生为了修理这个机器,自己就要面对问题,他先要研究烤面包机的结构,弄清楚它的运作方式,为什么插上电就能烤面包,电又有什么特性。接下来他要弄清楚这台烤面包机是哪里出了问题,要如何修理。当学生修好烤面包机的时候,枯燥的电学知识也就在不知不觉中学会了。当下一次碰到类似的电烤箱故障时,学生立刻就能举一反三,轻易抓到修理的窍门。

由此可知,传统的面向主题的学习,解决问题能力的训练上不如 PBL。通过这种面向问题的学习,学生容易养成主动及终生学习的精神,并提高解决问题的能力。不过传统的面向主题的学习,也不是一无是处,它的优点是知识的架构较为完整,不像面向问题的学习,学生所学得的知识可能较为零散,两者之优劣长短正好相互为补[4]。

PBL 的实施通常以小组进行效果较好。PBL 的小组通常是 3~9 人(最好是 5~6 人)的小团体。以小组方式实施 PBL 教学可以训练学生互助合作的团队精神。在成员的组成方面,尽量不要让学生自行组合,最好采用经由分派的方式,每一小组应设置引导教师一人,负责指导、监督和评估,组员应配置主席、时间控制者、信息联络员、记录员等角色,以助学习活动进行,小组成员可自由轮替担当不同的角色。

4 面向问题的学习的理论意义

面向问题的学习可以说是结合了认知取向、合作学习以及建构主义的精神。以下将针对认知、合作学习和建构三个角度来说明面向问题的学习的含义。

4.1 认知取向学习角度看面向问题的学习

由于认知心理强调所有的认知发展都与既存知识有关联性;新信息不会直接加入记忆系统中,相反,新信息的建立是通过个体与环境的交互作用的结果。为了将从外界得来的新信息与个人内在记忆的知识相结合,便需要同化与调适两个历程。若学习者只是将新知识加入原有的组织中,而未使原有的知识体系发生改变时,此时的学习便是所谓的"同化";弱势学习者发现现有(或先前)的概念不足以解释新的情形时,学习者必须重新组织他们心中原有的概念,这种情形则称为"调适"。因此,认知心理学认为学习策略应重视以下原则[5]:

(1)认知取向重视分析教学目标中预期学生学习的知识认知技能,包括陈述性知识、程序性知识、认知策略和后设认知等,而不是只重视观察学生的外显行为与实际制作表现。

(2)认知取向强调所有的认知发展都与既存知识有关联性,因此,在整体学习的历程中,学习是概念的转变,包括新概念与旧概念两者之间的交互作用。若新旧概念之间能够互相协调,得到一致,学习就没有困难;反之,新旧概念之间无法配合,便需重新建构既有的概念或将其转变成新的概念。换句话说,注意分析学生的前备知识、迷思概念以及另有想法,都是很重要的。

(3)认知心理学重视适当教学模式及教学策略的使用,目的在协助学生由生手转变为专家,学习时个体应对所学习教材的关系加以联结才能迅速完成学习。在这样的转换过程中,教学策略与学习策略如何搭配则是一个重要的议题。

(4)认知心理学强调内容特定,同时强调理解的重要性,个体的记忆结构中,不仅包括对抽象符号数据意义性的整理,也包括了对事物活动、地点等情节保留,个体如能在信息处理的学习历程中,加以类化并触类旁通,将得到最佳效果。

每个人在记忆中都有很多的事件,学习的发生就是指必须让学生在能产生问题、观察或结论的情境下,将所遇到的事件和已存有的事件作分类与比对,运用先有概念和技能来处理新信息,并尝试把新信息融入原有知识之中,亦即达到概念转变的目标。面向问题的学习的教学通过讨论、分析、资料搜寻和整合等学习历程,可增强学生留存记忆,活化先前知识,促进将来新知识的学习,作为未来解决问题的存取,以应用学习有关事实的知识,能将新的和旧的知识作联结而帮助记忆[6]。

4.2 合作学习角度看面向问题的学习

合作学习是目前许多教学者普遍采用的一种富有创意和实效的教学理论与策略体系。该学习法于20世纪70年代初兴起于美国,并在70年代中期至80年代中期取得实质性进展。该教学策略,让学生在小组的合作下,增进自己和其他组员的学习效果,提高学习成就、增进人际关系并促进心理健康,在合作学习情境下,个人为自己和小组学习的目标而努力。Johnson认为传统的学习方式是由教学者主导,并不强调学习者之间相互依赖的关系[7];而在合作学习的环境中,教学者并非信息的唯一来源,学习者必须与小组内其他的学习者分享知识。学习是每位学习者的责任,学习者的学习动机则来自于个人的内在动机以及同学的激励。

而面向问题的学习提供与真实生活情境相结合并具有挑战性与创造性的问题，学生通过小组讨论，在解决问题的过程中锻炼创造性及批判性的思考，培养学生的批判思考能力，方能真正提升学生的科学创造力。面向问题的学习的主要特征为：①以问题为学习的起点；②问题必须是学生在其未来的专业领域可能遭遇的非结构式的问题；③学生的一切学习内容是以问题为主轴而架构的；④偏重小组合作学习，较少讲述法的教学；⑤学生必须担负起学习的责任，教师的角色是指导认知学习技巧的教练。综上所述，讨论、交换意见和数据分享在面向问题的学习中扮演极其重要的角色，学生对学习内容讨论的机会愈多、愈透彻，学习成效愈好。反之，若学生无法对学习内容有效讨论，则学习成效不彰。

面向问题的学习是以真实的复杂性问题开启学生的学习动机，学生在解决问题的过程中主动学习。但是，在解决问题的过程中，更需要学生运用合作的技巧、进行批判性思考，经由讨论活动，针对同学之间创造性思考所产生的观点或思想，逐一审视，才能从众多的策略中选择最佳的解决方案，达到解决问题的目的，因此，“面向问题的学习”与“合作学习”在培养学生科学创造力上是相辅相成的。

4.3 从建构主义角度看面向问题的学习

从建构主义的观点来看，学生虽然获得知识，但并不是真正完全了解教师所授予的知识内容，因此，教师在面向问题的学习法中必须扮演引导的角色，而不是知识的灌输者。由于在面向问题的学习中，十分强调“做中学”的精神，主张学习者是由经验建构知识，学习是一个主动、有意义的建构过程。这与建构主义强调以学习者为中心与学习主动性的原则不谋而合[6]。因此，学习者积极主动的参与是关键所在，而教育的目的则是在教导学习思考的方法、活用知识的能力、思考的能力、决策的能力。在学习领域中为了实现有效、有意义的学习建构历程，教学者设计课程时应包含以下原则：①课程的单元教学设计应该以问题为焦点，要求学生解决没有固定答案的问题；②课程的单元教学设计应该能让学生取得具有产出价值的知识，以便解决陈述的问题；③应该在解决问题的脉络下，教导学生学习的策略和知识的建构；④在课程单元教学设计中，教师应当为学生提供必要的框架或结构；⑤应该让学生运用合作的团体学习方式，因为学习本身是一套社会化的过程。

面向问题的学习法是以“问题”为教学工具，通过讨论活动使学习者原有的经验和知识透明化，借由认知冲突使学习者在一而再、再而三的反复思索中建构知识，所以，面向问题的学习法不同于传统教学的直接导入，是经由探究问题时产生的冲突达到学习的目的；在面向问题的学习法中所称的问题，一般属于非结构性的问题，这些问题通常和学生的真实生活相结合，而且可能没有固定的答案，学生在学习中逐步厘清问题的轮廓与范围，也在厘清问题的过程中逐步解决问题，进而培养其发现问题、解决问题的能力。

5 面向问题的学习与其他主要教学方法比较

5.1 面向问题的学习法与传统教学讲述法的不同

面向问题的学习法不同于传统教学讲述法，其差异之一在于面向问题的学习法都是在以问题为导向，引导学生用自己的话自我表达出问题的答案，并依问题的相关特性、程序和事件原委用以提出建议、联结和评估这些现象的解释，而后学生就会知道应该学些什么。而所提供的问题情境通常并无单一正确的答案，而且这些问题通常是真实的、复杂的、模糊的和开放的、非结构性的问题，学生必须批判、分析，研拟最佳可行方案。此种方法能鼓励学习者运用批判思考、问题解决技能和内容知识，去解决真实世界的问题和争议的教学方法[8]。

在传统的教学法中，教师往往忽略了问题思考力的训练，以公式化的方式向学生传递事实及步骤，没有给学生发挥研究、思考创造的机会，也没有让他们自己解决难题，教师总是直接告诉学生如何去解答，以及如何即刻获得问题解答，以至于学生只会记忆数据，不会充分理解并运用知识去解决问题。面向问题的学习以“非结构性的问题”取代传统教学的“结构性问题”，因为结构性问题通常有标准答案，但学生在真实生活中所面临的问题是非结构性的问题，也就是没有标准答案或是有多种解决方式的问题。面向问题的学习法以真实、复杂的问题开启学生的学习动机，给予学生解决问题的实际经验，在学习过程中教师必须让学生有充裕的时间去处理所得的数据，验证自己的想法及发表问题的解决方法，让学生以问题刺激学习，在解决问题的学习过程中建构新知识。

5.2 面向问题的学习法和问题解决教学法的不同

“面向问题的学习法”和“问题解决教学法”均是以问题为导向的教学法。但是“面向问题的学习法”所呈现的问题与生活情境相结合，是开放性的，让学生自己去发现问题，引发其解决问题的动机；“问题解决教学法”则是直接呈现问题，是一种结构性问题，学生缺乏主动探索、发现问题的精神。而在实际生活经验中，人们对周遭环境应能主动发现问题，才能做好解决问题的周全准备，而不是等问题发生了才去思考解决方案。

另外，“面向问题的学习法”在分析问题、提出解决方案的思考过程中，是运用“学习结构表”的框架来引导学生思考，一步一步程序化解决问题的思考结构，如此能对学生已有的先备知识加以检测与厘清，较适合中小学生创造性思考教学的引导，将系统的理论与实际结合，是一套完整解决问题的教学架构。

6 面向问题的学习法的进行流程

面向问题的学习基本上以问题为导向，通过解决问题的方式获得与累积新的能力和经验，学生必须学习与掌握学习的方法，因此，教师在面向问题的学习法中必须扮演引导的角色，而不是知识的灌输者。许多学者针对面向问题的学习的教学设计模式有许多的讨论并提出不同的方法。一般来说，面向问题的学习整个的教学设计模式可分为分析阶段、设计阶段、发展阶段、实施阶段及评鉴阶段。

(1)分析阶段

分析阶段的主要任务在于选择一个有价值的问题，教师必须先了解 PBL 课程的学习目标、学生的程度、教学目标，了解它所涵盖的层面，再以问题为核心进行学习的设计，并将其撰写成为合用的教材。撰写时，应一针见血，枝节的问题尽量不要纳入，以免学生无法取舍，把学习的层面推得太广太深，让各个小组都能达到一定的学习内涵。教师选择问题时，应就学习目标、学习者以及问题进行分析。通过分析，教师应筛选出最适合学生学习的问题,促使学习者积极参与的问题,完成问题选择的工作。

(2)设计阶段

在设计阶段方面,除了决定学习者的角色与情境外,还要绘制学习地图与发展学习评估的工具。教师必须考虑哪一种角色与情境可能最容易引发学习者的参与及投入、最能达成学习目标,才能确定学习者在问题中所扮演的角色及可能面临的情境。确认学习者的角色与情境后,应进一步绘出整个课程活动涵盖学习领域的学习地图,并考虑欲达成教学目标应安排学生产出哪些学习成果。

(3)发展阶段

发展阶段共分为发展问题呈现格式、确认教与学的模式、安排活动以及发展评量工具四部分。①发展问题呈现格式:为了帮助学习者掌握解决问题时所拥有的线索,以便更快地进入解决问题的情境中。因此,应谨慎设计问题的呈现方式以利于学习的引导。②确认教与学的模式:通常分成问题分析、信息搜集、综合、抽象和反省五个阶段。③安排活动:在实施的过程中若需加入教师的演说、动手操作、校外参观等项目,教师均可以予以规划及安排。④发展评估工具:PBL的评估成绩,有时只有满意、再评估和不满意三项,没有名次,也没有绝对的分数。此外,PBL的评估不一定都是教师在评估学生,有时会要求学生要自我评估,学生和学生之间要互评,甚至学生也要评估教师。

(4)实施阶段

面向问题的学习是学生经过教师引导,遇到一个接近真实环境的实例,通过讨论、分析、数据搜寻和整合等学习历程,寻求解决问题的有效策略。其教学模式就是要把学习者置于复杂,但有意义的真实生活情境,教导学生批判思考和问题解决等技能,从不同的观点来教导知识和技能,并应用到很多不同的情境来建构知识。

(5)评鉴阶段

任何课程的设计,都需借由不断的评鉴、确认、修正,直到符合评鉴的准则为止,以便了解学习成效,作为下次设计课程的参考。

7 教师在面向问题的学习法中所扮演的角色

在面向问题的学习法中,带领PBL的教师较准确的定位是“辅导教师”,是面向问题的学习成功与否的重要关键人物。教师何时及如何参与团队讨论的挑战;如何放弃传统单向传道授业,在适当的时机介入团队讨论过程,让学生互动学习代替教师直接教授,使学生从中学习能体验到认知的技能、研究的技能及解决问题的技能,这是面向问题的学习中教师教学的角色和责任。

教师在PBL教学前,除了要设计或选择适合课程的问题外,还要准备学生使用的材料、安排学生如何分组、准备物理环境和设备等;教学进行中教师要熟于诱导、主动倾听、激发学习动机,有耐心地和学生互动、发展班级规范,通过提问,适当地引导讨论避免难题,逐渐作教学方式的转换;教师亦应注意讨论的有效进行、问题解决、共识的建立、撰写报告和口头发表,并随时给予学生鼓励和反馈,引导学生如何找到答案。换言之,整个教学的师生互动过程,教师都在充当引导、协助学习的角色,只给问题不给答案,让学习者自我学习寻找解答;教师不能以教材内特定的问题和答案来主导整堂课,而流于讲授式教学。因此,PBL

教学比其传统讲述、讨论的教学法还要花时间[3]。如果把灌输知识比喻成“授之鱼”的话，面向问题的学习就是“授之渔”，得到鱼虽可满足一时的需要，但学会钓鱼才是长期生活的保障。因此，要达到这样的目的时，教学者在教学活动进行中应多加询问学习者这样的问题，例如：为什么？你指的是什么？你怎么知道这样是对的？主要目的是希望学生能进一步进行探究，并培养学生的批判性思考能力与解决问题的技能。

8 结 论

大学中的许多课程都可以实施面向问题的学习，以培养学生的科学兴趣，熟练实验方法，养成科学态度、培养学生的自主解决问题的能力。面向问题的学习有四个要点：以学生为中心的学习；小组的学习；通过问题刺激学习；教师是促进者和引导者角色。

使用面向问题的学习法授课时，学生须先具备相当的知识基础与讨论的技巧，故建议教师在使用此法授课时，先授予学生一些基本的技能，如上网搜寻数据、整理数据等，并且在讨论的初期，教师可试着参与讨论，在讨论的过程中，尝试引导学生以不同的观点看待问题，以弥补同学彼此之间的不足。

面向问题的学习法的实施，需要教师在备课上花费更多的精力，也要花费更多精力修改和讨论学生撰写的研究报告，因此需要学校在政策方面给予支持。同时，为维持课程内容按进度执行，教师常常请各小组利用课余或午休时间进行讨论，在此时间内需利用图书室、计算机教室等，这皆需相关部门配合。

学生将来要面对的是人生上的种种挑战，绝非只是学校中的考试。我们应该致力于培养学生分析问题和解决问题的能力，而非仅仅应对考试的能力。所以在大学中如何评估学生，尤其是是否符合毕业规格，还有很多值得思考。

参考文献

[1]Hmelo CE & Evensen DH. Problem-based learning: Gaining insights on learning interactions through multiple methods of inquiry. In Evensen D H & Hmelo C E (Eds), Problem-Based Learning: A research perspective on learning interactions. NJ: Mahwah. 2000:1－15.

[2]Barrows HS. How to design a problem-based curriculum for the preclinical years. New York: Springer. 1985.

[3]Delisle R. Use problem-based learning in the classroom. Alexandria, Virginia: ASCD. 1997.

[4]萧光明. 什么是面向问题的学习. http://www.pbl.idv.tw/manual/05_ch3.htm.

[5]Mayer RE. Educational Psychology: A cognitive Approach. 1987/1995

[6]Schmidt HG, Moust JC. Factors affecting small-group tutorial learing: a review of research. In Evensen D H, Hmelo C E (Eds), Problem-Based Learning: A Research Perspective on Learning Interactions. NJ: Mahwah. 2000:1－15.

[7] Johnson DW, Johnson RT. Learning Together and Alone: Cooperative, Competitive, and Individualistic Learning(5th ed). Needham Heights, Massachusetts: Allyn and Bacon. 1999.

[8]Stepien WJ, Senn PR, Stepien WC. The Internet and Problem-Based Learning: Developing Solutions through the Web. Tucson, AZ: Zephyr Press. 2000.

善用案例和任务驱动相结合的教学方法，提升数据库应用基础课程教学质量

冯小青

浙江财经学院信息学院，浙江杭州，310018

摘　要：数据库应用基础是高校一门重要的计算机类基础课程。本文通过分析该课程目前存在的一些问题，引入案例和任务驱动相结合的教学方法。实践证明该新型的教学方法能有效调动学生的学习热情，提高学生分析问题和解决新问题的能力。

关键词：案例和任务驱动；数据库应用基础；创新能力

1　引　言

数据库应用基础是我校非计算机专业的一门计算机基础类课程。它要求实践和理论并重，学生在分析一些常用数据库应用系统的基础上，能自己设计一些简单的应用系统，并能对其进行简单的管理维护工作，为计算机在本专业中的应用打下基础。由于该课程内容复杂难懂的实际情况，如何有效地调动学生学习的积极性，提高教学质量和教学效果，已成为广大计算机基础教学工作者普遍关注的问题。

2　目前的数据库应用基础教学中存在的问题

问题一，数据库应用基础这门课程是为非计算机专业的学生开设的，并不是他们的专业课程，学生普遍对其重视不够。问题二，由于该课程主要侧重于程序设计，而学生普遍缺乏程序设计的经历，使得其在接受和消化该课程内容时，感到很吃力，并逐渐丧失了对该课程的学习兴趣，普遍不能做到认真听课，开小差的现象较多[1]。

当然造成这种现象的原因是多方面的，但是以教师为主中心进行知识的讲授，学生被动地接受知识的传统教学方法，对数据库应用基础课程不能获得理想的教学效果是其中一个主要原因。因为这种传统的教学方法，不仅不利于学生学习和掌握知识，而且严重制约了学生的学习主动性和创造性，由此导致讲台上教师授课很辛苦，讲台下学生学得很痛苦。为了有效地提高教学质量，我们引入了案例和任务驱动相结合的教学方法。案例和任务驱动相结合的教学方法是以案例和问题为载体，设计一种探究知识的情景，让学生能够通过已学的知识，分析问题，完成学习任务[2,3]。该教学方法是以学生为中心，教师作为引导者，积极引导学生发言和讨论，把教师与学生很好地结合起来，最大限度地发挥教学的作用。

冯小青　E-mail：fxq_snake@163.com

3 案例和任务驱动相结合的教学实施

案例和任务驱动相结合的教学方法的实施过程,如图1所示。主要由三部分组成:教师备课阶段、教师课堂授课阶段和学生上机阶段。

(1)教师备课阶段:教师根据教学大纲,分析教学内容,明确教学目标,设计精彩的教学案例。

(2)教师课堂授课阶段:教师通过精彩案例的演示,引导学生讨论并得出案例实现的方法。教师根据学生讨论的情况,分析讲解案例实现的方法。最后对案例进行知识点的总结。

(3)学生上机阶段:教师首先演示本次上机任务的效果,并提示学生实现该任务需要解决的主要问题。然后让学生自主探索,解决该上机任务。最后,让做得较好的学生将自己的作品进行展示、提出不同看法和实现方法,教师进行必要的总结和评价。

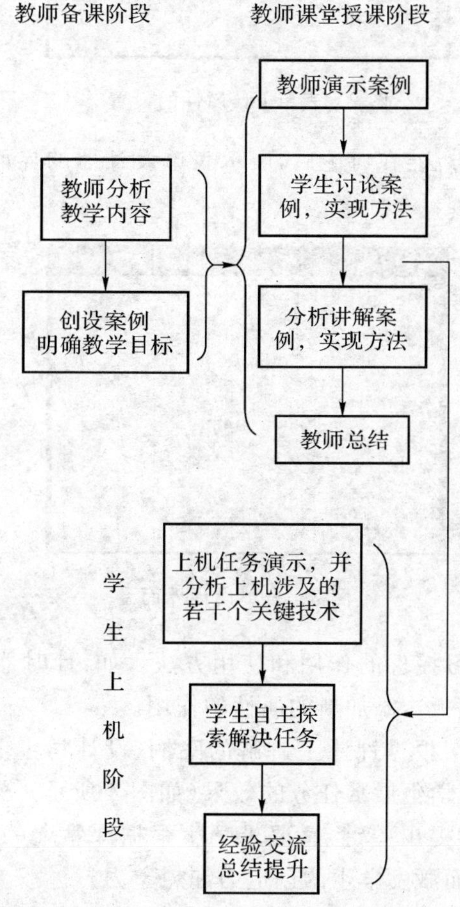

图1 案例和任务驱动相结合的教学方法的实施流程

现以数据库应用基础课程中学习表单基本控件,标签、定时器等对象为例来说明案例和任务驱动相结合的教学方法的具体实施过程。

(1)创设情境,明确目标:首先将该节课所要讲解的内容制作成一个表单案例,该表单的运行效果——“我是会移动的文字”。

(2)共同讨论,发现问题:当学生看到本次案例的效果后,让同学们展开讨论——用所学过的知识能完成这个案例吗?引发学生对这节课的好奇心,并通过讨论得出让文字移动的办法——“文字边距(left)的变化”,如图2所示。

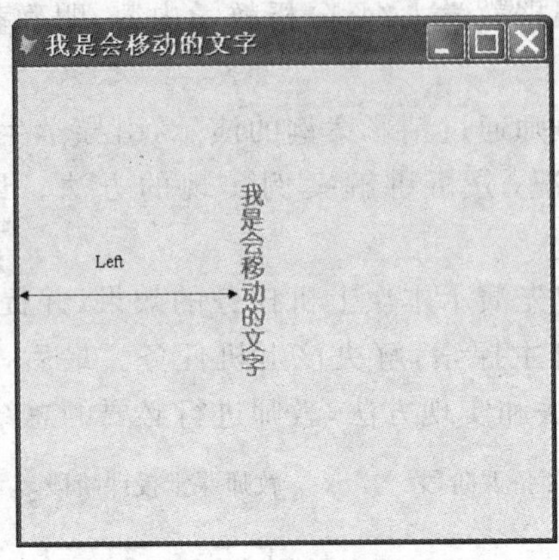

图2 表单left属性的设置

(3)分析讲解案例实现方法:在讨论后,展示表单设计器的界面,如图3所示,并对文字移动的思路进行分析和介绍。

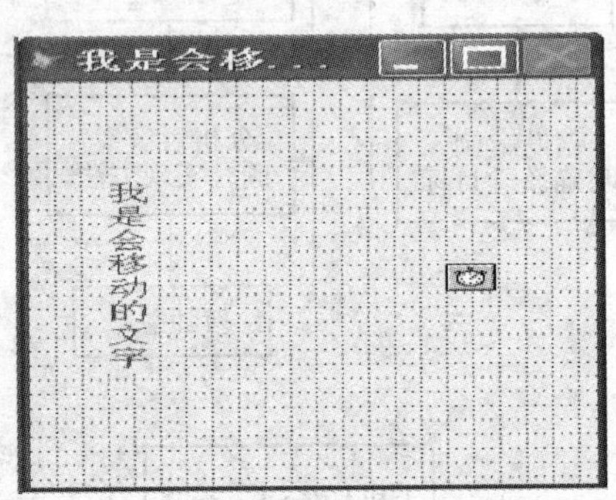

图3 表单设计界面

(4)总结本案例所要学习控件的作用和使用方法。如:计时器(timer)控件的设置和使用(timer过程代码的书写模板),添加新的属性的作用。

(5)学生上机完成任务。根据课堂上讲解的案例,设计学生上机需要完成的任务——“好友见面打招呼”。首先给学生展示任务的效果(如图4所示),然后提出实现该任务需要解决的关键技术。老师通过提出关键点,要求学生根据课堂上的讲解相关案例,引导学生自行设计并完成该任务,从而激发学生的创造力和想象力。

(6)自主探索,解决任务:通过关键点的提示后,让学生在机房自主探索,实现该任务。教师在辅导的过程中根据学生的掌握情况予以相应的提示和指导,并达到最终解决任务的目的。

(7)经验交流,总结提升:让任务完成较好的学生进行作品展示、提出不同看法和实现方法,教师对完成的任务进行必要的总结和评价。将本次任务实现过程中需要学生掌握的新的知识点再度提炼出来。可以再对一些常用对象的属性进行补充(如:Top, Height),让学生设计出其他更复杂的移动效果。

图4 “好友见面打招呼”运行效果图

3 结束语

案例和任务驱动相结合的教学法,通过充分准备材料、制作课件、课堂演示,将枯燥、抽象的编程变得生动、具体,它充分调动了学生的学习热情,鼓励学生提出问题、分析问题和解决新的问题。虽然我们在数据库应用基础教学改革中取得了一定的成果,但是在教学过程中仍存在一些问题需要进一步研究探讨。如:如何有效地在案例设计中体现程序设计的算法与思路;如何让学生通过案例和任务驱动,更深入地理解数据库系统的功能模块设计等问题。

参考文献

[1]黄伟,魏鉴. VFP教学现状分析.科技文汇,2008(9):85.

[2]曹旭. VFP程序设计教学中案例驱动教学法的优势.长春中医药大学学报,2009,25(4):312.

[3]方元康.案例教学法在VFP教学中的应用.池州学院学报,2009,23(3):133-134.

基于兴趣培养的Java模块系列课程的教学改革与实践

刘 臻 陈仲伟 陈智罡 邓 芳 董 晨
浙江万里学院,浙江宁波,315100

摘 要: 为推进地方高校应用型人才培养改革,立足Java模块系列课程,本文就如何培养学生程序开发兴趣的教学改革实践作了详细的阐述。该教改从确立教学目标,整合优化理论教学体系,强化实践教学体系,构建校企合作的实践教学模式入手,突出兴趣培养,从案例教学、项目驱动教学和探索性自主学习等方面阐述了教学方法改革。改革实践收到了良好的效果,提升了应用型人才培养质量和就业竞争力。

关键词: 兴趣培养;Java模块;教学改革

1 引 言

纵观计算机的发展,计算机及其应用正以极快的速度朝着网络化、多功能化、行业化方向发展,而我们高校计算机专业因教学指导思想、教学模式、教学方法等各方面原因与当今计算机技术的发展和行业的需要脱节。主要表现为:

1.1 培养目标宽泛,不适用社会需要

培养高水平、多层次、复合型具有统领软件产业才能的高级软件开发和管理人才是高校计算机本科专业的培养目标[1],从这个目标中我们可以看出培养目标过于宽泛,专业定位不明确,导致学生计算机的学习面过宽,使学生不能有充足的时间突出自己的专业,强化自己的技能。虽然学过很多企业需求的软件开发语言,但很多学生只限于了解,未曾进行深入学习,学的开发语言、开发工具很多,但都没有成为学生择业的筹码。"学生不符合需要,顶多算半成品"是企业对高校培养的学生的普遍评价。市场需要什么样的毕业生,学校没有一个具体、详尽的定位,培养出来的学生也必然不会被市场接受,学生就业难也成为必然的现象。

1.2 教师教学方法单一,授课理论化

教学方法单一、死板,无法调动学生的积极性,教学效果较差,这是目前高校计算机专业普遍存在的现象。计算机课程具有操作性强的特点,而我们在教学过程中依然沿用传统的"填鸭式"教学方法,从学生的日常学习调查中,我们可以了解到,尽管绝大多数的学生能很好地完成教材中的各种例题、习题,如在程序设计中,学生上机多数能将书上的程序作业

刘臻 E-mail:liuzhen@zwu.edu.cn

在计算机上运行一遍，但形式单调，学生处于被动的学习状态，不能够对课程内容作深入的理解。由于没有和具体项目需求相结合，他不知道“学这些知识有什么用”，从而造成他们“什么也没学会”的感觉[2]。

1.3 学生畏难情绪严重，缺乏软件开发兴趣

计算机科学与技术专业的学生从大一下学期开始就觉得编程语言难学，C 语言中的函数、指针等语法知识犹如一只拦路虎，以至于到了大二大三一面对软件开发类课程的编程操作，总是有着畏难情绪[3]。自然学习软件开发技术的兴趣也大打折扣。学生在 Java 语言系列课程的学习中也会有这样的心理因素作怪，界面设计、模块设计都有比较大的参与度，但是一碰到代码部分，就总是一头雾水，特别是难度稍大些的项目开发。

2 改革思路及实施过程

计算机专业的涉及面较广，单一专业设置无法应对广泛的学科领域，而且单一培养规格也无法应对众多的社会需求，针对传统计算机专业设置存在的弊端，浙江万里学院计算机与信息学院以服务区域社会和地方经济为宗旨，强调计算机专业学生的实践应用能力，对于计算机专业学生编程能力的培养，学院制定了两条培养线路：①以 J2SE——J2ME——J2EE 为主线的 Java 模块，②以 C——C＋＋——C＃——.NET 为主线的.NET 模块，这样一来，使学生面对现在软件开发工具各色各样、内容繁多，不知从何下手的局面有所改观。我们的学生可以选择其中一个模块作为他主攻的方向，无论哪个模块的学习都可以做到精益求精，而不再是这边学学，那边弄弄，哪一样都知道点，哪一样都不精通。

就 Java 模块而言，“面向对象程序设计—J2SE”、“J2ME 开发技术”、“J2EE 组件开发技术”构成了该模块的程序开发课程群。从 CDIO 能力培养角度来看，该课程群强调 D、I 能力，也就是设计、实施能力的培养，为 CDIO 能力中最重要的环节。而我们的学生恰巧对程序设计有着严重的畏难情绪，缺乏软件开发的兴趣。所以，对整个课程体系进行教学内容以及教学方法方式的改革势在必行。该课题就如何提高学生学习兴趣，引导学生创新思维进行了深入的研究和探讨，具体阐述如下：

2.1 教学内容改革

J2SE 主要是为了构建学生面向对象方法进行程序开发的思想基础，使学生的面向过程编程思想转变为面向对象编程思想，整个课程的知识体系由图 1 可以看出：

学生在以往的学习过程中，总是纠缠于算法、语法知识的运用，而对于实际综合项目的开发设计，往往在课程快要结束的两到三周时间左右才能接触到。枯燥的语法知识点只会让学生的学习兴趣退减，所以在教学内容的安排上，缩减前期语法知识点的学习，加大后面图形用户界面以及数据库应用、网络编程等部分内容的教学时间，让学生参与到具体的项目开发中，带着问题去学习，让学生由以前的被动学习转变为现在的主动自主学习。抛开以前学习过程中字符界面的编程，让学生能够根据项目需要设计出生动、交互的图形界面，很大程度上提高了学习的积极性。

J2ME 课程在 J2SE 课程基础上进行扩展，主要是进行手机应用程序的开发。教学方法

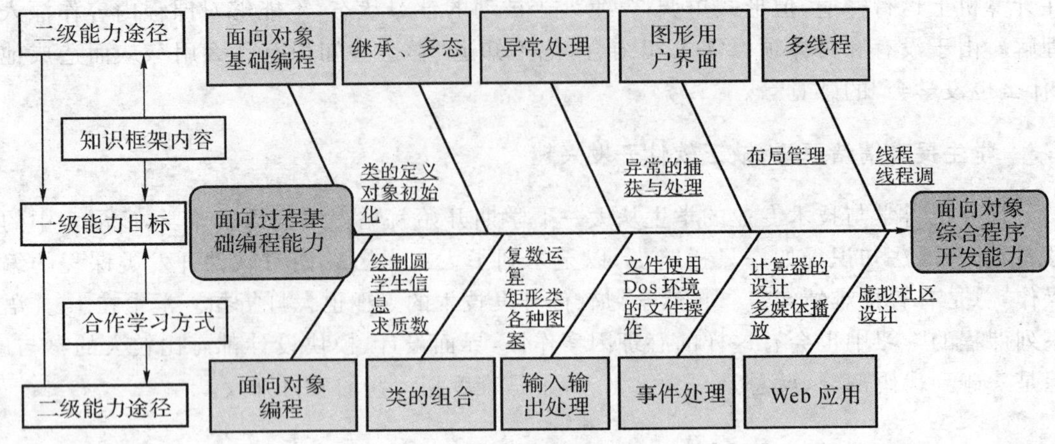

图1　Java课程体系鱼骨图

以案例式教学为基础,所有章节对应如表1所示的案例。学生每章都会上交对应的手机应用程序,任务明确,分工明确。而且在这些案例设计的带动下,学生们脱离了枯燥的语法知识点的学习,做到了边做边学,完成了任务,也学到了需要掌握的知识。

表1　J2ME各讲案例

章　节	案　例
第1讲　JavaME开发环境及配置	一个简单的Java手机应用程序
第2讲　高级界面开发	1.判断手机设备是否彩色 2.用户登录界面设计 3.电话号码本的操作 4.文本框的编辑功能实现 5.菜单的实现
第3讲　低级界面开发	1.Graphics绘图系统 2.飞舞的彩蝶显示 3.通过游戏动作控制的小球屏幕移动
第4讲　JavaME记录存储管理系统	1.仓库的资源管理 2.手机记事本 3.简单移动日程表 4.手机电话本的设计与实现
第5讲　通用连接框架	
第6讲　基于HTTP协议的网络开发	1.实现通过HTTP协议连接服务器的过程 2.手机银行系统 3.手机阅读系统 4.构建邮件系统
第7讲　基于Socket和数据报的网络开发	1.基于Socket的P2P通信 2.基于数据报的P2P通信
第8讲　多媒体开发	1.手机音乐播放器 2.手机视频播放器 3.实现手机拍照功能 4.手机拼图游戏的设计与实现

2.2 实践教学改革

依靠单纯的课堂教学往往只是老师一味地向学生填灌知识,没有学生的主动学习是不可能学好的。本课题所说的手机游戏开发实训主要指两个方面的内容,即实验教学和理论教学的最后两周实训教学。在课程教学中引入实训教学会在一定程度上改变目前的现状:①实训教学是以社会的实际需求为培养目标的,目标单一、明确。当前社会最流行的计算机硬件、软件和网络等技术就是实训教学的主要内容,学生在面临毕业找工作的压力下,学习态度、学习积极性一定会有很大的提高。②实训教学的组织模式必然是以模拟实际工作环境和现实需求为前提,以大量的工程项目实际训练为手段,所以学生有大量的实验环节,充足的实验时间,学生学习的结果不只是"会做",而是"能熟练的完成",培养出来的学生会很快适应工作环境,真正符合企业单位的需求。③实训教学的教学方法注重加强学生实际应用方面的综合锻炼,提高学生解决实际问题的能力,在教学中,学生是主体,教师应采用"引导式"的教学模式,组织、引导、答疑,充分调动学生学习积极性,发挥他们的能动性。

在学期教学末期给学生布置了一共10个J2ME开发项目,每5~8人为1组,利用最后的2周教学时间,采用组长负责制,每个组员进行详细的分工,最后都能很好地完成项目并形成相应的项目文档。这两周实训相对于考试完成后专门的短学期而言,节奏紧凑,目标更明确,学生由于有学科成绩的通过压力,完成任务的主动性更强,任课老师对于学生的学习情况更加了解,能更加有效地督促学生完成相应的任务。在这两周的实训中,每半周,各组的组长都需要向老师进行详细的工作汇报以及项目进展情况汇报。项目持续时间不长,并且都是学生凭自身能力可以完成的项目,相对来说,学生就没有了以前的畏难情绪。能快乐有效地进行团队合作。

以上是该课程的实训教学。

对于实验教学而言,课程组采用的是层次化教学模式。层次化教学模式是将程序设计实验方法分成四个层次:演示性的实验方法、验证式的实验方法、模仿式的实验方法、开发式的实验方法,其中:①演示性的实验方法是教师通过实例,在上课时配合讲授,把程序实例进行剖析、分解、细化,向学生作示范性的实验,来说明和印证程序的正确性和合理性。这种实验方法能使学生获得感性的材料,加深学生对学习对象的印象,以帮助学生形成正确的深刻的概念,能引起学生的学习兴趣,掌握程序设计的基本方法。②验证式的实验方法要求学生按照实验教程或指导书中给定的明确实验步骤和编好的实验程序来输入并运行程序,最终验证性的观察、记录实验现象或结果。这种实验方法简单易行,一般要求学生能读懂程序,能熟练的录入,进行一些必要的编辑,能够分析实验现象或结果即可。③模仿式的实验方法是学生按照具有参考性质的一些程序,改编或重编实验程序,以达到课程所要求的实验现象或实验结果,并观察分析、研究实验过程和结果,达到触类旁通,举一反三。这种实验方法要求学生部分掌握程序设计的内容、技巧及方法,具有一定的分析问题和解决问题的能力。④开发式的实验方法是学生可不受具体教学内容的限制,自选自定开发型实验项目,独立或合作设计、调试和运行实验系统。这种方法可以完善和提高学生的自修能力及创造能力,是培养人才的有效途径之一。

在实验课上老师可以根据上述实验方法给出相应的实验任务,对于不同的学生以及教学的不同阶段，为体现因材施教、因需施教，针对不同水平的学生采用相应的实验教学方法。起点低、底子薄的学生可以选择一些演示性验证性的实验去完成，而一些条件比较好的学生可以选择一些开发性的实验去完成。另外，在实验进度上也要有一定的层次性。实验教学要遵守循序渐进的原则，在基础、简单、局部的实验内容上，求细节、求深入，而在扩展、复杂和整体的实验内容上再求协调、求连贯。为此，即使是针对学习能力突出的学生，也不应该违背这一规律，使学生一步一个台阶地向上发展，最终学好全部内容。学生以组为单位分工合作。在实验课上从刚开始的"读懂程序"到利用别人完善程序完成任务的"抄程序"，再到现在的给出要求自己独立完成一个小型程序的整个过程正好与实验环节的层次化教学模式相吻合。

2.3 教学评价方式改革

在理论教学和实践教学上进行了相应的教学内容及方式方法的改革后，如何更好地督促学生，就需要有公平公正的教学评价方式的改革了[4]。具体分成两个部分：知识点的考核和获取知识能力的考核。

(1)知识点的考核：就是对学生掌握该门课程的主体内容的考核，这部分考核内容分为：平时作业考核、课程期中考核和课程期末考核。

①平时考核：本课程有一定的理论性，因此需要通过做练习来加深对概念的理解和掌握，从而达到消化、掌握所学知识的目的。独立完成作业是学好本课程的重要手段。每学期学生交作业 6 次，主要内容为课后习题，老师负责认真批阅，并根据作业完成情况进行评分，作为学生期末成绩的一部分，另外将学生平时学习课程的出勤率也纳入该考核。该课程平时成绩占期末总成绩的 10%。

②课程期中考核：知识有一定的连贯性，课程进行到一半时，任课老师需要对前面的知识点进行相应的总结，对学生掌握的情况进行了解，可以举行一次期中考试，学生也可以根据考试的情况进行查漏补缺，及时地弥补自己学习中的不足。期中考核可以不计入最终成绩中，也可以跟期末成绩一起计入最终成绩。

③课程期末成绩：是对整门课程知识点掌握情况的总体考核，也是对老师这学期教学效果的直接评价，在学期末进行闭卷考试（120 分钟，采用百分制），考核成绩占总成绩的 50%。

②获取知识能力的考核：Java 模块的课程主要培养的是学生采用面向对象的编程思想处理较为综合性项目的能力，所以对学生掌握这项技能的考核也应该是进行课程效果评价的一个重要方面，而且在合作研讨式课程深入开展的过程中，这项内容的考核所占比例应当更加扩大化。经过课程组老师的反复研究，确定以下几点作为本课程学生获取知识能力的考核点：

①实验考核：包含实验过程考核和实验报告考核。本课程实验采用的是一种岗位体验教学法，各小组成员扮演的是项目进行过程中的各个角色，各个角色完成的好坏在实验结果中有很好的体现，项目经理和老师根据各个角色的表现给出适当的评价，这部分可以作为实验过程考核，考核的是学生的协同工作能力以及实际动手能力。每次实验完成后，学生会提交相应的实验报告，老师再根据实验报告的完成情况给出一定的评价，这部分主要是对于学生知识总结提炼能力的一种考核。整个实验考核占最后总成绩的 20%。

②实训考核：主要是对最后两周实训期完成项目情况的考核。与实验考核类似，每小组的组长和组员之间根据各自在项目中的贡献，负责内容的多少进行互相评价，老师对学生的评价也占一定比例。实训考核成绩可以替代期末考试成绩。

根据以上两点，就形成了该课程评价标准考核表，如表 2 所示：

表 2　课程评价结构表

知识点考核	平时考核	平时作业考核	10%
		出勤率考核	
	考试成绩考核	期中成绩考核	50%
		期末成绩考核	
获取知识能力考核	实验考核	实验过程考核	20%
		实验报告考核	
	实训考核	实训过程考核	20%

3　结束语

课题组几年来共同努力，对 Java 模块系列课程进行了深入的教研探讨与实践，提高了学生应用软件设计的开发能力，培养了学生的学习兴趣，提升了学生的就业竞争力。

参考文献

[1]郭广军，刘安丰，阳西述等. Java 程序设计教程. 武汉：武汉大学出版社，2008.

[2]董丽萍，刘宇. 面向应用型人才培养的实验教学体系研究. 实验技术与管理，2007，24(9)：121－124.

[3]刘臻. 实施合作教学，变“苦学”为“乐学”. 高效计算机教学与研究，2007，11：123－126.

[4]刘洁. Java 面向对象语言教学模式的研究. 武汉市教育科学研究院学报，2006，4(4)：54－55，63.

基于归类方法的程序设计算法研究

罗国明

浙江大学城市学院，浙江杭州，310015

摘　要："程序设计"是一门逻辑性很强的课程，它要求学生既要有逻辑设计的思想，又要掌握实际的编程能力；本文根据数学归纳法的思想，针对实际教学中所遇问题，进行归类分析，总结出适合本科生特点的一套程序设计教学方法并用于实践教学，收到了良好的教学效果。

关键词：归类；程序设计；算法

1　引　言

随着程序设计教学手段和教学方法不断深入研究，教师的教学方法不单单停留在语法结构、简单的实例驱动或者案例教学法上，教师们从实践的教学中总结出很多适应现代教学的方法和手段，推动教学的改革。程序设计和其他课程有很多不同之处，程序设计课程的最好教学方法就是在课堂上和学生互动，在教学中引出一系列问题让学生一起思考，用引导的方法增强学生学习的兴趣，但是在课堂讲授过程中怎样使学生真正掌握并灵活运用却不是一件简单的事情，笔者在近几年的教学实践中进行了如下改革探索，分析和归纳了程序设计中的同一类问题，提出了基于归类方法的程序设计算法，将这种思想实践于教学和实践中，取得了良好的教学效果。

2　程序设计归类的基本思想

怎样教会程序设计是大学教师经常思考的问题，怎样的教学方法和教学手段才能使学生学会，通常的方法是给出问题，提取出数学公式（有些不需要数学公式），然后引导学生朝着问题中关键的程序设计写程序。这样的教学方法在今天的教学中比较普及，但是这需要把课本中的例题全部都讲一遍，既花费时间，学生又并不一定听得懂。如何使学生既听得懂，又有兴趣听，这就是我们教师要思考的问题。我们从数学的教学中受到启迪，在数学的教学中教师通常把教材内容分析、总结、提炼和归纳，把其中一类相类似的题归纳起来，用一类数学的公式去解决，程序设计是否也有这种共性呢？这就是我们要探索的问题。

程序设计教师基本上一致认为，程序设计是一门实践性很强的课，该课程的学习有其自身的特点，听不会，也看不会，只能练会，也就是说没有什么好的方法，只有多练习多实践。多练习就必须多做题，从例题中提炼方法；从例题的练习中学会编程技巧；等等。多编

罗国明　E-mail：luogm@zucc. edu. cn

程，多实践肯定没有错，问题是学生在程序设计上没有这么多实践，这就需要教师重新思考教学方法，在课堂上教师用最少的时间把问题讲清楚。我们把数学教学归类的思想实践于程序设计的教学，把程序设计中遇到基本上是同一类的问题，归纳为用同一种程序设计的思想去解决。学习程序设计，不仅是为了能够编程，更重要的是让学生学会分析、归纳和解决问题，也就是要用逻辑思维方法来观察和分析现实生活中遇到的问题。

3 级数程序设计归类算法设计

问题的提出，程序设计怎样归类，我们先看下面的例子：

不变式	功 能	公 式	初 值
x＝x＋1	计数	$\sum_{i=1}^{n} 1$	0
s＝s＋i	累加	$\sum_{i=1}^{n} i$	0
s＝s＊i	累乘	n!	1
s＝s＊x	次方	x^n	1

循环写成 for(i＝1;i＜＝n;i＋＋)，循环体写成“s＝s＋1; s＝s＋i; s＝s＊i; s＝s＊x;”，其实这四个问题是同一类。

实现上述功能的程序片段如下：

```
求 1 + 2 + 3 + … + 10
    s = 0;
    for(i = 1;i< = 10;i + +)
        s = s + 1;
```

教师在教学过程中可以向学生提出问题，让学生思考。如果把 s＝s＋1 中的 1 换成 i，这个程序实现什么功能，学生显然能够理解，这就是数的累加；如果把“＋”号换成“＊”号，不就是阶乘，然后把“i”换成“x”，就成了 x 的 n 次方了，这样简单的循环就很容易学会了。

众所周知，级数在程序设计中是比较重要的一个教学环节，能否学会，对下面循环的课程影响非常大，甚至影响到整门课的学习，所以对级数的归纳尤其重要。

级数一般数学公式：

$$s = \frac{x1}{y1} - \frac{x2}{y2} + \frac{x3}{y3} - \cdots \pm \frac{xn}{yn}$$

例如：输入实数 x 和正实数 eps 或 n，计算并输出 1－x＊x/2!＋x＊x＊x＊x/4!－x＊x＊x＊x＊x＊x/6!＋…。

以上例子在级数中是相对比较复杂的例子，核心程序就可以写成如下：

级数累加，某一项值小于 eps

```
sum = 1; item = 1; flag = - 1;
num = x * x;   de = 2;   i = 2;
```

n 项级数累加

```
sum = 1; item = 1; flag = - 1;
num = x * x;  de = 2;  i = 2;
```

```
while(fabs(item) >= eps) {
    sum = sum + item;
    num * = x * x;
    de * = (i + 1) * (i + 2);
    i + = 2;
    flag = - flag;
    item = flag * num/de;
}
```

```
for(i = 1;i< = n;i + + ) {
    item = flag * num/de;
    sum = sum + item;
    num * = x * x;
    de * = (i + 1) * (i + 2);
    i + = 2;
    item = flag * num/de;
}
```

从以上例子中就可以归纳出级数都有以下的一般形式：

级数有限次运算形式

```
for(i = 1; i< = n; i + + ){
    求一项 item = flag * a/b;
    sum = sum + item;
    改变分子的值;
    改变分母的值;
    改变符号;
}
```

级数次数不确定形式

```
while(fabs(item)> = eps){
    sum = sum + item;
    改变分子的值;
    改变分母的值;
    改变符号;
    求一项 item = flag * a/b;
}
```

上面两个基本算法，基本上包括了所有的级数形式，只要掌握这两个算法，级数编程也就不难了。

4 一类程序设计归类的方法

整数求逆 y＝abc－＞cba，其中 abc 代表整数 0 ～ 9 的不同数字，以下 y 的初值均为 0，不再说明。

整数求逆公式可以写成：

((y + a) * 10 + b) * 10 + c

进一步写成：((y + n % 10) * 10 + n/10 % 10) * 10 + n/100 % 10

程序核心算法如下：

```
while(n){
    y = y * 10 + n % 10;
    n = n/10;
}
```

同样

y = a + aa + aaa + aaaa

(((y + a) * 10 + a) * 10 + a) * 10 + a

程序核心算法如下：

```
for(i = 1;i< = n;i + + ){
    y = y * 10 + a;
    s = s + y;
}
```

字符 789 转换为整数十进制 789

```
while((ch = getchar()) ! = '\n')
    y = y * 10 + ch - '0';
```

把二进制的 0 - 1 转换成十进制

```
while((ch = getchar()) ! = '\n')
    y = y * 2 + ch - '0';
```

同样：1＋12＋123＋1234

进制转换

把八进制的 0 - 7 转换成十进制

把十六进制的 0 - 9 转换成十进制

```
while((ch = getchar()) ! = '\n')
    y = y * 8 + ch - '0';
```

```
while((ch = getchar()) ! = '\n')
    y = y * 16 + ch - '0';
```

把十六进制的 a - f 转换成十进制

```
while((ch = getchar()) ! = '\n')
y = y * 16 + ch - 87;
```

把十六进制的 A - F 转换成十进制

```
while((ch = getchar()) ! = '\n')
y = y * 16 + ch - 55;
```

以上核心算法是：

y＝y * x＋a；加一个循环。

按位累加

```
while(n){
    y = y + n % 10;
    n = n/10;
}
```

位平方累加

```
while(n){
    y = y + n % 10 *  n % 10;
    n = n/10;
}
```

水仙花数核心算法

```
while(n){
    y = y + n % 10 *  n % 10 *  n % 10;
    n = n/10;
}
```

其实 3 个核心算法就是如下算法

```
while(n){
    y = y + n % 10;
    n = n/10;
}
```

求因子和

```
for(i = 1;i< = n/2;i + + )
    if(n % i == 0) sum = sum + i;
```

求素数

```
for(i = 1;i< = n/2;i + + )
    if(n % i! = 0) break;
```

不难看出求因子和和求素数基本上一样，把这 2 个例子放在一起讲，效果会更好。

同样，把十进制转化为 x 进制，也可以归纳为一类，求最大值、最小值，找出其中一个最小值和最大值，把最小值和第一个值对调，把最大值和最后一个值对调，从大到小排序、从小到大排序、寻找最大路径、寻找最小路径、所有路径之和等这些都是同一类的程序算法。

5 结束语

编程其实大部分工作就是分析问题，找到解决问题的方法，再以相应的编程语言写出代码。教会学生学会归纳和思考才能真正教会学生程序设计，古语说“授人以鱼不如授人以渔”，当学生掌握了程序设计的归纳方法后，学生习得了自己分析程序独立思考的能力，而且这一方法和思想对于其他课程的学习同样适用。因此，教会学生归纳的思想和方法，使学生有信心把程序设计这门课学好，不再畏惧 C 程序设计，相反还激发了学生学好 C 程序设计的信心，提高了逻辑思维和独立思考的能力，达到预期学习的效果。

参考文献

[1]郑怡文,白云晖.基于数学归纳法抽取循环程序研究.电脑编程技巧与维护,2009(14).
[2]周荣辉,郝晓枫,赵宏宇.学生程序设计能力培养的思考.吉林大学学报,2005,23(8).
[3]李琳娜,杨炳儒.复杂结构归纳研究.计算机工程与应用,2008,44(5).
[4]阮一文,姚朝灼.论程序设计语言教学与思维方法的培养.高等理科教育,2006,6(70).

行知学院计算机公共课改革总结与展望

——学位与省计算机等级考试脱钩的背景下

倪应华　吴建军

浙江师范大学行知学院，浙江金华，321004

摘　要： 根据行知学院自身实际，前期对非计算机专业计算机公共课进行了初步改革，取得了一定的成效。根据学校省计算机等级考试证书与学位证书脱钩的新政策，需要对计算机公共课进一步改革。本文首先对前期的改革进行回顾：介绍前期改革背景、改革内容和改革成效。其次重点介绍拟引入全新工程教育理念CDIO对计算机公共课进行改革的思路，将计算机基础课程打破原有课程概念，分解成若干技能模块，根据不同社会、企业、专业的不同需要选择组合不同的模块进行教学；通过"做中教"和"做中学"结合来实施CDIO教学。最后具体分析在我院开展CDIO改革存在的诸多问题和解决方法，同时介绍计算机公共部如何开展产学研探索的初步设想。

关键词： 计算机基础；CDIO；教学改革

1　引　言

按照2006年教育部计算机教学指导委员会出台的《计算机基础教学白皮书》的要求，计算机基础课程是非计算机专业学生大学阶段计算机学习的重要基础课程，为后续的计算机应用、专业学习提供必要的理论和技术支持。前几年我院的学士学位与浙江省计算机等级考试直接挂钩。为更好地适应这些变化和需求，提高我院公共计算机基础课程教学水平，提高省计算机等级考试通过率，进行了"1＋X"分类教学改革，对我院计算机基础课程的教学体系、教学内容进行系统改革。[1]改革目前仍处于起步阶段，因此好的设计是改革的关键。但新的形势是学士学位将与省计算机等级考试脱钩，那么原来以等级考试为主的教学改革就不再适用，因此探索新的出路势在必行。本文首先总结脱钩前我院的改革措施和手段，然后简要谈谈脱钩后的改革设想。

2　脱钩前改革内容和实效

2.1　改革内容

改革方案围绕"夯实基础、注重实践、面向应用"的计算机基础教育培养目标，构建以培养大学生计算机实践能力为目标的"1＋X"分类的计算机基础课程体系[2]。"1＋X"中的"1"

倪应华　E-mail：Nyh@zjnu.cn

是指“大学计算机文件基础”课程，“X”是指根据文理专业的不同配置不同的计算机基础类课程，形成以“大学计算机文件基础”课程为中心，其他课程为扩展的计算机基础课程教学体系，如表 1 所示。

表 1　当前课程教学体系

类　别	第一学期	第二学期上	第二学期中	第二学期下
文科	计算机文化基础[上]	计算机文化基础[下]	Windows 一级省等级考试	Office 高级应用
理科	计算机文化基础 Office 高级应用	VB 程序设计	二级 AOA 省等级考试	VB 程序设计

所谓分类，就是非计算机专业按照文理科专业的不同，引入整合不同的新课程归类构建与时俱进的计算机基础课程体系。文科在参加省等级考试前开设“大学计算机文化基础”，省等级考试后开设“Office 高级应用”；理科第一学期开设“大学计算机文化基础”和“Office 高级应用”，教学重点侧重“Office 高级应用”，第二学期开设“VB 程序设计”。

2.2　改革重点

改革重点之一是“Office 高级应用”新课程的引入。我省的计算机技术应用水平在全国处于领先地位，计算机应用教育已经逐渐下移至中小学[3]。大学计算机基础教育的内容如果仍然停留在基本的应用层面，以操作技能作为教学目标，则无法激发学生的学习兴趣，难以满足学生的学习需求。2008 年浙江省等级考试中首次出现了“Office 高级应用”二级考试模块，随后该课程陆续在各个高校开设。该课程由于是计算机基础 Office 办公软件的延伸和扩展，内容设置比较合理、功能比较实用，因此深受广大学生的喜爱。

改革重点之二是练习考试系统的配套设计和开发。为了支持改革，我们陆续开发了“AOA 练习评测系统”、“计算机基础练习评测系统”，以及“VB 程序设计考试系统”。这些系统应用于平时的教学和模块的测试，对于巩固和提高学生练习效果和减轻教师教学强度具有很大作用。在使用的同时我们也非常注重推广应用，目前“AOA 练习评测系统”在省内浙大城市学院、浙江农林大学、浙江农林大学天目学院、宁波工程学院、越秀外国语学院等高校使用，反馈效果良好。“计算机基础练习评测系统”在金华职业技术学院推广使用后计算机一级考试通过率有了一定提高。

2.3　改革实效

我院从 2009 年开始较早开设了“Office 高级应用”课程，2010 年正式全面铺开，取得了非常不错的成绩。2010 届学生文科浙江省等级考试一级一次性通过率 98%、优秀率 43.5%；理科浙江省等级考试二级考试一次性通过率 89%、优秀率 50%。我院浙江省计算机等级考试通过率和优秀率在省内独立学院中处于前茅。

3　脱钩后改革思路

3.1　改革背景

计算机基础的改革目前正处于起步阶段，因此好的设计是改革的关键。但新的形势是学士学位将与省计算机等级考试脱钩,原来以等级考试为主的教学改革就不再适用,因此探索新的出路势在必行。

CDIO(Conceive-Design-Implement-Operate)工程教育模式是国外最新工程教育模式,它代表"构思—设计—实现—运行"。它由美国麻省理工学院、瑞典皇家技术学院等 4 所大学发起,全球 23 所大学参与,合作开发了一个国际工程教育项目 CDIO 模式[4]。引入 CDIO 教育理念来改造计算机基础课程是一个不错的选择。CDIO 是"做中学"和"基于项目教育和学习"(Project-Based Education and Learning)的集中概括和抽象表达[5]。在基于项目的学习中,学生主动学习、实践,大大增强了自学、解决问题、研发、团队工作和沟通能力。目前,国内的工程教育也可以采取"做中学"的教育模式,教育部也在一些以工程教育为主的大学进行 CDIO 教学模式的试点工作,以期取得经验后向全国推广[6]。我认为对于行知学院应用型本科的建设,这种模式是非常值得借鉴的。

3.2 改革设想

计算机基础课程改革需要从实际出发、从社会需要出发、从专业需求出发,来进一步对教学计划、课程内容、教学方法、评价考核进行系统改革。

因此,我们将主要从教什么和怎么教入手,做好计算机基础教育的需求分析。这个需求应该是多方面的。大的层面是国家和社会需要什么样的计算机应用人才;小的方面是学院和各个专业需要学生具有什么样的计算机基础应用能力和水平;同时学生个人自身需要什么样计算机素养以及学生已经具备了哪些计算机能力,等等。只有充分作好需求分析才能清楚了解我们需要教什么的问题,这个环节是关键。初步思路是将打破原有计算机基础课程的概念,将原有教学内容从技能素养的角度划分成若干个模块,比如可以划分成操作系统应用、常用软件使用、Word 文档处理与应用、Excel 数据处理与分析、PowerPoint 文稿设计与演示、网络应用、多媒体应用、数据库应用、程序设计与开发等。同时打破原来文理科内部一刀切的做法,根据专业不同选择组合不同的模块进行教学。

关于怎么教的问题,CDIO 已经给出了相应的方法。CDIO 强调"做中学"。"做中学"要求学生通过自身的实践来掌握技能、领会知识。结合我院实际,纯粹"做中学"在无论是师资、场地还是设施都无法满足的前提下是很难开展的。因此我们的改革设想是引入"做中教"和"做中学"结合的新方式,适当调整教学计划和学时安排,减少部分课堂教学时间,增加相应的实践教学时间。课堂教学中主要通过教师以项目化方式开展"做中教",教师边做项目,边传授技能和知识,改变以往单纯的讲解、灌输的方式。同时教师可以在做项目的过程中,引导学生进行探讨和交流。在实践环节,学生通过"做中学",按照 CDIO 的"构思—设计—实现—运行"来自行实施项目。

CDIO 教学改革的难点在于"基于项目教育和学习"。项目是教学的载体,因此如何从企业、专业需求来设计实用型项目,激发学生进行项目化学习是 CDIO 教学的关键。这里需要解决的一个问题是 CDIO 强调项目,而不是案例。我个人理解项目更强调设计规模、团队协作和实际应用。这需要我们教师"走出去,请进来",从社会、企业中去发现、去挖掘。来源于企业一线的项目,才具有一定的生命力和活力。

4 存在问题和解决方法

计算机基础课程实施 CDIO 改革存在着诸多问题，主要有：

(1)对 CDIO 认识不够

CDIO 是西方高校提出的一种工程教育新模式。虽然目前在国内很多高校已经开展，但是改革方式、实施经验还十分欠缺，对于 CDIO 的认识明显不足。建议学院从改革的高度到事先已经开展 CDIO 改革或者 CDIO 改革比较有成效的高校去取经学习，然后根据我院实际，设计出符合我院实际的计算机公共课 CDIO 改革方案。

(2)教师素质不适应

CDIO 需要教师以工程的思路开展教学，由于目前本教学部绝大部分老师毕业于师范院校，缺乏必要的工程经验。同时具备“双师”素质的教师人才严重缺乏，这在很大程度上限制了我们推进 CDIO 改革。可喜的是，我院从 2010 年推出了奖励教师考取“双师”技能证书的激励方案，但是本人认为这个方案只凭教师自由选择，没有指标约束，难以起到引导和促进作用。

(3)教学设施不完备

CDIO 强调“做中学”，因此需要广阔的实践环节。目前计算机公共课场地有限，大班教学、集体辅导的授课形式也限制了全面的 CDIO 改革。但是学习 CDIO 的理念，采用项目化的形式，开展部分 CDIO 改革不是不可行。

(4)项目化资源不足

无论是“做中教”还是“做中学”，都需要符合实际的项目作为支撑。目前适合模块化教学的实用项目资源比较缺乏。这可以在教学部的统一指导下，通过教师集体讨论、挖掘、设计项目。资源不足的情况可以在集体努力下逐步得到解决。

(5)CDIO 考核评价未明确

为了提高省计算机等级考试通过率，我们陆续开发多个课程练习系统和考试系统，实现了所有科目的无纸化考试，取得了很大成效。这虽然符合 CDIO 强调实践的特点，但是这种教学评价方式是否适合 CDIO，值得仔细研究和摸索。

(6)缺乏改革经费投入和支持

CDIO 改革需要派出老师去参观、学习；制订符合 CDIO 理念的总体改革方案；制订符合 CDIO 的教学计划、教学大纲；建设符合 CDIO 的项目教学案例和实践案例；统一 CDIO 评价考核体系等。如果推进 CDIO 改革，需要投入大量时间、精力来建设，因此学院必须给予充足的经费保障和支持，才能推进改革。

5 结束语

我院计算机公共课经过这几年的改革，取得了不错的成绩。这主要是因应省等级考试，从教学计划、教学大纲、课程建设、练习系统、评价考核等作了大量改革。然而随着学校取消学位与计算机省等级考试挂钩后，以前的改革模式势必需要作出调整。引入 CDIO 工程教育对计算机公共课进行必要的改革是有意义的，但是存在诸多问题和限制。我们将抱着改革的思想逐步尝试，摸索经验。

参考文献

[1]张建宏，马德骏.高校非计算机专业计算机课程 1＋X 教学模式的探讨.理工高教研究，2007，26(5)：116－118.

[2]李莉平，沈湘芸.论大学计算机基础教学中的分层分类教学. 成功(教育)，2009，2：195－196.

[3]李春艳."大学计算机基础"教学新思路.科技教育创新，2009，3：226－227.

[4]王跃萍. 基于 CDIO 工程教育理论的计算机基础教学模式探讨. 长江大学学报(自然科学版)理工卷，2010(2).

[5]吴雅娟，衣治安，王跃萍. CDIO 教育模式在计算机基础教学中的应用研究. 计算机教育，2010(1).

[6]常国锋，蒋晨琛. CDIO 模式在大学计算机基础课程中的应用分析. 河南教育学院学报(自然科学版)，2010(3).

渐进式数据库工程能力培养模式探索

瞿有甜　殷伟凤　陈华峰
浙江传媒学院，浙江杭州，310018

摘　要： 针对目前数据库技术与应用等课程在教学过程中工程实践性薄弱的弊端，提出了一种渐进式数据库工程能力培养模式，从课程的教学模式、方式上进行了探索与实践。本文提出的理论教学的案例教学法，实践教学的“初步体验、独立项目实践、从业实践与实训”的渐进式实践教学模式，在若干年的实践教学中已初步趋于成熟，收到了较好的教学效果，并普遍为绝大多数同学所认同。

关键词： 数据库；渐进式；案例教学

1　引　言

数据库技术及应用是计算机类及其他信息类专业的核心课程，是一门工程性、实践性都非常强的课程，但很多学生在学习完该课程后却仍然无法从事数据库工程应用与实践开发，尤其是许多普通高校的学生，自学能力相对较弱，甚至连毕业设计中涉及的一些数据库工程设计任务也无法独立完成，更别说行业内一些实际的数据库工程项目开发了。分析普通高校整个数据库课程与实践教学中存在的问题，我们认为主要有以下几个方面的问题。

1.1　重理论教学、轻工程实践

在数据库技术与应用课程教学中，有不少学校的学生都只是学会了一点基本的数据库原理和数据库设计方法中的理论知识，根本无法从事实际的数据库应用技术开发工作，更无从谈起数据库工程化应用开发实践，难以适应企事业单位实际的数据库应用开发与服务外包等数据库业务开发的需要。造成这种现象的主要原因在于：一方面，任课教师本身缺乏工程实践的背景，无法指导学生从事工程实践；另一方面，学生在学习过程中缺乏数据库工程开发的理念和工程训练实践。

1.2　重过程形式、轻能力培养

在数据库技术与应用的课程教学中，大多数学校的实践教学中都会包含两个基本部分，即课程的随课实验和课程设计。随课实验基本上都是依据选用的教材做一些 SQL 语句与语法的验证，缺乏进一步引导学生深入思考，使其真正做到“知其然且知其所以然”，由于缺乏实际工程的训练，致使许多学生学完 SQL 语言后，普遍不清楚 SQL 中函数功能和正确的使用方法；调查了若干学校的数据库课程设计，普遍的做法是：首先，选择某个教材，由任

瞿有甜　E-mail：quyt@zjicm. edu. cn

课教师事先制定好课程设计的任务书，然后规定好若干设计实现步骤，统一题目，统一方案，甚至统一开发工具和数据库环境，最后将学生分组按设计任务书按部就班地完成设计工作。显然，这样的课程设计要求无疑只是完成了数据库技术课程的一个大作业而已，不利于学生的个性化、差异化培养，也不利于学生自学能力、实践能力的培养，且难免会有学生滥竽充数。课程设计是培养学生独立完成实际工程项目或虚拟工程环境实践的一个绝好时机，也是培养学生自主学习、主动学习能力的最佳过程。

1.3 评价考核机制不科学、欠公平

由于教学方法和手段中存在的一些不足之处，不可避免地导致考核评价机制不科学、欠公平、欠公正的现象发生。课程考核中无法真正做到考核学生的实际工程能力，多数任课教师在期末时会认真上一堂辅导复习课，致使许多高分低能生的产生。此外，组队课程设计，也会造成贡献度不一致，而学生自己又出于同学的情面不好意思区分成绩的问题，因此有部分学生的成绩就不尽合理了。

总之，对于普通院校的学生，普遍存在学生的基础差、自学能力弱的特征，为此，我们在多年课程教学实践的基础上，提出了一种“渐进式数据库工程能力培养模式”，并就其整个教与学的管理过程及评价机制展开深入的探索与实践。

2 渐进式数据库工程能力培养模式探索

以国家中长期教学发展规划纲要及卓越工程师人才培育培养的基本思想为指导，以数据库工程实践能力培养为目标，将工程化的方法和思想贯穿于整个数据库技术与应用课程的教学，注重培养学生的工程能力，强化学生的工程实践意识。从教学内容的组织和实验环节的设计，到课堂教学案例和实验教学的开展，都围绕工程素养的培养进行精心遴选。注重学生实践能力的培养，引导学生进行自主学习，培养团队合作精神。

2.1 采用工程案例驱动的理论教学模式

在理论课授课方面，在所选用的教材[1]基础上对教学内容进行优化整合，增加与新媒体应用相关的多媒体数据库等新技术相关的内容，加强数据库工程应用设计过程及网络数据库的应用技术能力的培养。在教学过程中，提出以工程案例驱动为主要教学模式，将数据库基本原理与设计技术融于案例教学过程中的基本理念。在案例的选择时，选择贴近学生生活的实例，设计出既能反映数据库理论又能方便理解的教学案例。以“网上书店”的开发案例贯穿教学全过程。在各章的教学中，用案例进行分析，逐层引导，全过程地遍历数据库系统原理及应用中的各类概念和技术问题[2]。

2.2 实行渐进式的工程化实践教学过程

在实践教学方面，提出了一种渐进式数据库工程能力培养的实践教学模式。渐进式培养过程分为初步的工程训练体验、独立工程训练实践和从业工程训练实践三个阶段。

(1)初步的工程训练体验

在理论课授课阶段，任课教师在适度辅导 SQL 语言的基础上，学生主要自学 SQL 语言

部分,以培养学生的基本自学能力。同时,采用工程化的基本思想,组织学生分组设计实现一个初步的工程项目,以培养学生的自学能力、主动学习能力、团队协作能力及初步的工程实践能力。

初步工程训练体验阶段,在学生自学完SQL语言的基础上,首先要求学生自由组合项目小组成员,并由各小组根据自己的兴趣、爱好和特点,自主选题。为避免抄袭等行为的发生,我们要求所有小组的题目和内容必须不同,并采用排队申报制度,即先申报的小组享有其申请项目设计内容的优先选择权。其次,教师提出工程设计的基本功能及性能要求,如界面设计、常规数据操作与报表统计功能设计、性能指标设计等基本要求,提倡学生结合自己的工程项目设计实现一些特色功能模块,并自主选择开发工具和数据库环境,完成项目设计的总结报告。最后,由学生自己推选若干(5~7名)学生评委,对每个小组的作品进行项目验收,并分小组制作PPT进行项目工作汇报答辩,学生评委直接负责项目评分,教师在答辩过程中只负责点评。学生评委在教师制定的打分规则下,给每小组设计实现的工程项目及设计总结报告实施评分工作。工程项目设计成绩作为该小组成员平时成绩的主要依据。

(2)独立工程训练实践

独立工程训练实践要求在课程设计阶段完成。该阶段要求每个学生自主完成一个真实或模拟项目开发实践,以着重培养学生自学能力与独立从事工程实践能力,培养学生基本的分析问题、解决问题的能力。同时,课程设计阶段要求学生采用与上次设计不同的设计模式来完成相关的设计实现工作,以保证学生对C/S模式及B/S模式均有所了解。

该阶段要求学生自学数据库开发工具和环境,并独立完成模拟或真实的数据库工程项目的设计与实践,在强调独立设计、实现能力培养的同时,强化学生资料查阅能力、自学能力及创新设计、实践能力的培养。在课程设计时,教师提出项目设计的基本能力训练和设计作品的基本功能和性能要求,学生可以自由选择题目、内容和开发环境,但需要采用与上一次设计不同的工作模式(C/S或B/S),采用工程化的手段和方法完成基本的设计实现工作。并由指导教师组织学生评委(7人)对其作品和设计方案进行检查,最后通过汇报答辩的形式评定课程设计成绩,指导教师在设计过程中只负责答疑,在答辩时只负责点评,不直接参与打分。为防止学生评委不负责任,教师有适度的成绩微调权和对不认真履行评委职责的评委的适度惩处权。经若干次实践证明,上述实践教学方法既减轻了教师的工作任务,同时又促使学生相互学习,取长补短,在促进学生自主学习、主动学习和实践的同时,也锻炼了学生的表达能力,并通过课程设计报告,锻炼和提高了学生规范的项目设计方案、设计总结报告的撰写能力和水平。

(3)从业工程训练实践

从业工程训练实践主要指学生在行业实习期间,以行业一线的真实工程项目为背景,参与并完成相应的工程项目设计实现(或作为其毕业设计)工作,以培养学生从事实际的数据库工程应用实践开发、运用数据库技术从事服务外包等实际应用开发能力。

第三个阶段主要通过结合一线的实际数据库工程项目,学生可独立或团队完成实际的工程化应用开发实践工作,尤其鼓励学生结合传媒学院自身的特点,选择与传媒应用密切相关的数据库工程项目的设计与实现工作,如电视节目查询点播系统、媒体资产管理系统、影视资料编目系统等[3]。

在数据库工程化实践训练的不同阶段，除了要求学生必须采用工程化的设计方法和理念外，还要求学生在每一不同阶段自学一类新的开发工具和环境，使学生既能胜任C/S模式的数据库应用实践，又能胜任B/S模式的数据库应用实践，使学生在离校前具备应对复杂工程实践的基本能力。通过三个阶段的实践教学，使学生初步具备到一线从事数据库工程及服务外包等项目开发的基本能力和体验。

2.3 制定合理的考核评价机制

评价方式的改革和以上教学模式改革是相配套的。学生数据库技术与应用课程的成绩由理论考试成绩和工程项目设计成绩两部分组成，理论考试和项目设计各占总成绩的50％，其中设计作品40％，设计报告10％。不再单独设置平时成绩，而以初步的工程项目实践成绩作为平时成绩。针对近年来，许多高校学生普遍存在着对期末复习过度依赖和期望过高，平时作业独立完成率不高，学风建设上已面临着一系列严重的问题。要求理论课的授课教师，严格规范好课堂教学，维系好人民教师自身的尊严。平时除了认真上好每一堂课外，还要求教师期末不得上复习课。课程成绩的评价采用理论学习与能力培养并重的方式进行。

2.4 建立完善的课程教学管理平台

建立一个功能相对完备的课程教学网站，通过网络教学平台发布信息、提供资料下载、网上作业提交、在线作业批改分析等，并利用BBS平台实现师生间的互动和交流。

3 结 论

通过对数据库课程的理论和实践教学模式的改革，激发学生的学习积极性，提高学生的自主学习能力，始终坚持以培养学生的工程实践能力为目标，使学生能将数据库理论和技术应用于实际系统中，更好更快地适应社会对工程人才的需求。

参考文献

[1]瞿有甜等.数据库技术与应用.杭州：浙江大学出版社，2010.

[2]孙志挥，倪巍伟，刘亚军.案例教学：开放课程“数据库系统”改革的有效模式.电气电子教学学报，2005，27(1).

[3]王彤，尚文倩，巩微.传媒特色的数据库原理与应用课程教学改革.计算机教育，2010.

“一纸开卷”在高校理工类课程考试中的实践研究

王修晖　陆慧娟

中国计量学院，浙江杭州，310018

摘　要：考试是高校教学过程中的一个重要环节，是对学生掌握和理解课程授课内容的一个评价过程，也是对教师教学方法是否得当的一个评估过程。本文就深化高校教学过程中考试环节的改革在理工类课程考试中实行“一纸开卷”的可行性和意义，从大学生心理和高等教育目的两方面进行了探讨。最后，以“网络应用技术”课程考试为例，分析了改革考试形式，实行“一纸开卷”考试对提高教学质量、完善素质教育培养目标的贡献。相关理论成果对今后的高校教学改革实践，尤其是理工类课程的考试改革具有一定的借鉴意义和参考价值。

关键词：一纸开卷；理工类课程；考试改革；教学改革

1　引　言

考试的历史源远流长，17 世纪捷克著名教育家夸美纽斯在《大教学论》“论大学”一章中提到[1]，学生的进步和其所受训练的彻底性与广博性，都要受到主试者的考察，从而测验出教师与学生的努力程度。高校课程考试，作为主要的教学环节和教学手段，对“教”与“学”具有评价作用，对“教”与“学”中的问题具有“诊断”作用，对人才培养具有导向作用，对学生学习的积极性具有激励等作用[2]。因此，考试对提高教学质量、激发学生的学习自主性等具有至关重要的作用。然而，与高考改革广受社会关注不同，高校内部的考试考核制度改革往往被忽视，这不利于教学质量的提高。如何在传统考试体系的基础上构建一个科学的教育考试与评价体系，实现从单一考试到多元考试评价的提升，既是高校考试改革的核心问题，也是教学改革的重要环节。

“一纸开卷”，也有人称之为“一纸闭卷”，既不是闭卷考试又不同于普通的开卷考试，它允许学生在复习考试阶段准备一页 A4 纸，将自己认为重要或复杂的内容写在上面，考试时这张 A4 纸可以带入考场以备查阅，但考生之间不得交换，也不允许带其他考试相关的资料进入考场。这种考试形式是符合高校理工科类课程教学目标的，因为理工科类课程是让学生学懂和应用技术知识，而不是要求学生死记硬背一些理论，因此在考试目的上也就要求我们要考查学生运用知识解决实际问题的能力，而不是考查记忆能力。另一方面，“一纸开卷”的作用也不只是探索多种考试形式，而在于它有效推进了考风建设。实践素质教育对教育教学提出的要求，使学生实现从死记硬背到灵活掌握、提升能力和学会学习的转变，从而推动并促进教育教学改革的不断深入[3-4]。

王修晖　E-mail：wangxiuhui@cjlu.edu.cn

2 “一纸开卷”在理工类课程考试中的可行性分析

美国心理学家、教学心理学体系的创始人桑代克(E. L. Thorndike)提出“凡是客观存在的事物都是有数量的”(Whatever exists at all exists in some amount),而美国另一位教育测验专家麦柯尔(W. A. McCall)进一步指出“凡是有数量的东西都是可以被测量的”(Anything that exists in amount can be measured)。同样,作为反映学生的智力、创造力、抽象思维能力等属性的学业成绩也是可以被测量和评价的。当前,高校用来测量和评价大学生学业成绩的最直接手段就是考试,通常安排在学期末教学结束时进行。这种考试中的每一类试题的比例与课程教学大纲中知识点的分布相对应,用来测量学生的学习效果,评估授课质量是否达到教学目标,并为下一学期制定或修改教学大纲提供依据。随着教学改革的不断深化,考试形式也日益多样化,对于理工类考试课,除传统的开卷和闭卷模式外,“一纸开卷”考试模式越来越受到广大师生的青睐。

“一纸开卷”考试是介于闭卷考试和开卷考试两者之间的考试方式,其与开卷和闭卷考试的区别在于只允许学生携带指定的资料进入考场。典型的做法是允许考生携带一张 A4 纸,考生可以将自己对全课程学习内容的总结,包括重点、难点、不好记忆的公式、定理等写在这张 A4 纸上,作为考场上的参考内容,典型的“一纸开卷”考试流程如图 1 所示。“一纸开卷”考试可以促使学生对所学内容进行复习、归纳与总结,强化学生应用知识、理论分析、解决实际问题的能力,提高学生接受新知识的能力。尤其适用于要求学生在熟悉基本理论、定理、公式等基础上,重点掌握知识的应用,以及实践操作技能的理工类课程。

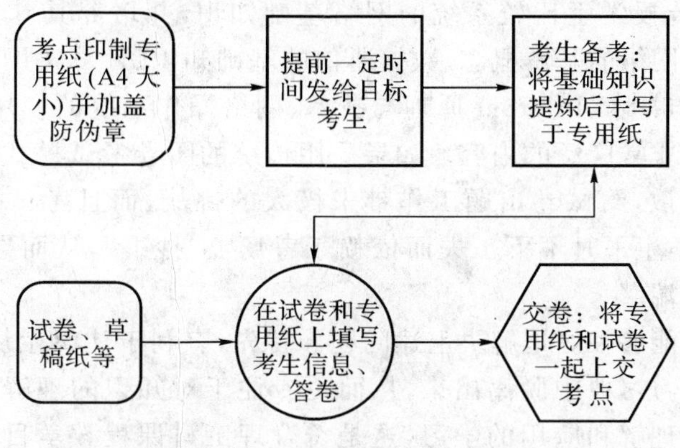

图 1 “一纸开卷”考试流程

考试作为一种学习效果的测量手段,效度和信度是其首要的评价指标[5-6]。所谓效度,是指一次考试能够正确给出它所要测量的属性或者特征的程度,即达到考试目的的程度。信度则是指该考试测量其所要测量的内容前后一致的程度,即同一组考核对象,多次测量所得结果的一致性程度,以及一次测量所得结果的准确性程度。对于大部分理工类课程,教学目标不是让学生记忆基本概念和基础理论,而是要求学生会应用这些知识来解决问题,因此对应的考试需要侧重于应用能力的测量。“一纸开卷”考试模式很好地体现了这一点,它通过考前总结所学的课程内容并将基本知识和理论记入专用 A4 纸上,避免了突击背诵定理、定义的不必要时间和精力的投入,而将复习重点放在知识的应用上。正如大学物理考试中允许学生带计算器，从而将复杂计算等无关因素排除，突出考核学生的动手能力和解决问题能力。对于理工类课程，“一纸开卷”考试具有更高的效度。另一方面，“一纸开卷”允许学生将容易产生偶发性错误的基本概念总结后带入考场，重点考核具有相对稳定性的知识应用能力，因此对同一组考核对象多次进行测量都能得到大致相同的可靠结果，具有较高的信度。

然而，作为一种新型的考试模式，“一纸开卷”考试的具体形式和操作方法还不够成熟，考试管理上也还存在一定的问题。比如，有的考点将“一纸开卷”考试简约化，只强调准许学生带一页A4纸进入考场，而不要求内容手写，使得部分学生采用缩印、复印或者打印的方式备考，将别人总结好的结果简单拷贝一下；或者不统一提供A4纸并加标记，使得考场上互相交换准备好的纸而难以有效维持考试纪律。凡此种种，造成考试效果不佳或者考场纪律混乱，不少任课老师对“一纸开卷”抵触情绪严重。因此，我们需要制定考试细则，如对允许带入考场的A4纸，由试卷印刷点统一印制，添加信息栏并加盖专用章后提前几周发给待考学生；要求学生手写A4纸内容，不得进行复印或者打印；要求学生如实在A4纸上填写考生信息，并和试卷一起上交等。这样才能保证“一纸开卷”考试的有效性，客观地评价学生的真实学习效果。

3 “一纸开卷”考试在网络应用技术课程考试中的实践

网络应用技术是面向高校理工科学生开设的一门公共基础课，是一门技术性和应用性较强的课程。该课程的教学目标是通过系统学习计算机网络的基本理论、基础知识以及现代网络的应用技术，传授学生比较系统的网络基础知识，并培养其基本的网络应用技能。课程内容涉及计算机网络的基本概念、数据通信的基础知识、计算机网络协议、局域网原理与技术、广域网原理与技术、Internet原理与技术、网络操作系统的使用和配置以及网络日常管理和安全维护等非常广泛的内容。如果采用传统的闭卷考试模式进行评价，一方面由于课程知识点过于分散，给试卷出题工作带来极大的挑战，而且考试卷面成绩难以预测。另一方面，还会造成学生平时不下工夫而依赖于考场上“抄书”，从而导致教学效果不佳和出勤率难以保障等弊端。

采用“一纸开卷”能够很好地解决上述问题。首先，有利于让学生从死记硬背基本概念和基础知识的不良学习习惯中脱离出来，从而更专注于对知识的理解和活学活用，从注重记忆的学习转向注重理解和应用的学习，这是符合理工科课程教学目标的；其次可以在考前极大地调动学生复习备考的积极性，因为考试成绩的好坏与自己准备的充分程度相关，如果准备越全面，考试的总体效果就越好；最后，有利于减轻学生不必要的学习负担，缓解学生考试前的心理紧张和焦虑状态，从而发挥出应有的水平。

表1给出了在信电本科专业某班级进行网络应用技术课程“一纸开卷”和闭卷考试的结果比较，两次考试均从题库抽题并自动组卷，题目难度相当，试卷构成均为客观题60%、主观题40%。可以看出，采用闭卷考试，优秀率偏低，成绩分布不甚合理，这时由于课程知识点分布广，学生复习备考时记忆量过大，造成部分学生无法发挥出应有水平；而采用“一纸开卷”，由于学生将难以记忆的基础知识总结提炼后写于专用A4纸，考前将主要时间和精力投入到知识应用能力的巩固上，考试时重点测试的也是相对稳定的应用技能，因此考试

成绩更加符合正态分布。

表1 采用“一纸开卷”与闭卷考试结果比较

	成绩等级	90～100	80～89	70～79	60～69	＜60
闭卷	人数	1	18	10	20	3
	所占比例	1.92％	34.62％	19.23％	38.46％	5.77％
一纸开卷	成绩等级	90～100	80～89	70～79	60～69	＜60
	人数	6	16	18	12	0
	所占比例	11.54％	30.77％	34.62％	23.08％	0.00％

4 结论

众所周知，考试是教育教学过程中必不可少的重要环节和组成部分。考试的命题原则、试题的类型和质量、考试的形式和方法等评价体系都直接影响着学生的学习效果，制约着学生对学习方向的把握、学习方法的选择和实际运用能力的提高。高校不同课程类型应采取不同的考试方法，合理地进行评估，才能有效地促进学生知识、能力、素质的协调发展和全面提高。“一纸开卷”就是考试模式改革的一个全新的尝试，值得我们认真对待并加以完善。

参考文献

[1]夸美纽斯著.傅任敢译.大教学论.北京：教育科学出版社，1999.

[2]王育杰，裴晶莹，马龙海等.高校考试改革探索.北京教育，2005(12)：46－48.

[3]孙艳红.加大高校考试制度改革的研究与实践力度.中国高等教育，2008(5)：53－54.

[4]刘继红.对高校考试改革的几点思考.中国高教研究，2000(5)：28－29.

[5]丁兰，吕浩雪.改革高等学校考试形式的探讨.高等教育研究，1999(1)：52－55.

[6]段红峰，方莉.高校课程考试改革与创新人才培养.中国电力教育，2010(12)：24－25.

独立学院程序设计课程课堂教学方法探讨

吴红梅　罗国明　谢红霞

浙江大学城市学院计算分院，浙江杭州，310015

摘　要：“程序设计”作为非计算机专业公共基础课，是一门实践性很强的课程，它要求学生既要学好理论知识，又要掌握实际操作技能，具有简单的独立编程能力。在课堂讲授过程中怎样使学生真正掌握并灵活运用不是一件简单的事情。本文针对教学中出现的问题进行分析，探索适合独立学院学生特点的教学方式并用于实践，教学效果良好。

关键词：独立学院；程序设计；教学方法

1　引　言

程序设计课程是我校为非计算机专业学生开设的公共基础课程。在以培养具有创新精神和实践能力的应用型人才为目标的独立学院，这门课程尤其重要。程序设计是一门实践性很强的课程，它要求学生既要学好理论知识，又要掌握实际操作技能，具有简单的独立编程能力。但是在课堂讲授过程中怎样使学生真正掌握并灵活运用却不是一件简单的事情，本文以 Visual Basic(简称 VB)为例子，笔者在近几年的教学实践中进行了如下改革探索，针对教学中出现的问题进行分析，并在实践中探索解决问题的方法，取得了良好的教学效果。

2　教学中存在的问题

浙江大学城市学院近些年在计算机基础教学中取得了很大的进步，在不断的改革和创新中，我们也一直思考着教学中存在的问题。首先，有些学生学习动机不明确，学习计算机语言的积极性不高；很多学生，尤其是以文科类学生为主，认为只要会用计算机上网查资料、做一些简单的计算、编辑文字就足够了，学习程序设计对他们没有用，仅仅为了考二级证书和应付考试，还没有意识到在信息时代的今天计算机已经成为人们所必须掌握的一种基本技能，对非计算机专业开设本程序的重要目的并非是编程技术，而是逻辑思维的思考方法。其次，学生在学习中感到难学；学生开始学习时很有信心，但随着记忆的知识的增多和程序设计思想的深入，学生上课基本上能听懂，但下课却不会自己思考和编程，学习变得枯燥难学，渐渐地失去了学习信心。加之实践教学效果如果配合不好，学生最终以背诵书本来应对考试，完全失去了开设这门课程的意义。其实，教学过程不单单是学生在老师指

吴红梅　E-mail：Wuhm@zucc.edu.cn

导下的一种特殊的认识过程,它更是学生个性全面发展的过程,是师生之间相互作用的一种双向活动,那么,如何提高这类课程的教学质量和教学效果,找到一种既符合学生认知规律,又能切实提高学生学习兴趣和实践应用能力的教学方式显得尤为重要。

3 Visual Basic 教学实践

根据课程的教学大纲和教学目标,研究教材,结合 VB 程序设计的特点,将教学内容分为三大部分:熟悉 VB 集成开发环境及编程入门部分、基本结构程序设计部分和用户界面设计部分。在授课时,根据教学内容的特点,灵活采用启发法(也是逻辑思维的一种方法)、互动教学法等多种教学手段,取得了较好的课堂教学效果。

3.1 激发学生编程兴趣

VB 程序设计是程序设计的入门课程,对大部分学生而言,该课程是零起点。在程序设计教学中要利用学生对事物的好奇心,激发学生的学习兴趣。特别是在 VB 程序设计中的第 1 堂课,选择一些有趣的、有实际意义的程序实例演示给学生看,如动画效果蝴蝶飞舞、电话机、下雨、倒计时牌、鲜花盛开、学生信息管理系统、工资管理等小实用程序,给学生一个视觉冲击,使他们明白学习 VB 程序设计后,不仅可以编出这些上网时常见的小动画,还可以实现这些日常生活中随处可见的实际应用,来激发学生学习的积极性和求知欲,也推动了学生对这门课程的思考;有了良好的开始,在教学过程中,教师也应注意教学方法,让学生一直能保持这种学习热情和兴趣,VB 程序设计这门课也有了一个良好的开始[1]。

3.2 立足实例教学,渗透基本概念

刚接触程序设计的学生,对程序设计充满了好奇,如果把对象、事件、控件等相关的一大堆抽象的概念一下子抛给学生,就会打击学生的学习兴趣。因此要想让学生领会这些抽象的概念,不妨用几个鲜活而简单的具体实例作为切入点,在每个例子中渗透些相关的概念和知识,再布置一些类似的习题,采用模仿式的教学方法,让学生边学边模仿,逐渐地去体会面向对象、控件、事件、方法、多窗体等概念。举一个如下界面的 VB 小例题,在文本框中输入姓名后,点击确定命令按钮,会在窗体上显示出,“XXX 同学,欢迎使用 VB!”,这样就可以把初步要掌握的几个控件、窗体的概念交代清楚了。

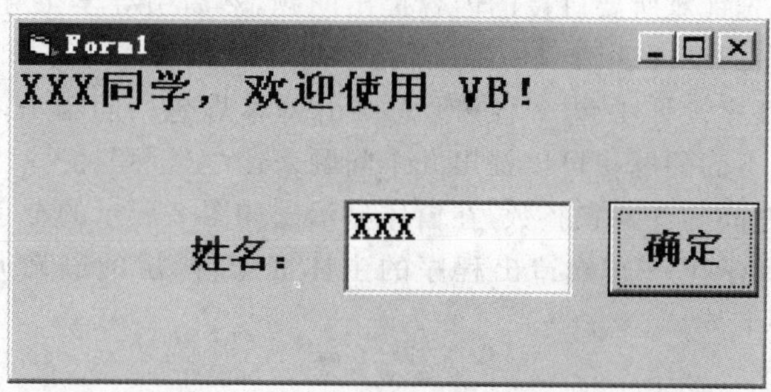

在学习用户界面设计部分时,也同样地把控件的用法渗透到一个个程序实例中,恰当的实例可以激发学习的动力,让学生知道计算器等的程序,以前觉得很难编的程序,现在自

己也可以编出来了,学生无形中就有了一些成就感,学习编程的积极性就更高涨了。

3.3 启发式教学,由浅入深深化逻辑思维能力

知识的学习是一个循序渐进的过程。在教学过程中,我们可以先从简单的实例出发,通过一个典型的贴近现实的案例,把相关的基本概念、解题的基本方法和思路传授给学生后,再增加或者改变实例的条件,逐渐加深难度,以此培养学生的思考能力,提高学生对程序设计的分析与编写能力[2]。比如在讲解"判断一个数是不是素数"的案例中,先提前讲解如下例题:

找出第 1 个在 1～200 中被 7 除余 5、被 5 除余 3、被 3 除余 2 的数,代码如下:

```
Private  Sub  Form_Click (     )
  Dim  i  As Integer
  For  i = 1  To  200
          If  i Mod 5 = 3 And  i Mod 3 = 2 And  i Mod 7 = 5 Then  Exit  For
  Next  i
  If    i  =  201  Then
     print    "不存在满足条件的数!"
  else
     Print  i
  end if
End  Sub
```

这一题也可以先讲解"找出所有在 1～200 中被 7 除余 5、被 5 除余 3、被 3 除余 2 的数"应该怎么做,再进一步讲解,要找出第一个满足条件的数时,为什么要添加 exit for 和 if 语句,最后再讲解素数问题就很容易掌握了。

对涉及的程序例题,也可以通过框图讲算法。培养学生理解程序流程,进一步掌握程序设计的思想和逻辑思维。

3.4 互动教学,以问题为主的悬念激发学习兴趣

问题法是通过一系列的提问来激发学生的学习兴趣并加深对相关知识的理解和掌握。在教学过程中教师首先针对所要讲授的内容提出问题,然后引导学生寻求解决问题的办法与思路,一步步把程序的设计逐渐引向深入,让学生在积极思考中不知不觉地感受到程序设计的神奇、领悟到程序设计中包含了逻辑思维的基本思想。问题法简单实用,关键在于"问题"的设计。比如下面的题目可以提出九个问题来让学生参与。

从键盘输入 1－9 间的任一正整数,在窗体显示出如图 2 所示的金字塔。

根据题意,可以和学生一起构造出程序的主体框架:两层的嵌套循环,简单写出如下代码:

```
For i = 1 To 7
     For j = 1 To 2 * i - 1
          Picture1.Print i;
```

```
        Next j
    Next i
```

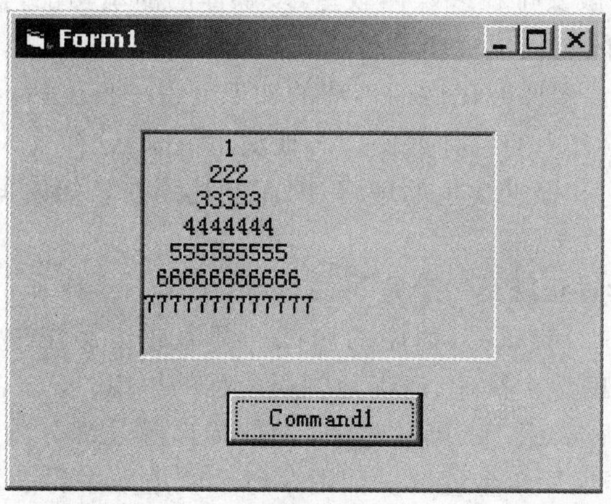

图 2

以上程序显示出的结果距题目的要求甚远,但在以上程序的基础上,教师在不断地演示、提问题、修改,再演示、再提问题、再修改过程中将程序逐步完善,使显示出的图形一步步地接近题目的要求,以下代码中的一个"?"代表可以提出一个问题。其中有一些问题可以把以往学生常见的、典型的错误模仿到代码中来,以便学生找错并修改,让学生加深对知识点的掌握,以后也不会再犯同样的错误。

以下代码段共六行中有"?",其中第一行的"?"可以提出关于"and"或者"or"逻辑运算的问题;第二行"?"是有关输出行数的问题;第三行"?"可以提出关于"tab"、"space"和";"的 3 个问题;第四行"?"是考虑每一行输出几个数的问题;第五行"?"可以提出与"str"、"trim"、";"等相关的问题;第六行"?"可以提出与换行有关的问题,其实"问题法"就是让学生在课堂上和老师一起思考问题和解决问题。

```
Private Sub Command1_Click()
Dim i As Integer, j As Integer, n As Integer
Do
    n = Val(InputBox("输入 n(1 - 9)"))
Loop While ?
For i = 1 To ?
    Picture1.Print ???
    For j = 1 To ?
        Picture1.Print ??
    Next j
    ?
Next i
End Sub
```

3.5 多媒体手段教学，提高学习效率

VB 语言的教学一般安排在多媒体教室，多媒体的演示功能，把由符号、单词、函数和过程组成的计算机语言课，创设成一个动态的、直观的、形象逼真、色彩鲜艳、动静结合的教学环境，使那些原先需要许多课时仍讲而不清的知识变得一目了然。

我们可以把 VB 语言中的各种案例动态地演示出来，这样大大地吸引了学生的注意力，激发了学生学习的兴趣和促进学生的理解，因而能达到在较短时间内收到较好的教学效果的目的。

VB 程序设计教学过程既是一个宣讲的过程，也是一个操作的过程，工程的建立、对象的添加、属性的设置、界面的布局、程序的调试等都需要边操作边讲解；即使代码的编写能做到边输入边解释，帮助学生快速、清晰地领悟编程的思想[3]。

针对难以理解的循环、排序、函数过程、参数传递等几部分内容，我们还做了些相关的 flash 动画演示，进一步加深学生理解。如图 3 所示就是排序的一个 flash 动画的画面，程序每运行一句，在代码中以不同颜色标注出来，同时动画中作出相应步骤的改变。

图 3

4 总 结

在程序设计教学过程中，从认知的角度出发，如何在有限的课时中讲好这门课，引导学生掌握逻辑思维的基本方法和编程的基本思路，进入有趣的编程世界，这是我们课堂教学的出发点。

把以上总结的多种教学方法合理地结合起来，并根据教学过程的实际情况灵活运用，课堂上教与学良好的互动，提高了程序设计课程的教学效果。

参考文献

[1]马致明. 案例程序教学法在 VB 教学中的应用. 新疆师范大学学报，2007(9).

[2]张烨，李瑞华. VB 程序设计教学方法探析. 榆林学院学报，2007(7).

[3]陈学进. 计算机语言教学改革探析. 安徽工业大学学报，2008(7).

计算机基础类课程教学模式改革探讨

徐恩友　韩建平　洪道平
杭州电子科技大学计算机学院，浙江杭州，310018

摘　要：本文对杭州电子科技大学计算机基础类课程教学中存在的问题进行了深入的分析，提出了改革上机环境，引入互动式电子教室软件，将部分理论教学环节搬到实践环节中学习，引入多学科视野和思维方式，重视计算机基础类课程与其他学科的交叉应用，提高学生的认知范围。采用“Demo and Practice”教学方法，提高学生的学习兴趣和创新意识。

关键词：电子教室；实践环节；多学科

1　引　言

我国计算机化教育发展起步较晚，但发展比较快，目前已经出现了一批比较优秀的电子教室软件，这些软件大大促进了我国计算机化教学的进程。电子教室[1]从功能上分为演示型电子教室、互动型电子教室。演示型电子教室主要由投影仪和计算机系统构成。它具有教师主导性强、教学连贯性好的优点，但师生缺少互动，理论和实践容易脱节而且成本比较高。因此演示型电子教室适于基础知识教学。互动型电子教室主要由局域网和多媒体电子教室软件构成。它有边学边练、互动性强、成本低的特点，但软件构成复杂，需要有一定的软件操作技术。因此互动型电子教室适于操作型的教学。

互动式电子教室软件在职业类院校起步较早[2]，主要是这类院校更加注重职业教育和培养学生的动手能力，加之这类院校学生数比较少，便于组织实施。近年来，随着大学教学理念的转变，大学由“重科研轻教学型”向“教学科研并重型”转变，由“理论培养”向“实践培养”转变。据我们调查，在浙江高校内，像浙江理工大学、浙江工商大学、浙江大学城市学院等不少院校都已经在机房配备了多媒体讲台和相应的互动式电子教室软件。

互动式电子教室的应用，为建构主义教学理论提供了技术支持。建构主义是在认知主义基础上发展起来的独特的学习观，在建构主义思想指导下可以形成一套新的比较有效的认知学习理论，并在此基础上实现较理想的建构主义学习环境。建构主义提倡在教师指导下的、以学习者为中心的学习，也就是说，既强调学习者的认知主体作用，又不忽视教师的指导作用。教师是意义建构的帮助者、促进者，而不是知识的传授者与灌输者。学生是信息加工的主体、意义的主动建构者，而不是外部刺激的被动接受者和被灌输的对象。

建构主义理论在西方国家尤其是在美国有较大的发展。关于建构主义的研究也很多，

徐恩友　E-mail：xuenyou@hdu. edu. cn

项目资助：YB1127 从教室转向机房：计算机基础类课程教学模式改革研究，杭州电子科技大学 2011 年度高教研究立项课题.

Mordechai Gordon[3]在“*The misuses and effective uses of constructivist teaching*”一文中谈到了建构主义者常误解和误用建构主义，导致学生并没有获得挑战，也没有获得需要。最后他给出了两个例子来说明有效的建构主义教学和获得成功的原因。Routledge[4]在《*International Journal of Science Education*》上发表文章，通过英国教师的实际教学效果，指出在理科教学中，更应该提倡批判式建构主义教学。

计算机基础类课程作为非计算机专业学生的通识课程[5]，更适合采用建构主义理论构建教学设计，而且在构建实践教学案例时，更应该贴近学生专业，这样才能激发学生的求知欲，培养学生的计算思维。

2 计算机基础类课程教学现状

目前，我们计算机学院基础教学部承担着全校非计算专业基础类课程的教学任务，由于学生所学专业不同，其动手能力也参差不齐，如何结合学生所学专业，提高学生的实践创新能力，经过我们教学团队的认真思考，决定尝试改变已有的教学模式，变“计算机文化基础”课程的“2＋1”(即理论 2 学时＋实践 1 学时)教学模式为“1＋2”(即理论 1 学时＋实践 2 学时)教学模式，变程序设计类课程的“3＋2”(即理论 3 学时＋实践 2 学时)教学模式为“2＋3”(即理论 2 学时＋实践 3 学时)教学模式。

计算机基础类课程教学包括课堂讲授和上机实践两个环节，其中课堂讲授使用多媒体教室，上机实践则安排在计算机中心机房进行。计算机基础类课程具有实践性强的特点，强调培养学生的实际动手能力。但从我们的教学实践和学生反馈的情况来看，目前的模式难以满足这一要求，存在如下问题：

(1)课堂讲授环节，学生难以体会案例操作过程。教师在讲台上演示案例的操作步骤和过程，学生只能被动地观看大屏幕，一些细节的操作过程无法体会，甚至看不清楚教师的鼠标操作动向，对课堂教学没兴趣。

(2)上机实践环节，无法统一演示、讲解。对于一些需要共同注意的问题或是误操作纠正，老师只能一一辅导，无法统一演示、讲解，这也从某种程度上降低了老师的辅导效率，常常是同一个问题老师要对不同的学生重复地讲述或示范操作很多遍，而在有限的上机时间内，很难满足所有学生的提问要求。

鉴于上述原因，我们建议学校能在每个机房中增加一个多媒体讲台及其音响系统，并在机房配备安装相应的电子教室组播软件。其好处在于：

(1)增强学生的学习兴趣和效率，提高教学质量。可以根据计算机类基础课程的特点将部分或全部课堂教学，直接安排在机房中进行，以方便教师的课堂讲授与学生的课堂练习同步互动进行。将教学内容的学习、练习、巩固三个阶段在课堂上结合起来，必将明显增强学生的学习兴趣和学习效率，从而提高计算机基础课程的教学质量。

(2)可以提高包括计算机基础课程在内的所有课程的实验教学效果。

(3)可以提高机房利用率，缓解教室资源紧张。

3 目前需解决的问题

考虑到计算机基础类课程已经成为我校的通识课程，选修的学生来自各个专业，我们必须引入多学科视野和思维方式，重视计算机基础类课程与其他学科的交叉应用，提高学生的认知范围。鉴于此，我们应该设计与所教专业相关的课程案例，因材施教。

3.1 教师角色重新定位

教师不仅要继续充当教学活动的中心、教学过程的讲解者，而且还要变换成教学活动的组织者和学生学习的指导者、帮助者。因此，教师不但要做好心理上的转变，而且在教学设计和教学过程中也要做好实际角色的转变。

3.2 学生学习地位的转变

在新型教学模式中，学生从被动接受的学习接受者变成了主动学习者，这就要求学生也应适应这一转变的态势，积极、主动地进行学习，能动地去发现、探索和钻研知识，把握学习的主体地位，真正成为学习的主人。

3.3 教学过程的转变

上课形式的变化，对于"大学计算机文化基础课"，原理部分考虑采用讲座的形式，每位老师各负责一讲的内容，这样老师也有时间充分备课，引入更多的课外知识，另外学生也会因为老师的风格变化而激发学习兴趣。

传统的上机实践环节，存在很多弊端。首先是疏于管理，大一新生的自控能力很差，比如上网聊天、玩游戏等，对于拥有七八十人的学生班级，教师很难进行管理；再者，教师很难及时回答所有学生提出的问题，尤其是很多都是同样问题的重复；其次，就是学生上机过程中缺乏统一的引导，对于书上的问题不知所以然，抑制了学生的学习积极性。针对原有的教学方法弊端，在机房引入电子教室软件，它不仅可以对学生进行自动点名，而且可以监控每个学生的活动。通过电子教室软件，我们可以采用"Demo and Practice"教学方法，它的好处是，教师可以通过电子教学软件先给学生演示一个例子，然后让学生照着做一遍。

3.4 传统教学与新型教学模式互补

在新型教学模式中，教学过程也由传统的讲解说明过程转变为通过情境创设、问题研究、协商学习、意义建构等以学生为主体的过程。在这种转变中，教师的劳动将从原来的以课堂教学为主而转为以教学设计和情境创设为主，因此，教师处理好这种劳动过程的转变也是必要的。通过师生互动，对于学生常犯的问题，教师可以用"屏幕广播"命令演示如何解决错误。为了激发学生兴趣，对于好的问题解决方法，也可以让学生自己演示给其他同学。变"计算机文化基础"课程的"2＋1"教学模式为"1＋2"教学模式，变程序设计类课程的"3＋2"为"2＋3"教学模式，在演示式电子教室实行演示型教学，在互动式电子教室，采用任务驱动，自主学习、探究学习和协作学习。

4 教学模式探索

采用以机房教学为主的教学模式,需要进行以下探索。

4.1 "大学计算机基础"课程改革

首先,为了提高教学效果,我们缩减了理论教学时间,增加上机教学时间。课堂教学,我们考虑采用串讲的方式,分别设立了七个主题,在下学期选择两个班进行试讲,如果效果良好的话,再考虑推广到其他班级。上机教学方面,采用建构主义的教学模式与案例设计,设计了16个案例,每个案例2课时,1个学时教师讲解、演示,1个学时学生练习。

4.2 程序设计类课程改革

目前,针对不同专业,我们开设了C/VB/JAVA等程序设计语言。为了提高学生的实践能力,我们采用了刘春英老师主持开发的C,C++,Java考试模块。该系统支持作业布置、完成、提交、评判、分析统计等功能,已经有60%的老师使用,极大地减轻了教师批改作业、练习辅导、组织竞赛的负担。

5 结 论

目前,我校的计算机基础类课程教学模式改革仍然处在探索阶段,还有很多工作需要细化,好在我们教学团队认清形势,分工协作。相信在不久的将来,随着这计算机基础类课程教学模式改革的不断深入,新的教学理念、教学方法、教学手段也将日趋完善。

参考文献

[1]牛齐.互动式电子教室在微机应用基础教学的应用.河北职工医学院学报,2006,23(4):50-51.

[2]秦丹.虚拟电子教室在计算机基础教学中的作用.山东商业职业技术学院学报,2007,7(2):90-92.

[3]Gordon M. The misuses and effective uses of constructivist teaching. Teachers and Teaching:Theory and Practice,2009,15(6):737-746.

[4]Watts M,Jofili Z. Towards critical constructivist teaching. International Journal of Science Education,1998,20(2):173-185.

[5]冯晓霞等.面向通识课程的程序设计基础课的教学实践.浙江省高校计算机教学研究会2008年学术年会,2008:93-98.

计算机双语课程的专业英语学习平台建设

许　翔　何灵敏

中国计量学院计算机系，浙江杭州，310018

摘　要：根据目前计算机专业双语课程的教学实际，我们研究和建设专业英语的学习平台。通过该平台，可以增加学生沉浸在英语环境里的时间。在双语课程的不同阶段，平台帮助学生培养有效的专业英语的沟通能力，提升教学效果。

关键词：计算机；双语课程；专业英语；学习平台

1 引　言

国家教育部提出加强大学本科教学的12项措施，其中要求各高校在3年内开设5%～10%的双语课程，并引进原版教材和提高师资水平。我校也十分重视双语教学课程建设，先后出台了一系列文件，采取了一系列措施，对双语教学进行引导、建设，积极稳妥地推进双语教学课程建设。为了深化课程教学改革，提升课程建设水平，更加规范、有序地开展课程建设工作，学校制定了《中国计量学院2006—2010年课程建设规划》，将双语教学示范课程建设纳入到重点课程和精品课程建设中，目前已立项建设了248门校重点课程，其中国家级精品课程2门，省级精品课程19门，形成了递进建设课程的体系。

但是国内大学双语课程教学中，教师语言水平总体上不能与母语为英语的教师相比，英语教学过程中语言表达的自由度和准确度受到很大程度的限制。实施双语教学一般来说要聘请外籍教师或在国外学习工作3年以上的留学回国人员，同时要对本校教师进行“请进来，送出去”的培养，特别是送到国外接受专业英语语言能力提高类的培训。双语教学，不仅对教师提出了极高的要求，而且对学生的语言要求也相当高。双语教学应对学生进行专业英语的培训，保证学生对课程内容有一定的接受能力，这在双语教学的实践中显得尤为重要。如果有学校在学生英语水平尚未达到一定水准，盲目地对其进行双语教学，学生将无法进行正常的学习。

双语课程的成本是相当高的，这对学校和学生都会造成一定的经济压力，所以迫切需要一个专业英语学习平台（以下简称学习平台），让学生可以借助这个平台进行低成本、不限次数、循序渐进、个性化的训练，增强双语课程的教学效果。

许翔　E-mail：xuxiangemail@163.com

2 国内外双语教学的现状

国内大学所讲的"双语"是指英语和汉语这两种语言。世界上,同样使用英语和汉语进行教学的革区主要是新加坡[1]。

中国香港的一些国际学校有许多母语为汉语的华人学生。学校的教师多数以英语为母语。学校使用英语来进行数学、化学、物理等课程的教学。由于长期受英语环境的熏陶和使用英语进行沟通交流,这些母语为汉语的华人学生一般可习得一口流利的英语。

新加坡政府近年实行的是以英语为主导语言的非平行双语教育。

(1)小学母语的总接触时间在29%以下,中学母语的总接触时间在19%以下。

(2)新加坡的主要大学,如新加坡国立大学和南洋理工大学在教学及科研上只使用英语。

(3)英语是工业化现代化及行政上的语言。

学生大多数时间在英语的环境中学习、生活。环境的压力与实用价值足以使学生自觉地学好英语。

国内有些学校往往存在这样的情况,在双语教学中,教师进行了充分的课前准备,将所教学的内容翻译成英语,撰写了详细的教案,准备好了几乎每一句需要用上的英语课堂用语。整个教学过程显得生硬,教师不能根据现场的教学情况进行自由发挥,学生亦无法自如地和教师进行交流。除了双语课程的上课时间,教师和学生基本尚处在汉语的环境中。

3 预期目标

专业英语学习平台以学生为中心,通过学生的自主学习,增强双语教学的效果,开拓学生的国际视野。因此,建设学习平台时,我们将研究:目前双语课程教学实践的现状;学生在双语课程学习中遇到的困难;(学生在中学和大学学习的)日常英语与专业英语表达方式上的差异;日常英语听说和专业课程英语授课之间的差异;解决这两个差异,增强双语教学效果的方法;提高专业英语表达能力的方法研究和相关听说素材的选择;学习平台的技术方面的设计和软件编程;学生使用学习平台的指导和反馈意见的处理。

双语教学绝不仅仅是指学生单向地听教师用英语上课,更强调的是师生之间双向地使用英语进行交流和互动。如果学生只是被动消极地听课,就无法达到和教师用英语相互沟通的效果。

依据我们的教学实际,专业英语学习平台的预期目标是:为提供个性化计算机专业英语的学习,掌握专业课程的词汇、专业术语;熟悉常见的专业方面的表达方式和句型,进行不限次数的专业英语的听说训练,逐渐达到和教师用英语相互沟通的程度;开拓学生国际视野,为社会培养学有专长的高素质、国际型人才。

4 学习平台的实践

目前我们双语教学本着循序渐进的原则,把教学分为三个阶段:初期、半双语和准双语。学习平台将在不同的阶段给学生提供相关的帮助。

在双语教学的初期，采取术语引导型双语教学。教师在教学中以汉语讲解为主，穿插英语术语。采用中、英文混合讲授，利用英文多媒体课件和英文板书，主要引导学生熟悉专业术语的英文表示、基本概念的英文表述方法和基本公式的英文表达及陈述方法，使学生慢慢习惯双语教学方式。采用过渡性双语教学过程中，计算机专业英语词汇的积累和扩充对双语的教和学是十分重要的。学生面对英文教材和英文课件，感到最困难的是很多专业术语不易理解。目前我们把课程中的常用词汇和专业术语加以整理，编制英汉词汇对照表，便于学生课前预习和课后复习，也有利于提高学生的学习效率，达到熟记专业词汇的目的。学生普遍反映这个词汇表对双语学习很有帮助。

学习平台将提供一个常用词汇和专业术语的学习软件，学生可以根据需要进行添加、删除、查询、编辑等操作。

随后逐步过渡到半双语阶段。教师根据教学内容的难易程度作一划分，易于理解的内容采用全英语讲解，不易掌握的部分用汉语讲解。教师的主要精力应放在专业的讲解上，而不是英语教学。同时因为中文和英文在表达方式上存在差异，而学生一直学习的是日常的英语表达，没有学习过如何用英语表达技术问题。因此，在这个阶段，学生存在"听说"障碍。学习平台将提供专业英语表达常用的例句，中英对照并配有外籍专家朗读。学生可以自主地进行专业方面的表达训练，熟悉常见的表达方式和句型，从而能够逐步听懂英语授课，并使用英语表达简单的问题。

最后再进入准双语的阶段。全英语教材，英语授课，英文作业和英文考试。但是对于难以理解的内容，将借助汉语加以适当引导，帮助学生分析思考。学生面对长时间的英语授课，可能会出现不适应的情况。这时，专业英语教学平台将提供国外大学的公开课的视频，配以中文字幕，对学生做专业方面的学习指导。同时我们引导学生进行协作性学习的实践[2]。学生可以使用该平台在课外反复学习，在接近国外的课堂教学的环境下，进行不限次数的反复学习。

参考文献

[1]王旭东.双语教学若干模式.上海教育，2003(9):37.

[2]Xu X. Learning with a QQ-Based Collaborative e-Learning System. ICWL，7th International Conference on Web-Based Learning，2008：47－49.

数据库技术智能实验系统的研究与应用

杨爱民

浙江万里学院计算机与信息学院,浙江宁波,315100

摘　要:本文着重介绍数据库技术智能实验系统的功能以及应用,通过实际数据对比,验证该系统不仅可以提高学生实验的积极性,减轻任课教师的工作负担,节约开支,而且为各个高校提供计算机类实验课程的教学改革思路。

关键词:数据库技术;实验系统;智能

1　引　言

数据库技术类课程是计算机类、信息类、管理类学生必修的一门课程,它的应用范围极其广阔,不仅涉及了商业、金融、工矿企业等宏观领域,而且也遍及了我们日常生活中的每一个角落,诸如超市管理、医院管理等,均离不开数据库的支持,学生学习了这门课程对于以后的实际工作是非常有用的。数据库技术课程的实验环节主要是数据库的设计与应用,其中具体应用实际就是 SQL 语言的应用。这主要包括两部分:一是 SQL 语言的基础训练;二是 SQL 语言的嵌入式训练。如何安排好这两类实验,也是广大数据库技术的任课教师所头痛的事情,这是因为课程的实验时间一般比较短,内容却很多,如何在有限的时间内安排学生掌握实际的 SQL 语言技术,不是一件容易的事情,以往的经验一般是教师留一些题目让学生上机去做,但由于一个教师要辅导许多学生,对于学生实验完成的情况好坏不可能全部清楚,这就造成了基础好的同学感觉实验量不够,而基础差的同学却感觉实验量大,而且没有一种激励的机制,学生也很难提起对实验的兴趣,往往是为了应付教师而被动地去做,因此也达不到实验的最终目的。针对以上情况,我们历经三年的时间完成了这套数据库技术智能实验系统,它不仅实现了对学生的上机实验进行自动评测,而且还引入了智能训练机制,即分级进阶制,对于基础好的同学,系统会自动提取难度稍大点的题目,对于基础薄弱的同学系统则选择一些简单的题目,这样每个同学在本系统上都能发挥自己的长处,系统还引入了奖励机制,在每次实验课中抽出完成最快的前十位同学进入英雄榜,鼓励学生在课堂上完成相关的实验题目,这样就完全调动起来每个同学上机的积极性。同时系统还可提交修改实验报告,讨论报告的电子化评测,并且进行考勤的自动记录。教师可以随时关注到每个学生的学习进度,并可以由系统自动统计出学生的实验课成绩,这样大大减轻了教师的工作负担,提高了工作效率[1]。

杨爱民　E-mail:yyh@zwu.edu.cn

2 系统的体系结构

本系统目前采用的技术是 ASP＋ACCESS 技术，考虑 ACCESS 数据库的并发量的问题，如果同时上机实验的学生超过 200 人，可升级为 SQL-SERVER，这样并发数的支持将会增大。系统包括学生实验系统和教师管理系统两大部分[2]。

2.1 学生实验管理系统

学生实验系统如图 1 所示：它分为上机实验、实验报告、讨论报告、考勤管理、大作业以及综合服务等几部分。

(1)上机实验

在上机实验部分，由任课教师在课堂实验中发布上机试题，学生根据试题要先在自己的电脑上进行测试，测试成功后再在网上提交，网络上则根据标准答案查询的结果与学生提交的答案所执行的结果进行比对，如果数据一致，则学生提交成功，如果有出入则返回相应的出错信息，提示学生再继续测试。系统为了防止学生盲目提交，设定了每错误提交一次，扣掉该题 2 分，累计扣到 60 分为止，这样就要求学生一定要在测试准确无误后才可以提交。为了奖励学生做题的兴趣，系统设立了提交排行榜，即每次将最先完成任务的前 10 位同学记入提交排行榜，每人奖励一个福娃标志，如果在一个学期中有五次冲入排行榜，即收齐了五个福娃，则上机成绩记为满分，其他同学则根据自己提交试题的情况由系统给出每道相应的成绩，学生可以随时通过成绩查询，得知目前自己的试题总得分，以及在全年级的排位。

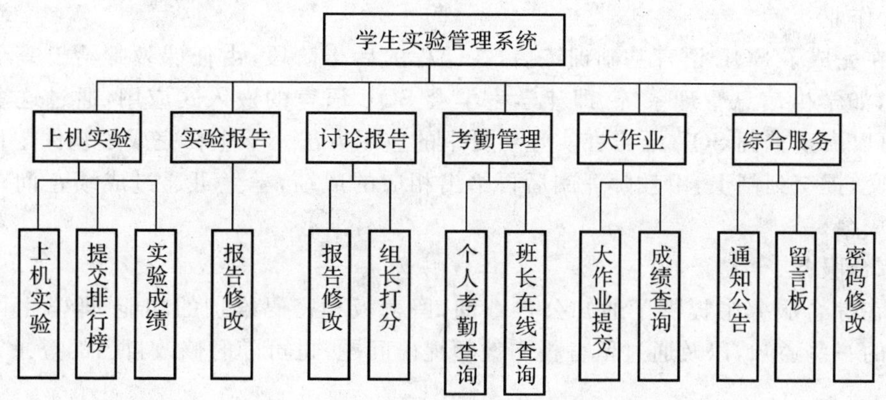

图 1　学生实验管理系统结构

(2)实验报告

对于计算机相关的上机实验课程，一般学校要求学生在完成实验的同时也要填写实验报告，这门课有几次实验，学生就得填写几次实验报告。而对于辅导老师来说，批阅学生的实验报告的工作量是非常巨大的，而且每年学生各门课程的实验报告累积起来数量也大得惊人，笔者所在的学院，目前保存的历年学生实验报告及讨论报告已经达到十几万份，就有两间库房专门存放各类实验报告及讨论报告。这无形是一笔巨大的开支和浪费。本系统的实验报告完全电子化，即学生在完成本次实验的同时，实验报告也就自动生成了，其中实验目的、内容、结果均由系统提供，而学生只是在此基础上填写一下自己的实验总结就可以了。系统将根据学生的实验情况以及总结情况自动给予成绩，学生也可以随时修改自己的实验总结。这样就大大减轻了教师与学生的工作量，同时也节约了大量的纸张开销及场地的占用。

(3)讨论报告

讨论报告是学生在一个阶段的学习后，由任课教师根据知识点留给学生进行分组讨论的题目，目的是使学生通过上网查询相关的资料，来更好地理解书本上的知识点。以往的做法，讨论报告如实验报告一样，也得由学生提供纸面的材料，然后交上来由任课老师批阅，这同样会造成学生与教师的工作负担，本系统对讨论报告也实现了全面的电子化，并且推出了三级打分制，即学生在网上提交了讨论报告后，先自我打一个成绩，然后由其所在的小组组长给出一个成绩，最后再由任课教师给出一个成绩，三者进行加权平均，最后给出的就是学生讨论报告的成绩。

(4)考勤管理

本系统具备了自动记录学生考勤的功能，即学生在上实验课程时，只要登录了本系统，即先记录其到课了，在下课前3分钟学生还需要退出系统，以证明其没有早退，系统在考勤处理方面采用了先进的智能跟踪技术，加入了防止别人帮助登录、退出的功能，这样就限制了学生无故旷课或早退的现象。对于学生旷课或早退情况，系统会自动扣除其该次的考勤分，对于因病或事假的同学需由班长出具证明，再由任课老师将该同学的出勤设置为病事假，这样系统就不会再扣该同学的分数了。系统给每位班长提供了在线监测功能，即班长无需点名，便可知晓谁缺勤了。考勤分数也是期末成绩统计的一部分。

(5)大作业

学生在完成了SQL语言基础训练后，在课程的后半阶段，由任课教师给出一个相应的软件题目，如学生信息管理系统，即让学生学会SQL语言的嵌入式应用，通过这个软件题目，学生可以真正掌握SQL语言在实际项目中的应用方法。学生在完成了软件题目后通过大作业提交，提交到网上，由教师评阅后再给出相应的成绩，学生可通过成绩查询查询自己的大作业成绩。

(6)综合服务

系统在综合服务中提供了通知公告查询，留言板和密码维护的功能，即学生可以随时了解课程的一些通知，以及通过留言板向教师提出问题，也可随时修改自己的登录密码。

2.2 教师管理系统

教师管理系统如图2所示：包括学生管理、上机实验、考勤管理、讨论报告、综合服务等几部分。

(1)学生管理

学生管理功能是任课教师在学期开始时，要将本班的同学加入到系统中，并进行分组管理，指定班长及各组组长，班长具有查询考勤权利，各组长具有给本组同学讨论报告打分的权利。

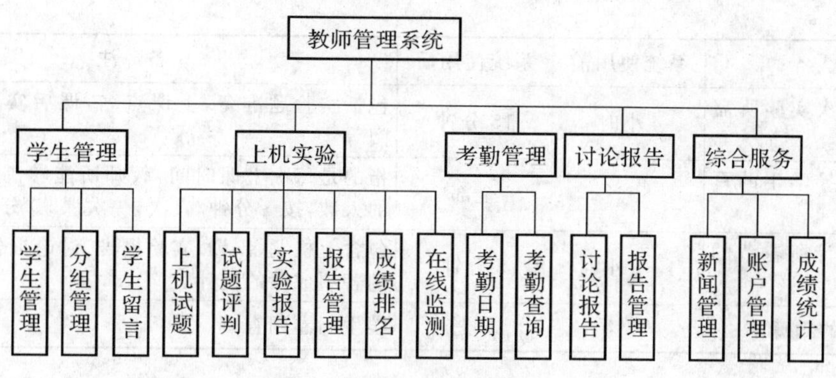

图2 教师管理系统结构

(2)上机实验

在上机实验部分，教师可以增加、修改、删除上机实验题，并从题库中抽取每次上课的试验题目，同时任课教师还可以增加、修改、删除实验报告的内容，检查学生提交的实验报告情况，查询学生实验排名情况，以及在线监测学生的考勤情况。

(3)考勤管理

在考勤管理中，任课教师可设置自己的上课时间，并查询学生的考勤情况，设置学生的病事假等。

(4)讨论报告

在讨论报告管理中，一方面教师可以增加、修改、删除讨论报告的内容，另外还可以对学生提交的讨论报告进行批阅打分。

(5)综合服务

在综合服务中，任课教师可以发布一些通知、进行账户的维护以及成绩统计，成绩的统计包括上机实验、实验报告、讨论报告、考勤、大作业等几个部分，可按照不同的比例进行加权平均，最后由系统给出每个同学的实验总成绩[3]。

3 系统的应用成效

本系统从开始应用到现在已经有三年多的时间了，经过三年来的实践证明，无论从时间、效率以及学生学习的积极性、教师的工作量等方面来考虑，都有着明显的变化，如表1所示，笔者以一个60人的学生班为例，做了一个使用系统前后的数据对比。

表1 系统使用前后数据对比

	系统使用前	系统使用后	备 注
学生出勤率	70%	95%	包括旷课、迟到、早退等情况
学生实验的积极性	60%	100%	每次课堂上真正做实验的人数
学生做实验的所消耗的纸张	1440	0	实验报告及讨论报告用的纸张数，按7次实验5次讨论，平均张/(人·次)计算

续表

	系统使用前	系统使用后	备　注
教师完成一次实验所需的时间	4 小时	15 分钟	包括实验题准备，上课点名，课后实验报告的批阅等
教师课上辅导学生的百分比	50%	全部	指的是每次上课时间，教师所能够满足辅导学生的人数，按 3 分钟/人次，一次课 90 分钟计算
期末成绩统计所花费的时间	4－8 小时	5 分钟	包含上机题、出勤、实验报告、讨论报告、大作业等的各项成绩的统计
学生对课程的满意率	70%	90%	学生问卷调查

由表 1 可以看出，本系统的使用，减少了学生的旷课、迟到、早退现象，提高了学生实验的积极性，节约了实验所消耗的纸张，节省了教师准备实验的时间，扩大了教师的辅导比率，学生对本课程的满意程度也得到了提高，因此引入数据库技术智能实验系统，对数据库类的实验课程来说它不仅可以使教师从烦琐的手工作业中解脱出来，从而有更多的时间从事教学研究，而且多高校计算机类实验课程的教学改革提供了一种创新思路。目前本系统已申请国家软件著作权并获得了国家教学软件评比三等奖。

参考文献

[1]辛后居，庞文涛. 基于 B/S 模式的研究生网上选课系统的设计与实现. 大众科技，2006(1)：77－78.

[2]邓文渊，趁俊荣等. ASP 与网络数据库技术. 北京：中国铁道出版社，2003.

[3]王德广. 数据库信息开发平台的研究与设计. 上海：上海海事大学，2006：30－51.

面向产业升级的产品创新设计工程硕士培养研究

应放天　赵晓亮　蔡晓平　黄　琦　张志猛　朱小军

浙江大学软件学院,浙江宁波,315103

摘　要: 面向产业升级,产品创新设计是其中一个重要因素。然而能否科学有效地开展产品创新设计工程硕士生的培养,将直接影响到高等教育人才培养的质量。本文以硕士生创新教育人才培养模式的突破与创新为切入点,围绕政、产、学、研、经,融合工业化与信息化的趋势,通过信息产品设计系学生扎根宁波,服务当地经济,不断提升宁波本地的设计影响力,从而进一步带动本地经济。最终得出这一模式在实践中所取得的显著成果,以期对高等教育人才培养模式有一定的借鉴和示范作用。

关键词: 产品创新设计;工程硕士;培养模式;实践

1　引　言

在知识经济时代,在面向产业升级的大环境下,社会的快速发展既给高等教育提供了千载难逢的机遇,又使其面临着史无前例的挑战。世界各国,无论是发达国家,还是发展中国家,均以前所未有的决心和力度倾注于教育,把开展创新教育和建立国家创新体系作为迎接新实际知识经济挑战和机遇的"头号工程"。创新教育也因此成为硕士生文化素质教育乃至整个高等教育的主旨和核心。正是在这样的背景下,我们提出并践行了"面向产业升级的产品创新设计工程硕士培养"模式,旨在培养学生以下四方面能力:设计、技术、用户界面和商业。通过多学科交叉,深化学生理论素养的培养,加强学科间的沟通交流,通过强调"信息产品设计＋嵌入式系统＋机电一体"等相关学科间的内在联系,达到学生知识体系的广博性、整体性与结构性,以适应社会与经济发展对复合型创新高级人才的需求。

2　概　述

计算机专业人才的培养在近十年有飞速发展,培养规模逐渐变大,学科建设形成体系,师资建设形成梯队,设备条件得到较大更新。但是在计算机专业发展迅速的同时,也带来了很多问题,如学科分类不清,学生学习专业知识不精,毕业就业得不到保障等。因此如何培养能适应社会需求的计算机专业毕业生成为许多学者研究的主要课题。其中应用型创新人才的培养是近年来我国学术界研究的热点之一。

赵晓亮　E-mail:xiao_liang99@126.com

迄今为止，我们关于应用型创新人才培养的研究所涉及的问题可以说是全方位的。例如，对应用型创新人才的特征、培养意义等基本问题的探讨，使我们对应用型创新人才有了较为清晰的认识；对学科建设、科学研究、教学管理制度、教学方法、思想教育等因素与应用型创新人才培养的关系的分析，使我们基本明确了我国应用型创新人才培养的现状、问题和策略；对应用型创新教育的内涵及实施的研究，为我们进一步深入研究应用型创新人才培养奠定了坚实的基础。

以浙江大学软件学院信息产品设计系的课程教学团队为核心力量，经过不懈努力，充分围绕政、产、学、研、经，融合工业化与信息化的趋势，通过我院信息产品设计系学生扎根宁波，服务当地经济，不断提升宁波本地的设计影响力，从而进一步带动本地经济。

通过此培养模式，有效推动当地优势资源的开发与利用。该课程整合多学科优势，组建了创新团队，在国内外知名设计竞赛如IF、Red-Dot、伊莱克斯2020等中多次获奖，同时在国内外有影响力的创业计划大赛中取得较好的成绩，受到了国内外的广泛关注。

2.1 多学科交叉的课程教学体系

为了塑造应用型创新人才，必须让学生具有广阔的知识视野和对跨学科知识的领悟。因此整合"信息产品设计＋嵌入式系统＋机电一体"等相关学科，充分融合理论与实践，有效完善信息产品设计在产业化方面的创新培养模式。

针对信息产品设计的学生，我院设置了各种"平台课程"，目的是为了拓展学生的知识视野。"学校平台课程"旨在加强科学精神和人文精神的贯通和融合，全面提升学生的思想道德素质、文化素质、科学素质、身体素质、心理素质等。"院系平台课程"包括相关学科基础课程和学科基础课程，旨在使学生掌握宽厚而扎实的本学科及相关学科的基础知识、基本理论和基本技能。在课程设置上，我们特别注重体现加强基础、拓宽口径的思想，重视相关学科的交叉与融合，以促进学生综合素质的提高。

总之，我们强调学科交叉，如计算机多媒体技术专业开设程序设计，以强化学生的科学素养和逻辑分析能力。另外，近几年，我们院系老师也发表了各个相关学科的论文并承担相应的教学著作。

2.2 政、产、学、研、经紧密结合

政、产、学、研、经结合是为了培养信息产品设计专业应用型创新人才。应用型创新人才是建设应用型创新国家的重要力量。一般来说，应用型创新人才具有扎实的专业基础、广阔的国际视野和敏锐的专业洞察力。这些重要的品质和能力在传统封闭的教育环境中是不可能产生的，必须走政、产、学、研、经结合培养应用型创新人才的新途径。

首先，我院倡导研究型教学，促进高等教育与科学研究相结合。实践证明，高校的科研工作极大地提升了人才培养的水平与质量。其次，要强化实践教学环节，促进企业的对接。最后，借助自己的实践完成毕业设计。

通过几年的课题与产、学、研、经实践，不断丰富教学与成果转化，在支持地方经济发展方面成果显著，见表1。

表 1　浙江大学软件学院信息产品设计(2005—至今)成果一览表

课题名称	产业界合作伙伴	年　限	项目负责人
智能扫地机器人开发	微朗科技	2008—2010	应放天
智能康复医疗护理机开发	日本	2009—2010	应放天
智能割草机开发	宁波赛合科技有限公司	2008—2011	应放天
智能整体厨房开发	宁波富达股份有限公司	2007—2009	应放天
智能营养果汁机开发	美国	2008—2009	应放天
全新自动化产品开发及原有产品再设计	日本	2009—2011	应放天
吊顶系列产品创新及改良设计	浙江鼎美电器有限公司	2006—2010	应放天
嵌入式洗浴机控制系统及系列产品	江西乾元机械制造有限公司	2008.02.01	应放天
面向区域的嵌入式软件技术环境研究	863 计划	2005.03—2005.12	应放天
信息产业创新设计平台	浙江省信息产业厅	2007.1.31	应放天
教育部计算机辅助产品创新设计工程中心(宁波)分中心平台	宁波高新技术产业开发区管委会	2008.01—2008.08	应放天
基于嵌套随机集的产品意象认知模型研究	国家自然科学基金项目	2011.01—2013.12	黄琦
基于混合定位技术的位置服务研究及其在无线健康中的应用	浙江省重大科技专项国际作项目	2009.02—2012.02	黄琦
情感化设计中用户感性意象认知模型的研究	浙江省自然科学基金项目	2007.01—2008.12	黄琦
基于意象认知模型的计算机辅助概念设计技术	中国博士后科学基金项目	2006.09—2007.07	黄琦
基于虚拟人技术的三维整形设备关键技术研究及开发	浙江省科技重大专项项目	2008.09—2010.08	黄琦
基于模糊逻辑的产品风格认知模型的研究	国家自然科学基金项目	2005.01—2007.12	黄琦
面向突发性群体事件的群体行为模糊模型研究	国家自然科学基金项目	2007.01—2009.12	黄琦

2.3　面向产业升级的产品创新设计工程硕士培养模式的创新之处

在践行了面向产业升级的产品创新设计工程硕士的培养模式之下，总结出该模式有如下几点创新之处：

(1)创造性提出“整合与创新”的设计实践观点，进一步丰富“面向产业升级的产品创新设计工程硕士培养”模式

信息产品设计系及分中心依托计算机辅助产品创新设计教育部工程研究中心的学科交叉特色，完善教师创新团队建设，配合教师科研项目，重点开发传统产业提升案例，提升传统产业提升案例质量；继续进一步广泛收集经典文献；案例开发教师逐渐进入授课教师序列，同时每次开课前对研究生助教进行必要的培训。团队的教师平均每年都有 5 个以上

的科研项目，近几年，获 863 项目等各类课题 30 多项。

(2)拓宽国际视域，增强创新思维

学院鼓励青年教师进行各种形式的国际学术交流与联合授课。2005—2010 年间，分别有多名青年教师多次赴德国、澳大利亚、新加坡、日本、英国、丹麦等地的高校进行学术访问和考察；进一步增加外教联合授课比例，进一步引入工程师联合授课比例，丰富教师教学视野，目前，青年教师已成为该课程教学的主力军；选择性地引入国际设计教学，结合自身，通过双方定期的交流访问，联合培养办学，进一步拓宽教师与学生的国际视野。

(3)规范教学管理，增强教学能力

所有教师不仅要求其具有过硬的专业知识，更要求其加强教育理论与教学方法的学习与思考，积极参与教学改革实践。采用集体备课、培养性讲课等方法，对中青年教师讲课内容、方法、台风等进行实时修正。鼓励中青年教师积极参与讲课比赛、教学研讨、教改研究等学术活动。目前团队成员多为教学骨干，且多次获得嘉奖。

(4)创造实践，完善总结，促进整体提高

该模式理论联系实际，融知识传授、能力培养、素质教育于一体，能给学生联想、创新的启迪；实践教学条件与设计的各类实践活动能够很好地满足教学要求和培养要求；能够进行开放式教学，课内、课外结合，教书育人效果明显。从 2005 年到 2009 年，毕业生收入水平连续 5 年呈 1.11 倍增长态势，就业率年年在 97％以上。

2.4 面向产业升级的产品创新设计工程硕士培养模式的实践举措

自“面向产业升级的产品创新设计工程硕士培养”模式的建立，通过近几年的实践，到目前为止，已经充分体现在信息产品设计系的教学与成果中。此模式的实践发展过程如下：

2007 年在院内率先开设“面向产业升级的产品创新设计工程硕士培养”模式，2007 年开设了《整合与创新设计》课程，2008 年增设了信息产品设计与实践、产品创新与商业模式等知识交叉课程。根据本专业对集成培养整合知识的教学要求以及国内外教学的优点和不足，课题组负责人应放天副教授通过对浙江大学计算机辅助产品创新设计教育部工程中心多年设计教育学的实践研究，在 2007 年设立一门设计专业基础课程，力图为集成知识整合创新的专业课程奠定创造基础，用其整合创新方法激发学生和产品创新工作者的创造力。随着教学成果的呈现，本课程对国内工业设计专业课程的改革已经起到了很好的推动和示范作用。

其中，整合与创新设计是一门重要的设计专业课程，它研究产品创造理论与方法、技术的人性面与反人性面的双重联结，以及信息产品整合设计等理论，为艺术设计、工业设计、嵌入式技术等专业学生掌握如何根据市场的种种需求来整合适当的科技成果作支撑，从而提升创造新产品的知识与能力。

信息产品设计与实践推崇以创新理念为主导的全方位设计研究，结合“信息产品设计＋嵌入式技术＋机电一体”等学科交叉资源，超越 OEM 以及 ODM，有效结合产品创新与商业模式，来创造性地引领商业革新的 OCM 思考模式。整合设计的理念，成为以解决产业提升中实际问题为目的，以科技、人文为设计空间的全新解决方案。

2.5 面向产业升级的产品创新设计工程硕士培养模式的实践成果

“面向产业升级的产品创新设计工程硕士培养”，无论从设计竞赛、创业大赛、学生专利还是合作办学方面来说，近年来都取得了较为丰富的成果。

(1)设计竞赛

指导学生参加国际顶级设计竞赛，获 2 项德国 IF 材料概念奖，4 项德国 IF 概念设计奖，获 11 项德国红点概念设计奖，瑞典伊莱克斯“2020 年家的构想”国际设计大赛银奖和第四名。参加国内设计比赛，获奖 27 次，其中一等奖 6 次、二等奖 10 次、三等奖 11 次，见表 2。

(2)创业大赛

2009 中国科技创业计划大赛二等奖，暨大赛六强，国内外 1516 支团队；第七届中国大学生“挑战杯”创业计划大赛省赛一等奖；第七届浙江大学“蒲公英”创业计划大赛一等奖；2010 首届宁波电子服务创意设计大赛最高奖——精英奖，见表 2。

表 2 部分学生获奖清单

序 号	参赛名称	奖项	作品名称	作 者
1	德国 IF 设计大赛	最佳设计奖	定时开关	浙江大学信息产品创新团队
2	德国 IF 设计大赛	最佳设计奖	智能救生网	浙江大学信息产品创新团队
3	德国 IF 设计大赛	最佳设计奖	针	浙江大学信息产品创新团队
4	德国 IF 设计大赛	最佳设计奖	无叶风扇	陈姿孜
5	Red-Dot 设计大赛	至尊奖	无叶风扇	陈姿孜
6	Red-Dot 设计大赛	最佳概念设计奖	智能救生网	浙江大学信息产品创新团队
7	德国 IF 设计大赛	材料奖	竹夹笔	浙江大学信息产品创新团队
8	德国 IF 设计大赛	材料奖	杯垫	浙江大学信息产品创新团队
9	“雅竹香炭杯”渔文化旅游工艺品创意设计大赛	优秀奖(四项)	游鱼——茶具、贝·垫、星海拾贝挂件、鱼趣折叠购物袋	浙江大学信息产品创新团队
10	“镇海杯”国际工业设计大赛	三等奖	swan 负离子水龙头	徐健鸣
11	“镇海杯”国际工业设计大赛	优秀奖	咖啡包装杯	徐健鸣
12	“和丰奖”工业设计大赛	优秀奖(七项)	水火相容、一举两得、记忆——灯具设计等	刘鹏、陈轩、林琳
13	“和丰奖”工业设计大赛	企业对接奖	智能割草机器人设计与研发	教育部计算机辅助产品创新工程中心(宁波)中心
14	“和丰奖”工业设计大赛	企业对接奖	智能护理机器人设计与研发	教育部计算机辅助产品创新工程中心(宁波)中心

续表

序 号	参赛名称	奖项	作品名称	作 者
15	2010中国科技创业计划大赛	项目组三等奖	智能健康反馈机器人	“大三合”创业团队
16	2010中国科技创业计划大赛	企业组三等奖	无叶风扇	陈姿孜创业团队
17	2010首届宁波电子服务创意设计大赛	最高奖——精英奖	智能救生网	“大三合”创业团队
18	2010首届宁波电子服务创意设计大赛	新锐奖	汽车表情	IID LAB创业团队
19	第七届中国大学生“挑战杯”创业计划大赛省赛	一等奖	智能卫生护理机器人	“大三合”创业团队
20	第七届浙江大学“蒲公英”创业计划大赛	一等奖	智能卫生护理机器人	“大三合”创业团队

(3)学生专利

学生获国家实用新型专利62项，其中14项为企业新增专利，含部分发明专利。

(4)合作办学

象山创意设计学院、慈溪智能家电班的成立，浙江大学软件学院与苹果公司合作办学，成立信息产品艺术设计方向等。

(5)教学团队的教学实践及表彰/奖励

第一，教师队伍的多数成员积极参与国家863、973及省、市课题，在地方企业与高校政、产、学、研、经等方面成效显著。

第二，在教师团队中，5人获得浙江大学优秀班主任、优秀德育导师等称号。

第三，专职教师中3人为学院骨干教师。

2.6 面向产业升级的产品创新设计工程硕士培养模式的实践成果具体内容

(1)多学科交叉的课程教学体系

整合“信息产品设计＋嵌入式系统＋机电一体”等相关学科，充分融合理论与实践，有效提高信息产品设计在产业化方面的创新培养模式。表3所示为主要课程，表4所示为承担的实践性教学著作，表5所示为近几年发表的学术论文。

表3 主要课程

课程名称	课程类别	周学时	届 数	学生总人数
整合与创新设计	专业课	4学时/周	3届	76人
信息产品设计与实践	专业课	4学时/周	3届	76人
产品创新与商业模式	专业课	4学时/周	3届	76人
系统分析与设计	专业基础课	4学时/周	3届	320人
项目管理	专业基础课	4学时/周	3届	320人

表4 承担的实践性教学著作

题　目	出版社名称	署名人
《设计思维与表达》	华中科技大学出版社	应放天
《计算机辅助工业设计》	机械工业出版社	应放天
《造型基础 形式与材料》	华中科技大学出版社	应放天
《造型基础 形式与语意》	华中科技大学出版社	应放天
《造型基础 形式与色彩》	华中科技大学出版社	应放天

表5 近几年发表的学术论文

课题名称	来　源	署　名
图形媒介与现代设计	机械工业出版社	应放天
成功产品设计案例分析—奥普浴霸	中国图像图形学报	应放天
解读设计与符号	Proceedings of 5th International Conference on Computer-Aided Industrial Design and Conceptual Design	应放天
网络虚拟现实技术的工业设计应用	Proceedings of 5th Intern tional Conference on Computer Aided Industrial Design and Conceptual Design	应放天
产品风格计算研究进展	计算机辅助设计与图形学学报(一级)	黄琦
利用Kuhn-Tucker定理求解多机器人作用下物体内力极小值	中国机械工程(一级)	黄琦
基于SACRED元模型的MDA工具研究	浙江大学学报(工学版)(EI核心期刊)	黄琦
基于意象认知模型的汽车草图设计技术研究	浙江大学学报(工学版)(EI核心期刊)	黄琦
Knowledge Management System based on Semantic Web in e-Learning Community	Lecture Notes in Computer Science(SCI收录)	黄琦
A Modified Adaptive Stochastic Resonance for Detecting Faint Signal in Sensors	Sensors(SCI收录)	黄琦
Semantic-based Mobile Mashup Platform	ISWC2010	黄琦

(2)政、产、学、研、经紧密结合

通过几年的课题与产、学、研实践，不断丰富教学与成果转化，在支持地方经济发展方面成果显著，见表1。

总之，通过多学科交叉的课程教学体系，政、产、学、研、经紧密结合，面向产业创新设计及企业对接等方式，将进一步推进面向产业升级的产品创新设计工程硕士培养模式的实践以及研究。

参考文献

[1]徐鹏.大学生创新教育人才培养模式实践研究.绵阳师范学院,2009.
[2]陆慧娟.以大学生科研活动为载体 培养计算机专业创新人才.中国大学教学,2011.
[3]郑春龙,邵红艳.以创新实践能力培养为目标的高校实践教学体系的构建与实施.中国高教研究,2007.

Construction and Preliminary Exploration of Computer Related Professional Talents Cultivation System at the Open University

Yu Jiangfeng, Li Yi

School of Information and Engineering, Zhejiang Radio and Television University, Hangzhou, Zhejiang, 310030

Abstract: With national development plans and computer talent demands and many other requirements, Zhejiang Open University should build software information technology related majors and personnel training programs for national development and social progress. This article focuses on analysis of the design of computer related talents cultivation plan at the Open University which reflecting the principles of "talent, quality, learning and service" and the mentality of the construction of computer related majors. Moreover, with reference to software development and application talents cultivation plan, this article preliminarily explores computer related professional talents cultivation system at the Open University.

Key word: Open University; Talents Cultivation Plans; Software Development and Application

1 Introduction

In today's world, information technology, as one of representatives of the high and new technology development, profoundly impacts on the country's political, economic, and many other aspects, and taking a place in the high-tech field becomes a safeguard to national sovereignty and economic security. "The National Plan for Medium and Long Term Development of Talents (2010—2020)" points out that: to implement the projects of updating professional and technical personnel knowledge, and to update their knowledge on other key areas of large-scale continuing education, it needs to train one million high-level professional and technical personnel annually, and by 2020, it should count about total 10 million times of training, which is relying on the higher education institutions, scientific research institutions and existing teaching institutions in large enterprises, in order to construct a batch of national continue education bases.

Yu Jiangfeng E-mail: Yujf@zjtvu. edu. cn

In recent years, China's software industry has made great progress, foreign software companies have expanded in China, while China's domestic software companies are stepping up pace on research and development. According to the prediction made by China's Ministry of Information Industry, Chinese market is expected to have at least 300, 000 software talents gap every year, including high-end programmers and junior programmers who are both in particular short of. Some data show that in recent years, the monthly recruitment number of computer-related talented person is about tens of thousands. The demand for talents is large, and the gap is also large, such status explains why a large number of students choose computer science majors. Moreover, since the rapid development of computer technology, industry training market has great potential.

No matter from national development plans or in terms of the demand for computer professionals, they both prove the important position which the software information industry seizes in the next decade. Therefore, Zhejiang Open University should seize the opportunity to build software information technology related majors and talent training for national development and social progress.

2 The Mentality of Designing Computer Related Talents Cultivation Plan

Open University computer related talents cultivation plans reflect the principles of "talent, quality, learning and service" in design. In detail, the principle of "talent" is to point out that the Open University computer related talents should be able to adapt to the new requirements in new era. To meet the needs of enterprises as the starting point, the plan should focuses on cultivating students' practical ability and experiencing actual project to make students hang on to the enterprise culture and be useful to enterprises.

The principle of "quality" is to point out that the Open University computer related majors should be strict on quality control. For the quality control of teaching, a mechanism should be made to ensure high working quality of teachers. For the quality control of students, being strict on the appraisal and graduation requirements can avoid "bad coin drives out good coin" phenomenon. Only good quality of teaching builds a good Open University.

The principle of "learning" is to point out that the Open University computer related majors should provide all types of learners with suitable teaching resources, to make every learner at the Open University learn and gain, especially be deeply rooted by the concept of lifelong learning.

The principle of "service" is to point out that the Open University computer related majors should try to provide first-class learning system. By using advanced teaching platform and information technology, Open University should provide every learner with nuanced services, so that every learner at the Open University feels themselves being taken seriously and feel appreciated.

Based on the above design principles, the mentality of designing computer related talents cultivation plan are as following steps:

2.1 Set degree education and non-degree education in modular courses

The Open University should be able to meet the different types of learning needs, and should be able to provide degree education and non-degree education, with the modular course system, it is divided into two main modules including the degree course module and training course module.

Degree course module includes public basic course and specialized fundamental course; Training course module focuses on areas of new technology and can build more professional directions. Students who have basic knowledge of corresponding courses can only select training course module, learning new technologies of their own interest, and access to relevant training certificates; Students can also study these two modules to get computer related professional undergraduate graduation certificate.

Training module adapts to the needs of continuing education and lifelong learning, and provides students with a non-degree education entrance. And in the field of computer, due to the technology is developing rapidly, the training is a huge market, if can make training course module, the Open University will get great benefits. To divide the curriculum into the degree course module and training course module can put the degree education and non-degree education combined, helping to provide different students with different teaching contents, and to achieve the flexibility of teaching.

2.2 The flexible learning system: multi-entrance, multi-exit and multi-direction

There are varieties of Open University students; they can be from technical secondary schools, secondary vocational schools, high schools, vocational colleges, and even universities. Therefore, it should take full consideration on the existing basic knowledge and skills of each student at the designing stage of majors, and it should provide both entrance and exit for students to learn to meet labor market needs, as shown in Fig. 1.

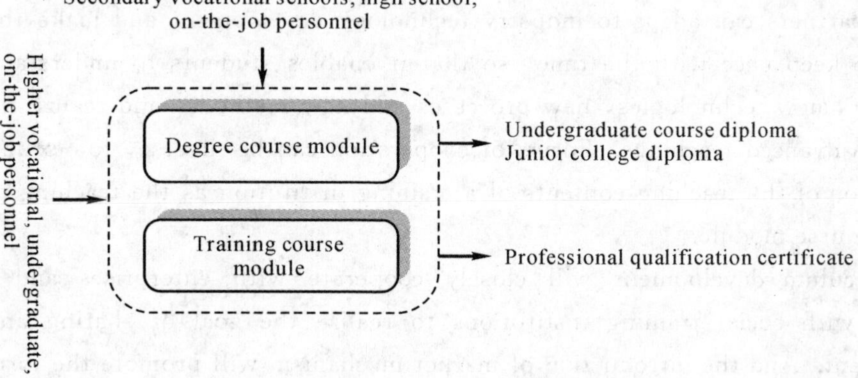

Fig. 1 The flexible learning system: multi-entrance and multi-exit.

Multi-entrance, on the one hand, refers to the ability to attract graduates from secondary vocational schools and high schools, and also the IT on-the-job personnel (or called continuing education personnel); On the other hand, multi-entrance refers to students who have some related knowledge can learn from training module, while other students can enter from basic degree course module. Modular course system is the premise of multi-entrance teaching.

Multi-exit refers that students can obtain the relevant certificate for the purpose, also can be computer-related graduate certificate and degree certificate for the purpose, and even students can only learn one interesting course for their purpose. Multi-exit teaching mode makes student get what they want.

Multi-direction refers that training course can be divided into a number of training directions, in which each student can choose their own direction of interest and every direction is corresponding to an appropriate industry certification when student complete the learning, they will automatically receive the corresponding certificate.

2.3 Professional competence as the core, and enterprises, industry associations and training

Higher education has the problem of heavy theory while light practice, so there is a gap between graduates and the actual need of enterprises. For the computer industry, the enterprise is serious to the staff's practical ability, so in the curriculum, it should put the training of the students' vocational competence as the core objective to meet the actual need of the enterprise, and to improve the professional education of computer related pertinence and flexibility, to enhance experiment teaching and practice teaching which can help strengthen students' operation skills and application skills.

To achieve these objectives, as teaching resources of Open University is limited and not enough, it also needs to extensively cooperate with enterprises, industry associations and training institutions. Compared with the Open University, social training institutions can better at adjusting the teaching content timely and grasping the latest development of the technology. To make enterprises, industry associations and training institutions as teaching partners can adapt to industry technology development and make the teaching content to keep pace with the time, so that it enables students to understand the new knowledge, new technologies, new processes and new methods, and realize the unity of basic and advanced teachings. Forms of cooperation can be diverse, for example: direct introduction of the teaching contents of a training institution as the teaching contents of training course module.

Curriculum development will closely cooperate with enterprises and effectively integrate with social training institutions to realize the goal of sharing and win-win development. And the introduction of market mechanism will promote the formation and development of high quality resources.

2.4 Build brand courses and set up a new image

Learning resources is the core competitiveness of an Open University. In recent years, with public praise, networks of foreign public courses have become popular on the Internet. If the Open University could open several well-loved courses, it will significantly help the Open University set up a new image. For computer related majors, if we could open several high-level courses and open to the public free of charge, then not only made a contribution for the society, but also made the Open University more attractive to potential learners. In the choice of the course, it should make people who are interested in computer technology as the selecting principle; and it should position on students from first-class university and make them happy to learn the course.

2.5 Build first-class service system for learning

Platform, resources and services are three essential elements of distance education. For a specific major, when building first-class teaching resources, at the same time, it also needs to build a first-class service system for learning. This includes two aspects: firstly, each course needs to form a teaching team to realize nationwide standardized teaching counseling through the strength of team; secondly, using information technology to improve service level, for instance, the cohesion of teaching platform and mobile equipment enables students to learn movably, and the information push service allows teachers to promptly reply and answer questions and give advice to students on their next step of learning through tracking their learning activities.

3 Preliminary Exploration of Software Development and Application Talents Cultivation System

3.1 Enrollment targets

This major (Software Development and Application) targets on graduates have high school degree (including equivalent degree) or above qualifications, and also targets on on-the-job personnel. High school graduates (including equivalent degree) can start learning from the degree course modules, while on-the-job personnel can learn directly from the training course modules.

3.2 Graduation requirements

This major has more than one exit; graduation may take forms as follows: undergraduate graduation by learning all of the courses and passing the examination; single-subject graduation by studying a single course and passing its examination; learning experience certificate by learning a few courses and passing the examinations.

3.3 Vocational ability

Through the development and application of survey software, to set up a reasonable curriculum system, jobs can be classified into two categories: position on "program design and development", and position on "technical support and services". Among them, the first category jobs according to program design and development of technology used in the position can be divided into: C language programmers, java programmers. Net programmer, etc.; according to the content of the software jobs can be divided into: game developers, mobile phone application developers, information systems developers and so on. The second category of technical support and services positions can be divided into: software testers, software after-sales service, information center staff, database administrator and so on.

Requirements of different positions vary, but the basic requirements are the same. Computer-related basic requirements include:

- Understand basic computer knowledge and familiar with the use and maintenance of computer hardware and software environment;
- Understand how computers work, and familiar with installation configuration and maintenance of a variety of system software and application software;
- Master mainstream computer language, and be able to read software codes and use them to write programs;
- A skill to use database technology.

The above four requirements are basic or common requirements for software development and application graduates. However, different positions have different requirements which are summarized in Table 1 (in four positions, for example). Job requirements analysis confirms the necessity for modular curriculum: common job requirements corresponding courses should be put in degree course module; while different vocational requirements corresponding courses should be put in training module for in-depth training in a certain direction; to obtain the bachelor's degree certificate, students need to complete all of courses in these two modules; while training personnel just choose the training module, and when they complete the training module courses they can obtain corresponding certificate.

Table 1 position and its requirements

Position category	Position	Position requirements	Main duties
program design and development	java programmer	1. Familiar with requirement specifications and system description document, analysis of system detailed design, code a given detailed design diagram, and complete the coding of unit tests; 2. ability to write software manuals and presentation of text; 3. Understand the development of professional knowledge; 4. Understand object-oriented analysis and design method and unified modeling language; 5. Master one kind of programming language (JAVA, HTML or JSP); 6. Understand basic knowledge of database.	According to demand, detailed design of system and system description document, implement coding of target system
	software tester	1. According to the product specifications, write test plan, design test data and test cases; 2. Implement software test, and analysis and report on software problems, find solution to problem in time; 3. Complete the system test, and responsible for product function, property and other tests; 4. Put forward the further improvement of the software and evaluation of the improved plan.	Determine verification test suite for every software version; Set up and carry out the test, and complete the test evaluation.
technical support and services	software after-sales service	1. Customer consultation, help customers using software; 2. Responsible for software after-sales technical service; 3. Communication with customers, collect and organize customer feedbacks; 4. According to customer needs, provide optimal plan and product; 5. Understand knowledge about software domain which sold; 7. Familiar with operation system (WINDOWS); 8. Familiar with Internet or office automation technology.	According to the company's service process and standard, provide user with high quality standard of the IT services and communication;
	computer administrator	1. Familiar with operation system (WINDOWS); 2. Familiar with Internet or office automation technology; 3. Familiar with computer performance, strong hardware maintenance skills; 4. Master general network problem solutions.	Computer maintenance, network debugging.

3.4 Curriculum system

Curriculum system sets the necessary theory as the basis, the practice as the core, and divided into degree course module and training course module. Among them, the degree course modules including basic courses and graduation design; Training module can have more than one direction and can directly introduce courses from training institutions.

Curriculum system has two entrances and two exits, which including of high school education entrance (including equivalent) and training personnel entrance, and undergraduate exit and training personnel exit. High school education entrance (including equivalent) should firstly learn basic courses, then study training course, finally do the graduation design and complete the whole degree education, while training personnel only takes training courses for non-degree education. In addition, there is an entry and an exit for single subject study personnel who learn a few courses. These students are not marked on the diagram, but these students are encouraged and supported by the Open University.

3.5 Teaching plan

The Open University constructs new majors with different directions, but the degree course module is same (shown in Table 2), as degree course module's role is to teach the basics knowledge to students. Training module's role is to train for a specific direction of application-oriented talents, and it should reflect the current technology hot spots and focus on latest business needs, and regularly adjust the module in the curriculum setting. Training module should work with enterprises, industry associations, training institutions and other cooperative education organizations. Table 3 is using the major of software development and application's "mobile application developer" direction as an example of the making a teaching plan. Teaching plans in the other direction has the same degree course module and different training course module.

Table 2 degree course module

<table>
<tr><th rowspan="2">Course categoty</th><th rowspan="2">NO.</th><th rowspan="2" colspan="2">Course Name</th><th rowspan="2">Credit</th><th colspan="8">Suggested term arrangement</th></tr>
<tr><th>1st term</th><th>2nd term</th><th>3rd term</th><th>4th term</th><th>5th term</th><th>6th term</th><th>7th term</th><th>8th term</th></tr>
<tr><td rowspan="15">degree course module</td><td>1</td><td colspan="2">Entrance guide to Open education</td><td>1</td><td>√</td><td></td><td></td><td></td><td></td><td></td><td></td><td></td></tr>
<tr><td>2</td><td colspan="2">Deng xiaoping theory and the important thought of "three represents"</td><td>2</td><td>√</td><td></td><td></td><td></td><td></td><td></td><td></td><td></td></tr>
<tr><td>3</td><td colspan="2">English</td><td>4</td><td>√</td><td></td><td></td><td></td><td></td><td></td><td></td><td></td></tr>
<tr><td>4</td><td colspan="2">Discrete mathematics</td><td>4</td><td>√</td><td></td><td></td><td></td><td></td><td></td><td></td><td></td></tr>
<tr><td>5</td><td colspan="2">Computer application basis</td><td>4</td><td>√</td><td></td><td></td><td></td><td></td><td></td><td></td><td></td></tr>
<tr><td>6</td><td colspan="2">The microcomputer system and maintenance</td><td>4</td><td></td><td>√</td><td></td><td></td><td></td><td></td><td></td><td></td></tr>
<tr><td>7</td><td colspan="2">Computer operating system</td><td>4</td><td></td><td>√</td><td></td><td></td><td></td><td></td><td></td><td></td></tr>
<tr><td>8</td><td colspan="2">The computer network</td><td>4</td><td></td><td>√</td><td></td><td></td><td></td><td></td><td></td><td></td></tr>
<tr><td rowspan="3">9</td><td>Visual Basic design</td><td rowspan="3">Language courses Choose one out of three</td><td rowspan="3">4</td><td rowspan="3"></td><td rowspan="3">√</td><td rowspan="3"></td><td rowspan="3"></td><td rowspan="3"></td><td rowspan="3"></td><td rowspan="3"></td><td rowspan="3"></td></tr>
<tr><td>C language program basis</td></tr>
<tr><td>java program design basis</td></tr>
<tr><td>10</td><td colspan="2">Data structure</td><td>4</td><td></td><td></td><td>√</td><td></td><td></td><td></td><td></td><td></td></tr>
<tr><td>11</td><td colspan="2">SQL Server Database application</td><td>4</td><td></td><td></td><td>√</td><td></td><td></td><td></td><td></td><td></td></tr>
<tr><td>12</td><td colspan="2">Software engineering</td><td>4</td><td></td><td></td><td>√</td><td></td><td></td><td></td><td></td><td></td></tr>
<tr><td>13</td><td colspan="2">Graduation design</td><td>7</td><td></td><td></td><td></td><td></td><td></td><td></td><td></td><td>√</td></tr>
</table>

Table 3 "mobile application developer" direction: training course module

Course categoty	NO.	Course Name	Credit	Suggested term arrangement							
				1st term	2nd term	3rd term	4th term	5th term	6th term	7th term	8th term
training course module	1	Mobile application platform	4				√				
	2	Java Programming ideas	4				√				
	3	Graphics and multimedia	4				√				
	4	J2ME Programming technology	4					√			
	5	J2EE Comprehensive technology	4					√			
	6	Embedded system	4					√			
	7	Android project combat	7						√		
	8	iOS project combat	7							√	

4 Conclusion

Currently the number of computer-related major graduates is increasing, but it is still difficult to meet the demand of IT enterprises for their rapid growth, and there is a dislocation supply and demand relation between graduates who are looking for jobs and IT enterprises who are hard to find computer talents. Enterprises are not only lack of high-end talents, but also are lack of blue-collar who do basic works in the computer software industry. University computer science graduates lack practical experience and cannot directly taking a position, so training institutions can provide graduates pre-job training programs. For example, APTECH launched the "after degree" project, which aims to help graduates fill the gap between business needs and their competences, so that senior students who take participate in can access to practical experience through training and finally meet enterprise requirements. Based on this situation, Open University computer-related majors should take various measures to enhance students' practical ability and train practical talented person.

Acknowledgment

This paper is funded by Zhejiang Province Education Department research projects in 2010 (No.: Y201017749), Zhejiang Province educational planning issues in 2011 (No.: SCG408), Zhejiang Radio and Television University education reform projects in 2011 (No.: XKT-11J01).

References

[1] Chen M. Research on the cultivation of computer science technology application talents. Computer Education, 2009(38):55—60.

[2] Guo G, Yang S, Dai J, Gong D. Facing the application talents network engineering course system: research and practice. Computer Education, 2009, 38:134—139.

[3] Fang Z. Remote education: the innovation trend and the construction of a high level distance Open University——based on ZZhejiang Radio and Television University's exploration and practice. China Distance Education, 2009:10—14.

[4] Ren W, Shi Z. Some thoughts of building the State Open University. Modern Distance Education Research, 2010(3):3—9.

[5] Yin X, Qi Y, Li Y, Gong X. Research on Modern Distance Education Based on Virtual Reality . Journal of Computational Information System, 2006, 2(1):343—348.

“面向对象程序设计”合作探究式学习中问题学习法的研究与应用

张延红　潘铁军　刘云鹏　杨晓燕

浙江万里学院，浙江宁波，315100

摘　要：本文在合作探究式学习背景下，结合具体的章节内容，介绍问题学习法在面向对象程序设计课程中的应用情况，同时提出问题学习法应用中要注意的几个问题。

关键词：合作探究式学习；问题学习法；面向对象程序设计

1　引　言

合作性学习在我校试行与推广已有一段时间，积累了一定的经验并不断得到深化。合作性学习在取得显著成绩的同时，也面临着挑战。对教师而言，对合作性学习内涵的理解程度，将对合作性学习的过程控制与管理及效果产生重要影响；如何更加有效地开展合作性学习，如何以内容而非形式赢得学生的认可与欢迎，是目前摆在我们面前亟待研究与探索的问题。在新一轮课程改革中，我们遵循课改理念，以新型师生关系为基础，以师生复合互动为途径，通过师生合作开展探究性学习，探索出了一些面向对象程序设计的合作探究学习方式。合作探究学习以问题学习为切入点，以小组活动为基本形式，通过鼓励学生自主开展知识建构，激发了学生通过学习解决问题的积极性和创造性，培养了学生探索精神和协作精神，收到了满意的教学效果。

2　问题学习法在课程教学中的实践探索

教与学是相辅相成的矛盾统一体，教学活动的过程实质上是师生心理不断变化、融合、发展的互动过程。搞好合作探究，教师是关键因素[1]。在合作探究教学程序设计时，结合教学目标和学生认知心理特点，将教学内容组合为不同的问题板块，基于现实世界的问题，以学习者为中心，把学习设置到有意义的综合性问题情景中，通过学习者的合作与不断反复改进来解决实际问题，达到学习隐含在问题背后的科学知识的目的，并形成解决问题的技能、自主学习的能力和团队协作的技巧[2]。通过“师—生”合作、“生—生”合作等方式开展学习探究，使“教”与“学”有机地融为一体。基于问题的学习关键在于通过提出和解决问题实现知识与经验的建构，在于设计一个问题作为学习的起点[3]。

“面向对象程序设计”要求学生理解面向对象程序设计的思想，掌握面向对象程序设计的基本概念和技术，以培养学生面向对象程序设计能力为目标。其对学生的能力要求如图1所示。

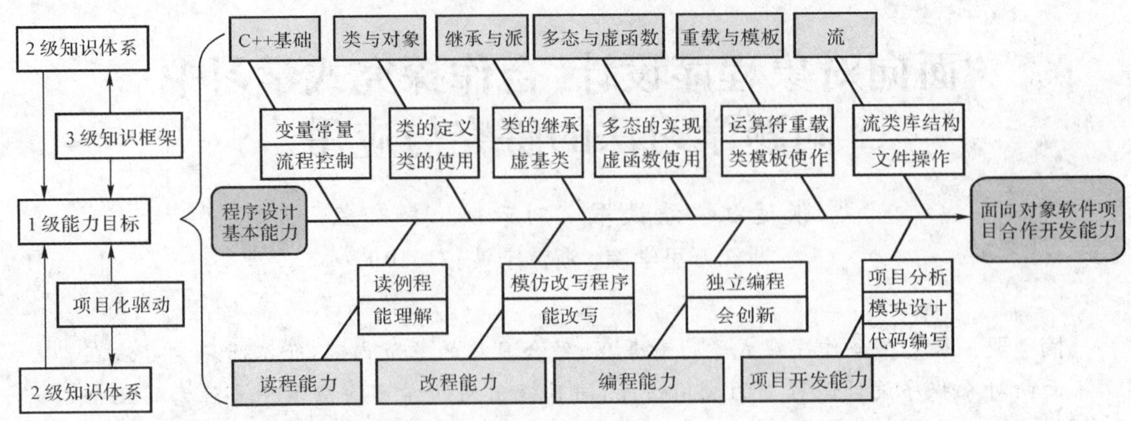

图 1　面向对象程序设计知识能力要求

在“面向对象程序设计”课程教学中，由教师根据教学的内容与目标进行问题情境的设计。以问题情境为中心，以合作探究式学习为主线，组织安排学生的课下讨论环节、课堂教学环节及以解决问题为目标的实践教学环节。下面是我们采用基于问题教学模式实施教学的一个具体案例。

本次课的教学内容是类与对象，目的是使学生掌握类的概念与定义，掌握构造函数、析构函数的使用方法，掌握对象的数据成员、成员函数的定义与使用方法，学会使用类来解决实际问题。重点是类的定义，难点为类的使用。具体的实施步骤如下：

(1) 教师设计有意义的问题情境。设计一个加油站类，包含 3 个私有数据成员：unlead（无铅汽油）、lead（有铅汽油）以及 total（当天总收入）。无铅汽油的价格是 17 元/升，有铅汽油的价格是 16 元/升。请以构造函数方式建立此值。试输入某天所加的汽油量，输出加油站当天的总收入。

问题情境的设计依据是教学内容和教学目标，做到有的放矢。教师在创设具体问题情境时，要顺应学生的认知规律，能充分利用学生已有的经验，并考虑学生的理解程度、盲点和误区。问题情境的表现形式可以有多种，如生活中的实际问题、趣味性的故事等[4]。

(2)组织督促学生的课下、课堂合作探究式学习。课下讨论学生以小组为单位，以解决问题为目的，以团队合作为组织形式，以探究式学习为能力培训目标，由小组长组织成员选定固定地方成员集体协商，集思广益提出解决方案。小组成员就类定义中静态数据成员定义几个，成员函数定义几个，各自完成什么工作，如何统计加油站当天营业额，业务处理与数据显示等问题给出设计方案。课堂讨论环节，小组对其方案再度提炼，选定发言代表，提出疑惑或不足以及方案继续探讨的方向等。

(3) 各小组内分工合作，探寻解决问题的方案。各小组确定问题处理的流程，研究问题解决方案，商讨程序的算法与数据结构，由小组成员根据自己的具体情况选择与分配具体任务，利用多渠道学习并完成各自任务。小组成员之间要积极协商交流，互相帮助，主动解决问题，完成任务。各自的任务以程序段的形式提交，并负责让其他成员理解。最后各小组汇总每个成员的程序段，组合成一个完整的程序，并对该程序进行必要的修正、完善、调试、运行。

在(2)和(3)步骤中，教师以流动指导者身份出现，利用多种途径（出席学生的课下讨论，利用 QQ、邮件等）充分了解各小组学生的学习过程，掌握学生的学习进度，并适时引导学生对问题进行深入分析，鼓励学生多交流、主动寻找解决问题的方法。但要注意，教师只能对学生进行提示和引导，指点学生探究的方向，不能明确告诉学生具体的解决方法，要让学生的思维一直处于活跃状态，例如在完善程序时，可引导学生寻找修改的切入点，但并不能直接指出要修改的位置，更不能直接帮学生修改。

(4) 课堂讨论与总结。各小组选派一位成员进行小组设计方案陈述，介绍解决加油站类设计与实现的思路与细节，也可提出自己的疑惑以及觉得不够完美的地方，引起大家的讨论，并对自己的设计方法进行评价，提出继续探究的方向。然后由教师总结。教师总结应先点出本次课的主要目标，以及简短分析点评学生合作性学习提出的方案，继而提出激发学生继续拓展学习的方向，鼓励学生课下继续进行探究式学习，鼓励学生间多合作、多学习。

3 实验环节的问题学习法应用

以往，操作性强的课程实验课都有非常详细的实验指导书，一步一步如何做写得非常详细，造成的结果就是学生不会思考，不会自己找解决问题的方法，离开了实验指导书就寸步难行。“面向对象程序设计”课程的实验教学环节设计基于问题求解过程，总共设计了基于类的简单计算器设计与实现、多项式相加问题、陨石撞飞机平面游戏、电话号码薄、三维动画设计—荡秋千、纸牌“21 点”游戏、音像店管理系统、图像编辑器设计、小小图书馆、学生信息管理系统等 10 个日常生活中常见的问题情境，并在实验过程中，通过教师讲解或实验指导书上的思路提醒，模块化图示分析、代码挖空、部分代码示等方式，引导学生找到问题的解决方法，告诉学生找到问题解决方法应该做哪些尝试(实验)，根据实验结果联想问题的解决方法。要形成这样的实验指导书难度较大，本课程组教师在实验教材或指导书的设计编写方面花费大量精力，也是该课程推行合作探究式学习过程中一个重要的探索与实验成果，体现合作探究式学习过程中教师间的合作与探究精神。

4 课程组教师合作性团队建设

开展合作性学习以来，教师普遍感觉压力增大，备课时间与精力投入更多。所以在开展合作性教学过程中，教师更应该注重合作性工作，建设合作性教师团队就显得很有必要。相关课程组、教师组建起合作性团队，固定教师团队研讨制度，定期举办课程组集体说课观摩，课堂相互听课，通过互相学习，取长补短，共享经验，不仅可以最快速度促进教师的成长，而且对合作性课程的建设、教学效果都有良好的促进作用。

5 小 结

探究式合作性学习理念的核心是一切为了学生的发展，为了提高学生的自主学习能力和创新能力。所以在问题学习法中，教学环节的设计都应该体现学生的主体地位，教师的服务地位。问题学习法强调自主“合作”探究学习，而对学生学习主动性的开发，教师的引导是关键。教师在新课改形势下要与时俱进，不断加强知识储备，提高自身思想与业务水平。同时，任何教学法都不是万能的，要博采众长，发挥不同教学法的优势，激发学生学习兴趣，达到教学相长。

参考文献

[1] Jonassen DH. 钟志贤，谢榕琴译. 面向问题求解的设计思路(上). 远程教育杂志，2004 (6).
[2] 刘景福，钟志贤. 基于项目的学习(PBL)模式研究. 外国教育研究，2002 (11).
[3] 刘瑞芝. 基于问题的探究式教学模式的研究. 大连：辽宁师范大学出版社，2005.
[4] 杨建华. 基于问题的学习教学模式在开放教育中的应用. 远程教育杂志，2005.

基于专业应用的公共计算机项目任务驱动式课程教学实践

朱晓鸣

浙江工商职业技术学院,浙江宁波,315012

摘　要: 公共计算机课程以项目化任务驱动教学模式为导向,通过项目任务指导与训练,使学生掌握计算机应用技能,同时结合学生素质教学和职业道德,进行分析问题、解决问题等综合实际工作能力的培养。通过联系实际开拓学生运用掌握技能解决实际相关问题的能力,通过模拟练习巩固本项目中所涉及技能的操作,通过创新练习培养学生的拓展思维和创新能力。

关键词: 公共计算机;项目化任务驱动;教学项目;课堂实施;教学方法;课程评价;素质与能力培养

1　引　言

随着计算机日新月异的发展,计算机与各行业结合越来越密切,计算机教育的普及程度也越来越高。而当前,在浙江省乃至全国大多数高校非计算机专业计算机基础教学仍停留于理论化操作型知识性应用教学或应试教学,课程教学结合实际应用较少,相当部分学校则停留在基础应用和基本操作层面,未达到实际灵活应用层次,教学内容、手段、方式上也比较传统,对社会需求已经有所不适应。

自 2007 学年开始,我校实施基于专业需求的"通过制"+"1+1 菜单"模块化公共计算机教学体系的改革,公共计算机课程开始服务于专业,辅助专业教学。以提高学生基本工作技能和职业素养,提高学生利用计算机更好为自己专业服务、解决本行业相关问题、提高本专业工作效率的能力,提高学生适应行业、社会需求变化和自学能力,提高大学生在本专业中计算机实际应用能力,提高利用计算机对本专业进行创新的能力为宗旨进行课程教学。课程教学基于专业应用的项目任务驱动开展,经过 4 年的实践,初步形成了基于专业应用的公共计算机项目任务驱动式课程教学模式:以项目化任务驱动教学模式为导向,通过项目任务指导与训练,使学生掌握计算机应用技能,同时结合学生素质教学和职业道德,进行分析问题、解决问题等综合实际工作能力的培养。通过联系实际开拓学生运用掌握技能解决实际相关问题的能力,通过模拟练习巩固本项目中所涉及技能的操作,通过创新练习培养学生的拓展思维和创新能力。

朱晓鸣　E-mail:zxm252@zjbti.net.cn

2 教学内容的选取

2.1 结合实际应用

目前,我院公共计算机教学分四层进行,第一层为计算机等级考试教学内容的课程,第二层为实际应用性日常基本公共技能培养的课程,第三层为为专业服务和拓展的公共技能培养课程,第四层为计算机公共选修课。除第一层面教学外,其他层面教学都基于专业应用而开设,课程教学采用模块化进行,大多数模块采用案例教学和情景模拟相结合教学;技能采用项目式教学,部分课程采用与企业一起研讨教学项目的方式,把实际应用过程中提出的需求制作成项目,给学生营造真实的办公事务工作环境,使学生在完成案例的过程中提高对计算机工具的应用能力。

2.2 知识与技能体系适应潮流

知识和技能能反映当前最新的计算机技术与技能,并能跟踪信息化发展潮流。舍弃过时的、无实用性的、用不到的内容,及时引进最新的计算机信息技术,以案例为载体,重组教学,形成一体式的课程内容。

2.3 教学项目具有代表性

教学案例选择结合专业实际,具有代表性,通过联系专业实际拓展实际应用,通过模拟与创新练习巩固技能和创新应用。

2.4 服务社会

课程内容结合社会实践,直接服务社会。学生结合课程技能服务现实给予课程加分。

2.5 构建企业化教学案例与教学项目库

部分课程试验与企业、专业结合,开发实际应用课内外教学项目库和课外实习项目库,请企业专家指导公共计算机课程教学内容和案例项目,并共同编写项目式高职特色实验指导书。

3 教学内容的具体表现形式及课堂实施设计

不同的课程内容采用不同的教学方式。课程教学过程采用模块、项目、任务及技能实施为主线,设计一个实际应用综合任务的教学项目,明确教学解决问题,并引导学生思考,激发学生的好奇心,促使其探索式学习。接着结合项目进行教学项目中应学会的素质要求和职业要求分析,之后与学生一起分析所需技能和解决思路,培养学生思考和探索能力。其后再进行项目实施指导和操作流程提示,但不列详细步骤,以便由学生自己思考和动手操作,在教师辅导下掌握操作点。尔后让学生完成综合项目,教师点评,接着与学生一起分析本项目在实际工作中的应用。最后再对学生进行课内和课外模拟巩固练习和创新练习,在学生掌握本项目技能并开展实际应用的同时培养学生的探索性思维和创新能力。

课堂教学开展过程:综合任务→素质分析→技能分析→项目实施→联系实际→模拟与创新练习。

课程具体各模块教学表现形式根据自身特色进行设计,并依据计算机技术的发展,及时修订旧的教学内容,保证满足教学的需要。目前,课程每个项目教学设计及教学实施如图 1 所列结构进行。

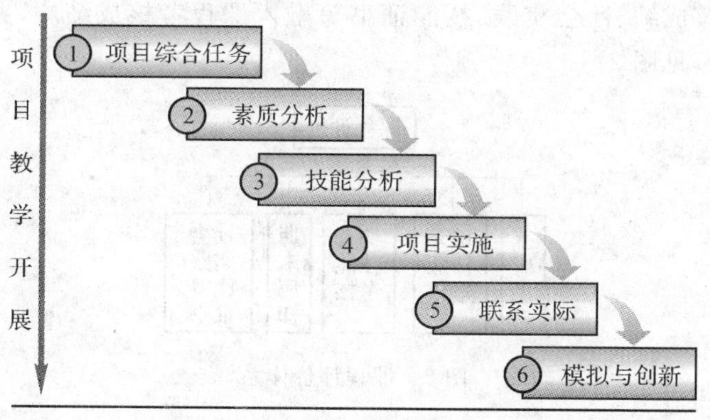

图 1 项目教学设计及教学实施示意

项目综合任务:教学综合项目任务描述。

素质分析:教学项目中应学会素质要求和职业要求点。

技能分析:教学项目所用到知识技能点分析和解决思路分析。

项目实施:教学项目具体实施过程分析和具体实施操作提示。

联系实际:介绍本项目实际工作应用拓展。

模拟与创新练习:2～3 个模拟本项目技能训练项目,2 个根据本项目解决思路创作或设计练习。

4 教学方法与手段

总体采用融实践、专业、行业、创业一体的课程模块化、项目化、分段教学模式开展教学,具体特点:

(1)注重学生自主探索式学习,体现实战性,强化操作性。

(2)教学方式包括改革传统教学方法,引入项目、任务驱动型一体化教学方法;教学方式包括实际案例+情景模拟+模拟实践,企业教学项目+联系实际+拓展创新+模拟实践等。

(3)注重社会实践、计算机水平证书、技能运动会、公共技能比赛结合。

5 课程考核采用评价奖励式开展

5.1 课程考核体系

课程评价根据课程特点，结合学生技能考核、技能实践、证书考核等对期末考核方式进行改革，将技能考核成绩、社会实践、技能证书等融入课程考核成绩中，并将课程成绩分为五个部分进行评分，见图2。

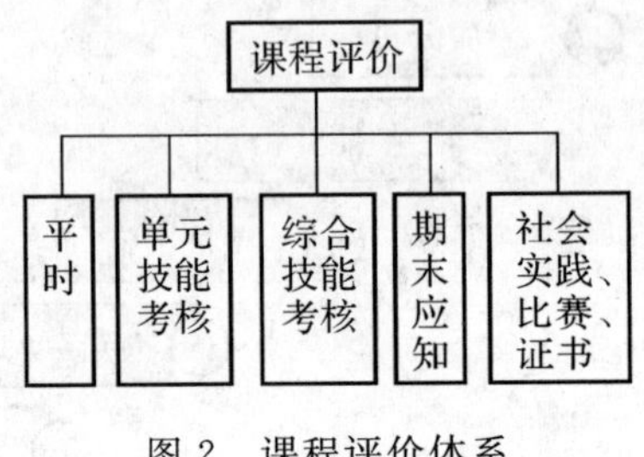

图2 课程评价体系

5.2 课程技能考核

部分课程设计单元模块技能考核贯穿整个教学周期，督促学生学习和培养学生自学能力，同时期末开展综合技能考核。

5.3 社会实践

根据课程教学要求设置一定数目的社会实践项目，每个社会实践项目都需上交实践报告，期末给予一定课程分数，如果涉及相应课程内容参加竞赛获奖或获取技能证书，就给予一定分值奖励，鼓励学生积极参与课程对应的实践、技能比赛及技能考证考核。

5.4 期末应知

期末应知指应该知道的理论基础知识，采用标准化试题测试。

6 课程实施中素质与能力的培养

6.1 注重结合职业素质教学

课堂教学的每个项目都融入该项目所体现或关联的职业素质，每个项目开展2～3min职业素质教学。

6.2 注重分析问题、解决问题能力的培养

课堂教学和教学设计引导学生思考问题和分析问题，之后实施设计制作得到最终结果，学生在获得成就感的同时提高了自身分析问题、解决问题的能力。

6.3 注重联系实际应用能力和拓展创新能力培养

课堂教学的每个项目都融入该项目实际工作的应用拓展和根据本项目解决思路创作或设计练习。

6.4 注重结合学生创业教育

开展本课程有关创业思路讨论和创业书设计，创业成功的学生可以给予课程免修奖励。

参考文献

[1]朱晓鸣.高职院校基于专业需求的“通过制”+“1+1 菜单”模块化公共计算机教学体系的构建.计算机教学研究与实践——2010 学术年会论文集，2010(8).

[2]范唯，马树超.关于加快建设示范性高职院校的思考.教育发展研究，2006(10).

[3]研究“项目驱动”教学模式在计算机教学中的应用.www.lwenfbw.com，2010.

[4]吴献文，陈承欢.“项目驱动+案例教学”模式在高职教学的探索与应用.电脑知识与技术，2007(6).

[5]贺平.项目教学法的实践探索.中国职业技术教育，2006(22).

[6]陈云萍.探索项目导向式教学在计算机专业课程中的应用.信息与电脑(理论版)，2011(02).

基于CDIO工程教育理念的高职计算机语言类课程教学模式改革

周　丹　许益成　席先杰

台州职业技术学院 计算机工程系，浙江台州，318000

摘　要：以CDIO工程教育理念为基础，针对现行计算机语言类课程教学存在的不足，结合CDIO的12项标准，实施面向CDIO的语言类课程教学模式改革，使学生的编程能力得到了较大的提升，取得了良好的教学效果，达到了现代工程教育改革的目标。

关键词：CDIO；工程教育；教学模式改革

1　当前教学模式的主要问题

计算机语言类课程是高职计算机专业普遍指定的必修课。开设计算机语言课程的主要目的是培养大学生的信息技术素养，使之具有一定的程序设计能力和较强的软件应用能力。然而在现行的教师课堂教学模式下，计算机语言类课程的教学效果却并不理想。当前教育模式的主要问题如下。

1.1　以教为主，被动接受

当前计算机语言类课程教育模式下，以教师课堂讲授为主，学生被动接受语言课程理论，难以将理论知识应用于具体操作实践中。学生缺乏学习的积极性。

1.2　代码抽象，理解困难

因为计算机语言类课程中基本语法是教学内容的一个重要组成部分，学生在课堂理论学习中大部分时间面对的是一些枯燥难懂的代码，对于英语基础较差的高职类学生而言，这些英文代码，更是难以理解和掌握。

1.3　笔试考核，缺乏挑战

由于高职院校学生对计算机语言的掌握水平不高，考试之前教师通常会划定考试重点，学生只需在考前突击一下，就基本可以通过笔试考试。最终导致考试难度不高，缺乏挑战性，成为送学分的一个形式。

E-mail：benbenhuqn@163.com

本文系2010浙江省教育科学规划研究课题“基于CDIO的高职软件开发类专业项目化课程体系改革研究”的部分成果，课题编号为SCG376。

1.4 发展飞速，技术滞后

随着计算机技术的飞速发展，语言和工具也在不断更新，这对学校教学计划的制订带来新的挑战。很可能学生在学校学习的课程是已经过时的或将要过时的技术，另外，学校教师由于主要从事教学工作，教师在校园内无法与计算机行业最新的工具和技术接触，造成了技术的滞后。

高等职业教育主要培养生产、建设、管理与社会服务第一线的技术应用型人才，是以社会人才市场需求为导向的就业教育。但是目前学校的课程教学中，理论知识讲授过多，学生缺乏实践机会，没有用所学的知识做成过一件事；同时企业又找不到实践经验和动手能力强的毕业生，招聘的员工必须经过 3～6 个月的培训才能上岗，一旦羽翼丰满又想跳槽，缺乏基本的职业道德。基于此，现引入先进的 CDIO 工程教育模式争取解决以上问题。

2 CDIO 工程教育模式

CDIO 是当前国际高等工程教育的一种创新模式，它以工程项目从研发到运行的生命周期为载体，通过项目设计将整个课程体系系统地、有机地结合起来，学生以主动的、实践的方式参与到课程的各个教学环节。CDIO 倡导“做中学”和“基于项目的教育和学习”[1]。

CDIO 以产品生命周期上的四个环节——构思（Conceive）、设计（Design）、实施（Implement）和运行（Operate）代表四个教育和实践训练环节[2]。CDIO 的教学大纲提出了以能力培养为目标，并且系统的提出了可操作性强的能力培养、实施指导、实施过程和结果检验的 12 条标准。CDIO 强调认知过程需要双重刺激（Dual Impact），即工程师必须逻辑理解抽象知识，并且感知性地体验该知识在具象环境中的应用，从而获得深层次的认识[3]。

清华大学在数据结构和数据库系统原理两门课中采用 CDIO 教学方法，取得了满意的教学效果，增强了学生自学和解决实际问题的能力以及协调沟通和团队协作的能力。2005 年底，汕头大学提出的 EIP-CDIO 人才培养模式，福建工程学院提出的 A-H-CDIO 人才培养模式都取得了较好的教学效果。国内外经验表明，CDIO“做中学”的理念和方法是先进可行的，完全适合工科教学过程各个环节的改革[4]。

由于计算机专业具有明显的工程特性，软件开发的过程和 CDIO 四个部分有异曲同工之妙（如图 1），所以 CDIO 新型工程教育模式特别适合计算机专业的教学，在作为基础的计算机语言类课程当中引入 CDIO 教育模式显然是可行的。不过较传统的教学模式，在计算机语言类教学中将会融合软件工程、管理信息系统等课程的内容。因为要学生实践完成一个比较大型的项目，这些知识是必不可少的。

3 实施面向 CDIO 的语言类课程教学改革

CDIO 提出了可操作性强的 12 条执行标准（如表 1），它系统地收纳了工程教育主要的需求。其中心思想就是通过 12 项标准引导工程教育的相关人员，运用不同条件下的可用资源来满足工程教育的需要。

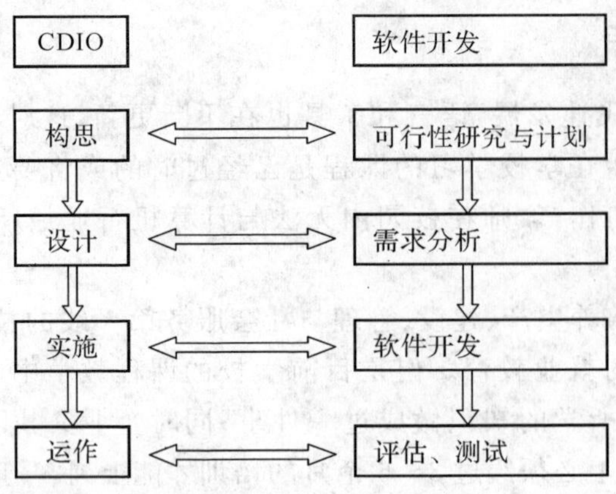

图 1 CDIO 与软件开发对应

表 1 CDIO 教学理念的 12 个执行标准[5]

1. CDIO 环境背景 (CDIO as context)	2. 学习目标 (CDIO Syllabus Outcomes)
3. 一体化教学计划 (Integrated Curriculum)	4. 工程导论 (Introduction to Engineering)
5. 设计-实现经验 (Design-Builder Experiences)	6. 工程实践场所 (CDIO Workspaces)
7. 综合性学习经验 (Integrated learning Experiences)	8. 主动学习 (Active learning)
9. 教师 CDIO 能力的提升 (Enhancement of Faculty CDIO Skills)	10. 教师教学能力的提高 (Enhancement of Faculty Teaching Skills)
11. 学生考核 (CDIO Skills Accessment)	12. 专业评估 (CDIO Program Evaluation)

以《java 面向对象编程》这门课程为例,教学过程按照 CDIO 的 12 项标准来进行,具体实施如下:

(1)标准 1:CDIO 环境背景。软件项目开发严格以软件产品的生产周期作为工程教育的环境。基于项目要求学生从构思、设计、实现、运作四个环节,完成一个具体项目开发[6]。3—5 人分为一个项目小组,小组成员按角色进行分工合作,互学互助。实践证明,这种方式可以有效提升学生的团队意识和协作能力。

(2)标准 2:学习目标。本课程的目标是要求能够编写、调试和运行实用、规范、可读性好的应用程序。即在一个比较高的层次上能对软件项目的构思、设计、实现和运作有一个整体的概念。该目标已达到中小软件企业项目开发的要求。

(3)标准 3:集成化课程设置。在计算机信息管理专业课程设置中,语言类课程作为核心基础课程之一,与《java 企业级应用程序开发》和《应用 java 进行移动开发》等课程前后呼应。学生对于前后的课程学习具有连贯性。

(4)标准 4:工程导论。在学生进行综合的软件项目设计之前,先要让学生进行必要的软件工程概论知识学习,了解软件开发过程,从做中学,并逐步具备开发小型软件项目的能力。增强学生的工程意识。

(5)标准 5:设计-制作实践。本课程实践环节的课程设计要求学生运用所学的计算机语言按企业软件产品开发周期进行构思、设计、实现以及运作,属于比较综合的项目。学生必须对软件进行可行性研究与计划,获取需求,设计开发,最后进行评估和测试。通过设计-制作实践,让学生获得经验,提升学生的 CDIO 能力。

(6)标准 6:工程实践场所。实践环节在一体化实训室进行,该实训室按照软件企业开发环境进行布置,学生以小组为单位完成一个综合的软件项目的开发。实训室中机器都安装了一系列主流开发工具,具备实际开发的软硬件环境。

(7)标准 7:集成化教学过程。本课程以"做项目"为主线来组织课程,以"用"导"学"[7]。一方面由于在课堂中引入了具有实际意义的项目,学生觉得自己学的和做的东西是有用的,可以提升学生的学习兴趣,另一方面,由于有老师全程指导,给学生提供技术支持,解除了学生的后顾之忧。其次,老师应该在教学的过程中教会学生百度和引导学生创新,增强学生的自学能力和创新能力。

(8)标准 8:主动学习。在"做项目"的过程中,要进行阶段性评审,一方面可以更好地控制进度,另一方面,可以让学生对每一阶段的知识进行总结消化。在评审的过程中,不再是老师一人说了算,小组成员之间开展互评;由于在每一阶段,同学们都可以直观地看到自己所完成的成果并参与到评审当中,由完成项目带来的成就感会让学生更加自信。也可以进一步促进学生主动学习。

(9)标准 9:教师 CDIO 能力的提升。一方面,学校将不定期的选派教师去参加各类师资培训,让教师走出去;另一方面,学校与企业紧密合作,教师积极承担横向课题,增加教师的工程经验;另外也可以从企业引入具有较高技术水平的兼职教师,即从企业引进来。

(10)标准 10:教师教学能力的提高。通过教学观摩、集体备课、说课等方式,加强教师们之间的交流,增进相互学习;当时机成熟时,学校还会邀请计算机行业的权威专家来学校举办讲座,进一步促进教师教学能力的提升。

(11)标准 11:学生考核。由于学生是以小组为单位完成项目的,所以考核时也是以小组为单位。考核一改过去的单一闭卷理论考试,采用多种考核方式相结合,例如现场编程,阶段项目,项目实战,项目答辩相结合,笔试和上机相结合等。针对学生上机作业可能存在的拷贝情况,我们一方面要培养学生的职业道德和责任感,不弄虚作假;另一方面要建立起学生和教师之间的相互信任感;其次,对学生的作业还随时进行抽查,让学生讲解实现过程和方法,进行现场答辩。

(12)标准 12:专业评估。通过在课程中实施 CDIO 后,激发了学生学习的积极性,寝室里打游戏得少了,讨论项目得多了,且有不少同学主动报名和老师一起开发横向项目。图书馆里主动看书的学生增加,做出来的项目更加规范,从而形成一种良性循环。

最后,教师在教学的过程中注重学生职业道德、敬业精神等人文素质的提高,让学生毕业后不光是技术人才,也是具备良好思想道德的人才。

4 结　语

针对学生学习过程中出现的动手能力差,缺乏学习的积极性和主动性,缺乏团队工作经验、沟通能力等现象,我们以先进的 CDIO 工程教育理念为指导,对《java 面向对象编程》

这门课程进行了一整套的教学改革，使学生的编程能力得到了较大的提升，取得了良好的教学效果，达到了现代工程教育改革的目标。

参考文献

[1] 查建中. 论“做中学”战略下的 CDIO 模式. 高等工程教育研究，2008，(3)：1—7.

[2]雷环，汤威颐，Crawley EF. 培养创新型、多层次、专业化的工程科技人才. 高等工程教育研究，2009(5)：29—35.

[3]Crawley EF：Rethinking Engineering Education，Springer，2007，3(32)：109.

[4]王志强，蔡平，杜文峰. 基于 CDIO 理念的多媒体应用基础课程实践教学改革. 计算机教育，2009(12)：137—138.

[5]顾学雍. 联结理论与实践的 CDIO. 高等工程教育研究，2009，(1)：11—12.

[6]陈昊，明仲，彭小刚. 在 UML 课程的实践教学中实施 CDIO 的探讨. 计算机教育，2010(14)：127—128.

[7]和薇. CDIO 模式在“数据结构”课程中的运用. 计算机教育，2009(20)：122—123.

实验室建设与网络辅助教学

基于知识点的网络教学平台设计及研究

陈淑玉　付春捷

浙江理工大学科技与艺术学院，浙江杭州，311121

摘　要：本文介绍了基于知识点的网络教学平台的构建，并简要地介绍了围绕知识点进行教学资源整合的优点。

关键词：知识点；网络教学平台

1　引　言

随着信息及相关技术的飞速发展，网络教学课程也越来越多，通过网络，人们可以获得大量的教学资源，但是，目前的网络教学平台也存在着一些不尽如人意的地方[1]，如：

(1)教学方法依然比较单一，不能很好地满足个性化学习的需求。网络课程的设计总是采用统一的教学方法和手段，针对不同基础、能力和兴趣的学生，不能开展个性化教育。

(2)教学内容呈现方式单一化。现在的网络课程可以通过电子课本、多媒体课件、讲座及课堂教学视频等方式进行知识传达。但是一般而言，一个课件只采用一种方式，这样，势必不能满足学生多样化学习的要求。

(3)对学习者的学习过程很少提供指导和监督。在网络教学环境下，教师不能掌握学生的学习情况，需要学生自己去把握，但是，面对众多的网络资源，在没有教师指导的情况下，学生往往在寻找知识点上就浪费了大量的时间，影响其学习进度和效果。

针对以上的问题，我们要如何解决呢？如何提高网络教学的效果，满足学生个性化学习的需要？本文将从网络教学的内容上着手，以知识点为对象构建一个网络教学系统。该系统对知识信息进行统一管理，关联各知识点之间的联系，采用多种方式呈现知识点，并以知识点为单位进行个性化测试，来评估学生的学习能力和知识掌握情况。

2　基于知识点对象的网络教学系统的构建

知识点是根据教学大纲，对学科课程进行分解后的原子单元。学科课程知识体系是由知识点集合与知识点之间逻辑关系的集合两部分组成。因而，构建一个基于知识点的网络教学系统要解决的关键问题就是建立知识点库和知识点之间的逻辑关系表。

2.1　知识点库的建立

为适应不同的教学策略和学习者，知识点的表现形式应该是可以多种多样的。那么如

陈淑玉　E-mail：chenshuyu_zjs@126.com

何设计知识点的属性就是我们要解决的问题。为便于将各个知识点的数据元素存储在数据库中，一般设计知识点数据元素时应包括以下几种属性：

(1)编号(ID)：唯一标示知识点，主键。

(2)名称(Name)：知识点的名称或标题。

(3)类型(Type)：元知识点或者是复合知识点。

(4)描述(Description)：对知识点进行概要说明。

(5)内容(Content)：链接该知识点的具体内容，可以是文本，多媒体课件，视频，音频，动画等素材组成。

(6)关键词(Keywords)：用于检索该知识点的关键词。

(7)难度(Difficulty)：定义知识点的难度。

(8)重要程度(Important)：用于自定义知识点的重要级别。

(9)要求掌握程度(Master Level)：用于自定义掌握程度级别。

(10)逻辑关系描述(Relation Description)：给出相关知识点之间的逻辑关系。

(11)相关知识点(RalationLink)：链接相关知识点。

(12)示例(Example)：链接该知识点的实例或演示。

2.2 知识点之间的逻辑关系

在知识点库中，知识点和知识点间的联系不是孤立的，不同知识点间的联系也不一样，因而学习的结构和先后顺序也是不一样的，既要考虑到知识点的学习前后顺序关系，也要考虑到知识学习的完整性。

考虑到学习导航以及知识库建立的需要，知识点间的逻辑关系可以划分为如下四种关系[2]：

(1)父子关系：父知识点包含多个子知识点，父知识点称之为“复合知识点”，最底层知识点为“元知识点”。

(2)依赖关系(前驱、后继)：要学习当前知识点需要已掌握前驱知识点；学习了当前知识点有助于学习后继知识点。

(3)参考关系：一个知识点所涉及的领域知识与其他知识点有关，这些知识点通常有部分或全部相同的关键词，但它们的依赖关系是不明确的。

(4)兄弟关系：指上述知识点划分过程中某一复合知识点的所有兄弟关系的子知识点之间的相互关系。这些子知识点是从不同的侧面、不同的角度、不同的范畴围绕某一局部领域知识阐述，它们所描述的内容是紧密联系的。

图1给出了知识点之间的逻辑关系，实线箭头表示父子关系，起节点为终止节点的父节点。各级节点之间可能具有依赖关系，虚线箭头表示依赖关系，起始节点为终止节点的前驱节点。

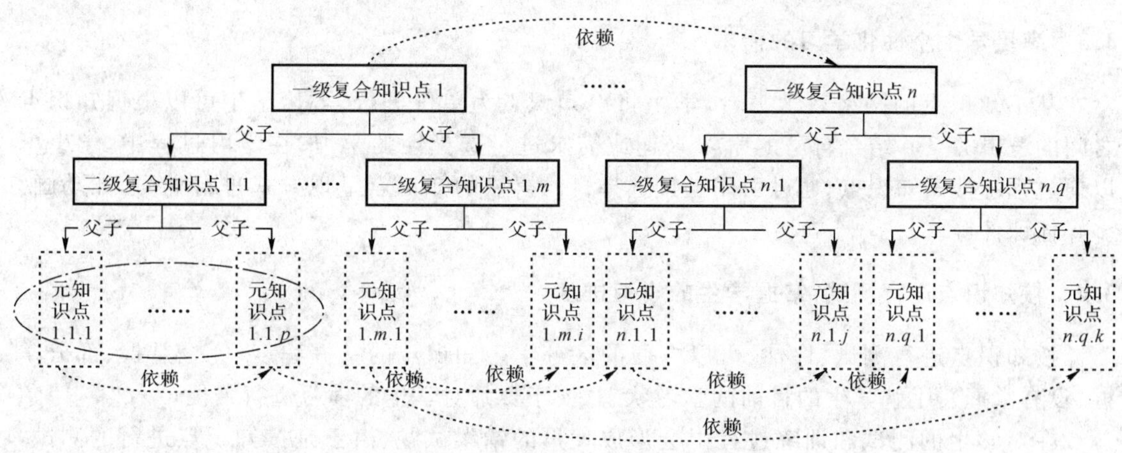

图1　知识点之间的逻辑关系

3　围绕知识点进行教学资源整合的优点

3.1　改变教学资源的单一模式，以知识点为单位进行教学资源的组织

围绕某个知识点配置的多媒体课件、动画、视频、音频等教学资源，一般来说，规模较小，方便教师随时修改和补充，同时也方便学生选择课堂上没有理解的知识点进行学习，体现了网络资源的便利性、快捷性和灵活性。

按知识点制作的教学资源，方便教师之间进行资源共享，有利于教师组建团队，合作建设一门课程的网络教学系统。

3.2　建立导学系统，引导学生学习路线

导学就是根据学生的学习情况给学生指出应该重点学习的内容。可以从两个方向进行导学。

一是通过知识点之间的逻辑关系并结合传统教材的章节结构进行导学，各知识点之间逻辑关系导学策略如下：

(1)父子关系的知识点导航策略，必须学完该知识组织关系中的所有知识点，才能继续往下学习，保证了知识学习的完整性。

(2)依赖关系的知识点导航策略，必须是考虑保持先后学习的顺序，也就是说必须学完知识点的所有前驱知识点才能学习后继知识点。

(3)参考关系的知识点导航策略是提供给感兴趣的学习者或建立帮助等链接功能。

(4)兄弟关系知识点导航策略，学习者学习时必须是作为一个整体进行学习，一旦开始某一个兄弟关系知识点的学习，必须学完该知识的所有兄弟知识点才能进行别的知识点的学习。

二是通过分析学生日常自测、互测、作业、测验、考试的结果后进行导学，这种导学方式将呈现给学生其没有掌握或掌握不牢固的知识点，方便学生查漏补缺。

3.3 满足学生个性化学习的需求

基于知识点的网络教学平台，学生将以知识点为单位进行学习，学生可以根据知识点之间的逻辑关系并结合自己的学习兴趣或需求进行选择性的学习；在学习过程中，学生可以通过系统搜索知识点，通过引用链接选择自己喜欢的知识点呈现方式进行学习，如动画，多媒体课件等。

3.4 按知识点进行测试，掌握学生的学习进度

按知识点进行测试、评估，可以方便的区分学生知识点的掌握程度（完全掌握、部分掌握、没有掌握），了解学生的目前的学习状态，便于教师对学生的学习进行督促。

在对学生的测试和训练过程中会形成大量的错误试题，由于是按知识点进行的测试，系统将可以提供错误试题的相关知识点，方便学生查找错误原因并对相关知识点进行学习。

4 总 结

网络教学平台在各个高校中已经越来越普遍，而以知识点为对象的教学平台的构建，将更好地发挥网络教学平台资源共享、协同学习的特点，满足学生个性化学习的需求，调动学生的学习积极性，提高网络教学的质量。

参考文献

[1]陈品德，李克东．适应性教育超媒体系统—模型，方法与技术．现代教育技术，2002(1)：11－17.

[2]胡宁静，谢深泉，蒋红艳．IHMCAI系统中知识模型的构造．计算机工程与应用，2002(12)：97－99.

基于创新能力培养的计算机专业网络方向实验教学平台建设研究

陈智罡　方跃峰　陈仲委　董　晨

浙江万里学院计算机与信息学院,浙江宁波,315100

摘　要: 本文以计算机专业网络方向实验教学平台建设为出发点,研究探讨了如何通过实践教学体系的构建,实验课程教学体系的完善,最后推导出网络实验室大平台的规划配置。该实验教学平台能够提高学生的网络综合实践创新能力,充分整合了资源,可以为本专业及相关专业实验教学服务,实现效益最大化。方案具有一定的前瞻性,能为同类实验室建设提供参考案例。

关键词: 实验教学平台;创新能力;计算机专业网络方向

1　引　言

加强学生素质教育和创新能力的培养,是高等学校实验室的基本任务[1]。创新源于实践,贯彻于实践,而终结于实践[2]。司马迁说过"读万卷书,行万里路",行万里路讲的就是实践。实验教学的目标就是增强学生的实验能力,它是让学生利用在课堂上学习的理论知识去认识和解释复杂的社会自然现象和问题,去联系千变万化的社会生活实际的实践过程。实验教学在培养学生动手能力、创新思维方面的作用是其他教学无法替代的[3]。

近年来,各高校对实验教学环节日益重视,实验教学改革日见成效。但是,目前实验教学建设的重点,多是放在更新实验仪器及补充实验设备上,这增加了学生动手实验和了解现代化仪器设备功能的机会,无疑对提高实验教学起到了积极作用,但实验教学的现状仍不容乐观。实践教学的建设涉及方方面面,笔者认为实验室的建设应该以培养创新能力为出发点,以实践教学体系为框架,落实到实验教学课程体系,最后推导出实验大平台,这样的实验大平台能为整个学校(甚至相邻的兄弟院校)相关专业服务,实现效益最大化。这样建立起来的实验室才有生命力,才能够充分为教学服务,才能够胜任培养学生的综合创新能力。

2　正确定位计算机专业网络方向实践教学培养的能力

作为一所应用型本科院校,应将学生实践能力的培养放在首位。计算机专业的学生曾经一度受到社会青睐,然而随着时代的发展,计算机专业学生人数的增多,办学的实验环境跟不上,实践内容陈旧,造成了部分计算机专业学生到社会上找不好工作的局面。那么到底应该培养学生哪些网络能力,这应该面向社会去寻找答案。我们根据对用人单位的了解,计算机专业网络方向的就业面可以划分为三个层次:一是小型企业或单位,它们需要的是能够建设网站,编写网页,组建简单的局域网,能够配置一般的服务,对网络能够进行维护的人员。二是中型企业或单位,这些单位拥有多个路由器和交换机,它们需要能够对交换机进行配置和管理,对路由器进行配置和管理,能够维护网络安全,配置各种网络服务,还能够优化网络性能,具有网络规划能力的人员。三是大型企业,它们要求除了上述在中小型企业需要的能力之外,还需要具备网络编程、网络入侵检测、网络存储、无线网络、网络冗余设计等人员。

根据社会需求以及计算机专业培养目标,我们把计算机专业网络方向的实践能力抽象归纳为三点:建网,组网,管网,如图 1 所示。

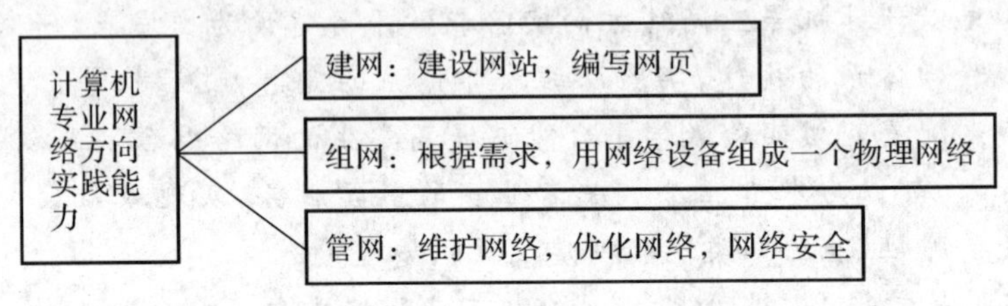

图 1　计算机专业网络方向培养能力

3　构建层次化的计算机专业网络方向实践教学体系

有了能力的准确定位,下面就可以依据能力构建计算机专业网络方向实践教学体系。浙江万里学院计算机与信息学院的计算机专业分为三个方向:网络、软件、嵌入式(硬件)。学生在三年级时可以选择自己喜欢的方向,然后进行下一步的学习。这种模式的好处在于可以给学生指明一条学习的路线,如图 2 所示。

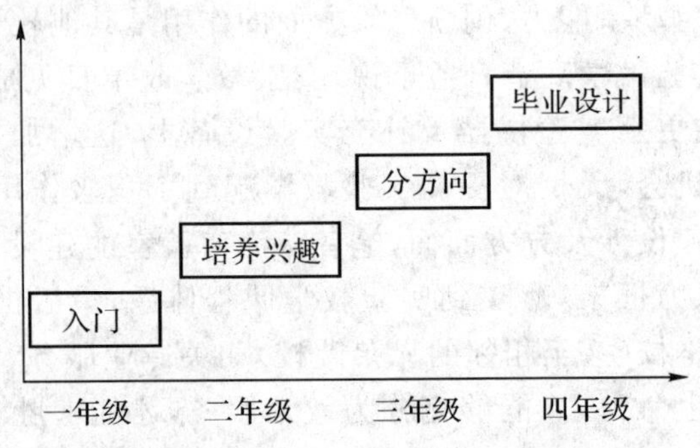

图 2　计算机专业网络方向学习路线

一年级通过计算机导论、C 语言等课程让学生入门,了解专业学习;二年级通过专业基础课程、兴趣小组、素质拓展平台来培养学生专业的兴趣,挖掘学生的潜能;三年级学生根据自己的喜好可以选择方向,当然这些方向并非完全独立,某一方向的学生完全可以选择另外一个方向的课程去学习;四年级进行毕业实习、毕业设计。

计算机专业网络方向实践教学按照如下层次进行,如图 3 所示:

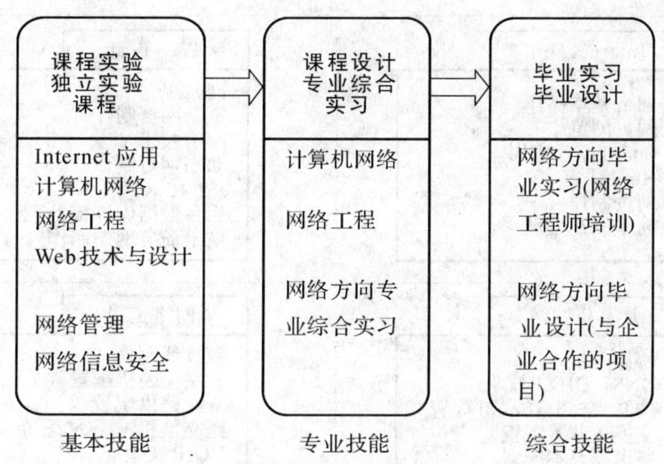

图 3 计算机专业网络方向实践教学层次

4 优化实验课程教学体系

实验课程体系是实验教学体系的核心要素。重组实验课程教学体系，优化课程结构，更新实验教学内容，增加综合性、设计性、研究性实验项目是要素的关键。实验教学不仅使学生增加感性认识，有利于接受和理解所学的知识，而且可以培养学生的实验技能，使学生具备观察问题、分析问题、判断问题的能力，并初步学会运用理论知识和实验技能综合分析和解决问题，使学生具有创新、创业精神和实践能力。

实验课程内容的改革与更新，尤其是要紧密结合社会经济发展的需要，对现有的实验教学内容进行筛选、整合，删除或更新不符合现代科学发展的实验项目，做到少而精，整体优化。减少验证性、演示性实验，精心安排综合性、设计性实验，注重融入本学科发展的最新科技知识，渗透相关学科的理论和技能，使综合性、设计性实验的课程占有相当的比例。要改变实验教学依附从属于理论课，实验教学内容各自独立、零散、重复的现状，建立系统优化的、相对独立的实验课程体系。

根据“建网、组网、管网”能力培养路线，我们整合相关课程，删减重复内容，更新实验内容，优化了实验课程教学体系，如图 4 所示。

实验课程教学体系应该以模块化的形式确定下来，这样每年根据已有实验的效果，以及将要更新的实验，便于灵活调整。由于网络类课程属于比较“新”的课程，具体实验怎么开，开什么，各个院校都处于摸索阶段。而且由于各个院校的实验环境条件不一样，造成很大的差异度，不过随着经验的不断积累，与各大网络厂商合作，都会探索出一条适合自己院校情况的体系。

5 实验教学平台建设

实验教学平台的建设不仅仅是买设备，要根据前面建立的实践教学体系和实验课程体系，推导出需要提供一个什么样的实验教学平台，然后进行整合，形成一个大平台，充

图 4　计算机专业网络方向实验课程教学模块

分利用现有资源，为本专业及其相关专业服务。建设时还要适当考虑前瞻性，效益最大化。

根据前面所述的计算机专业网络方向实践教学体系和实验教学体系，可以划分为三个实验分室：网络工程实验分室和网络信息安全实验分室，综合实验分室。这三个分室形成一个实验大平台，既相对独立又有联系，如图 5 所示。

网络工程实验分室具有多组交换机和路由器、防火墙，以及 VPN 和瘦无线系统，可以完成组网的各类实验。

网络信息安全实验分室具有网络信息安全实验教学平台，可以进行网络攻击与防御、加密与解密、网络管理的各项实验。

综合实验分室模拟一个企业网，主要进行一些综合大型的案例实验。还有光纤熔割设备，学生可以具体实验。

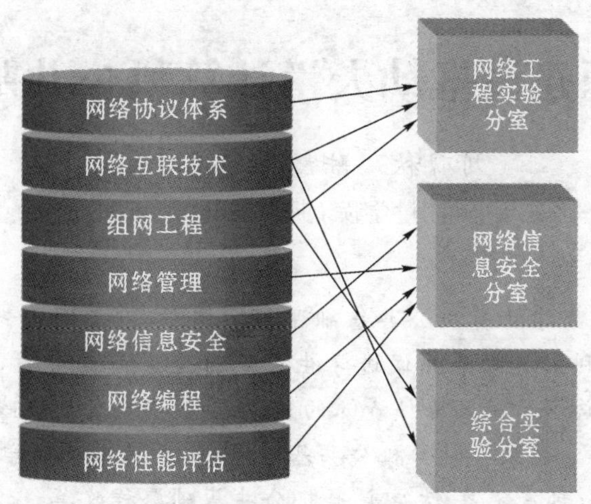

图 5　实验教学平台结构图

6　结束语

实验室的建设涉及方方面面，一个成功的实验室建设会促进专业实践教学体系的建设，实验课程教学体系的完善，实验教学平台的有机构成，实验室科学管理机制的形成，实验师资队伍的提高。本文以计算机专业网络方向实验教学平台建设为出发点，研究探讨了如何通过实践教学体系的构建，实验课程教学体系的完善，最后推导出网络实验室大平台的规划配置。该实验教学平台充分整合了资源，可以为本专业及相关专业服务。关于实验室管理机制和实验师资队伍建设问题，由于篇幅有限，在这里没有探讨。

参考文献

[1]吴林根．基于创新人才培养的实践教学改革．实验室研究与探索，2004，23(10).
[2]杨叔子．创新源于实践．实验室研究与探索，2004，23(7).
[3]刘晓舒．培养学生创新能力需要新的实验教学体系．南昌航空工业学院学报，2001，3(2).

视频教学资源建设推动大学计算机公共基础课程改革

刘砚秋　陆慧娟　李文锦
中国计量学院，浙江杭州，310018

摘　要：针对当前大学计算机公共基础课程的特点，以及课程教学改革过程中存在的问题，提出了利用视频课件促进学生开展自主学习的方案，阐述了制作视频课件的简单方法，总结了视频课件资源的建设与管理方案。实践证明视频课件有效地促进学生自主学习大学计算机公共基础课程，成功推动教学改革的进程。

关键词：视频课件；自主学习；大学计算机公共基础课程改革

1　引　言

心理学实践表明，人在接受信息时使用视觉只能记忆25%，而同时兼用听觉和视觉感受器官则能记忆65%，视觉、听觉等多种器官参加活动能有效地提高记忆效率[1]。因此我们不难看出，集声音、影像、文本于一体的视频课件，相对于教材、PPT、练习软件等课件资源，有着独特的优势。

2　课程教改过程存在的问题

浙江省各高校的大学计算机基础课程，教学内容除了介绍计算机软件、硬件的一些基本知识，更多的是指导大学低年级学生熟练掌握几个常用应用软件的操作。在教学中讲授这些应用软件最直观、最常用的方式就是实际操作步骤的演示。学生先观看教师的操作演示，再经过自己动手操作，掌握这些常用应用软件的使用方法。

受高中学习环境、家庭环境等因素的影响，大学新生入校时的计算机水平参差不齐。在课程开展过程，学生学习软件的能力也有很大的差别，有些学生不需要教师演示讲解，就能自行摸索掌握教学内容；而有些学生，即使教师详细演示讲解多次，还是不能掌握。这为任课教师把握教学进度带来困扰。

针对课程存在的这些问题，很多高校都在进行课程的教学改革，目标是逐渐缩短大学计算机基础类课程的课堂教学时间，积极推进学生自主学习。

我校采用的改革方案是：推行课程练习及测试系统，课堂教学学时由34学时减至22学时，以学生自主学习为主，教师指导答疑为辅。学生通过该系统自主练习、自我测试，遇到问题自己查教材或网络，不能自行解决的问题再咨询任课教师，以此培养学生提出问题、解决问题的能力。

刘砚秋　E-mail：chongyangniao21@163.com

但是，受基础和能力的影响，部分学生无法适应这种教学模式，很多问题都需要教师解答，无奈学生多、老师少、教学时间短，无法由教师解答所有的问题，引起这些学生对教改的不满。

另外由于一些软件的部分功能，操作步骤非常繁琐，很难用书面文本精练描述，学生即使当时听懂了，到自己练习时，或下次遇到该题目，仅凭笔记上的只言片语和书上的简要提示，仍旧无从下手，解决过的老问题，又一次变成新问题，需要教师再次解答，产生重复劳动。

一些学生在教学反馈环节提出增加教师讲解的课时，这与教学改革的目标相悖，需要合理的解决方案，推进高校计算机公共基础课程的改革。

3 视频课件的定位和特点

3.1 定位

视频课件只是课堂教学的延伸，并不能够取代课堂的面授教学。我们为这门课程制作的视频课件，目的是指导、启发学生开展自主学习。

3.2 优点

与常规PPT课件相比，视频课件更加生动、直观，犹如教师现场授课。

与在线学习、测试系统相比，不受网络条件的限制，学生根据自身需要，下载视频课件后，可以随时随地进行主动学习。

与教师面授答疑相比，除了减少师生奔波之苦，更重要的是，视频课件可反复循环播放，可以随意快进、快退，有效地适应不同学习能力的学生，营造出一个相对个性化的学习环境，促使每位学习者都达到最好的学习效果。

3.3 缺点和解决方案

视频课件在制作传播过程中也存在制作方法不为所有教师熟悉、制作过程相对耗时的缺点。

针对这些缺点，我校计算机基础部的解决方案是：首先筛选一种简单易行的视频课件制作方法，随后对各任课教师进行简单培训即可。

由于视频课件制作过程相对耗时，依靠个别教师的力量效率低下。因此我们借助课程网站，所有相关任课教师分工协作，定期发布，共享成果。

4 视频课件的制作

首先要选择适合做视频课件的教学内容。受视频课件定位的影响，不能机械地对教师课堂教学过程进行录像，然后发布到网上。而是应该斟酌选取适合学生自主学习的教学内容，采用节奏稍慢、启发式的教学表达方式来制作视频教学课件。

根据教学内容的不同，我们制作的视频课件共有三种视觉效果[2]。

(1)实况录像。例如电脑组装过程、各硬件配件介绍,我们采用实景实况录像。为取得良好的声效,解说用音频处理软件 Cool Edit 后期录制,该软件不仅可以录制长时间的音频文件,还可以实现对音频文件的剪辑、合成、降噪、特效等效果。最后用 Windows 操作系统自带的视频剪辑软件 Movie Maker 合成,该软件具有界面简单,容易上手的特点。

(2)屏幕录像。对于类似应用软件操作流程的教学内容,我们采用教师在电脑上操作,利用软件"屏幕录像专家"录制整个操作流程。该软件还能同步录制教师的讲解声音,并将音频和视频直接合成为一个文件。

(3)增加特效的视频。一些视频课件,除了有影像、声音外,还要在画面上辅助一些文字说明,或将画面的局部着重显示,这就需要利用视频处理软件"会声会影"来进行处理。

5 视频课件资源的建设与管理

视频课件的制作,相对其他常见的课件,较为耗时。仅靠个别老师的努力,力量显得薄弱。若要长效发展,需要系统地建设视频课件资源体系,并进行合理的管理。

5.1 建立网络公共平台,群策群力

我校现依托精品课程建设平台,按照课程、章节、题型组织规划,校基础部相关任课教师分工协作,总结多年教学过程中学生提问频率较高的重点、难点问题,制作出系统的视频课件系列。

我们还在已经建立的在线练习、测试系统中,增加帮助功能。如果是简单的小题目,帮助中是简单的文字提示;对于复杂的操作题目,我们在其相应的帮助界面放置了视频课件,方便学生解惑。

网络的力量是强大的。在建设这一课件系列的过程,除了校内教师自己制作外,还利用视频搜索引擎搜索、下载公布在网络上的相关视频课件。常用的搜索引擎是"狗狗搜索"、"百度搜索"等。网上下载的视频文件格式繁多,为了方便进一步编辑、统一播放,确保课件的兼容性,我们利用格式转换工具"视频工厂",将下载的视频课件统一转换为 WMV 格式。然后根据我们教学内容的需要,进一步剪切、整合。

平台上的视频课件,不仅可以在线观看,还可以下载,供学生课余复习时观看。

5.2 根据需要扩展课件资源

在这个网络公共平台上,设置学生提问版块。教师根据学生的提问,制作视频课件解答。学生的提问常常具有代表性,只需解答一次,就可解决众多学生的疑问。这些学生也不需要在同一时间赶到同一地点听老师答疑,完全可根据自己的时间安排观看课件,解决问题。

5.3 激励措施

该网络平台具有学号登录机制,任课教师可提取学生登录、提问、下载次数等信息,影响学生的课程平时成绩,从而激励学生关注该平台。

6 应用效果

我校建设、推广大学计算机基础视频课件后，产生了以下效果：(1)克服了时间和空间的限制[3]。学生可以根据自己的安排，自主学习，学习进度不受他人影响。(2)生动直观的视频课件，帮助学生迅速掌握复杂的操作流程，提高学习效率。(3)克服了上机实践环节，多个学生重复提问的现象。一些相对简单的小问题，学生通过帮助中的视频课件解决，有效地避免了教师的重复劳动，节省了大量的精力用于更有意义的问题，从而提高教学效率。(4)有了在线练习、测试系统和视频课件的帮助，大学计算机基础课程的实践环节，任课教师带班人数由80人升至160人，教学课时由34学时降至22学时，有效节约了教学成本。

7 结束语

开展视频课件资源建设以来，有效地提高了学生自主学习的兴趣和能力。通过教学反馈环节可以看出，绝大多数学生认可了课时减少的教改措施，对教学效果给予好评。近两次计算机等级考试，我校过级率也有了明显提高。实践证明，视频教学资源建设推动了大学计算机公共基础课程改革。

参考文献

[1]益永钢.即时交流互动分享——论网络视频互动教学的应用研究.中国电化教育，2006(237)：49.
[2]李洪泊，郭腾.提高网络课程中教学视频质量的策略研究.中国成人教育，2007(11)：105.
[3]高志敏.多媒体课件在电子技术实验教学中的应用.创新科技导报，2011(1)：189.

浅谈公共计算机实验室的管理和建设

王菊雅

浙江理工大学科技与艺术学院，浙江杭州，311121

摘　要： 随着计算机科学技术的不断进步和发展，以及高校对实践教学环节的不断重视和加强，对高校公共计算机实验室的管理和建设提出了新的要求。如何在充分利用实验室资源的前提下，通过更科学有效的管理和方法，更好的服务广大师生，是目前实验室管理人员需要解决的一个重要问题。

关键词： 公共计算机实验室；建设；管理

1　引　言

随着高等教育规模的扩张，社会对人才需求的多样性导致高等教育逐渐从单一的精英教育转为多样化大众教育，应用型人才培养成为高等教育发展的必然趋势[1]。应用型本科的人才培养途径最主要的特征在于理论与实践的紧密结合[2]。

实验教学是大学教育中的必要组成部分，实验室则是实验教学的载体[3]。学校公共计算机实验室的建立，不仅保证了学校全部的计算机公共课程的上机实践、考试和等级考试等工作，也满足了其他课程的上机实践的需求。随着教学和课程的不断改革，更多的课程增设了实践教学环节，增加了对公共计算机实验室的需求，同时也对公共计算机实验室的硬件环境和软件环境建设提出了更多的要求。

2　公共实验室的日常设备管理与维护

2.1　最常见的问题

(1)机器的数量多，管理负担重。

(2)由于平时上机人数较多，实践课的安排具有零散性，导致机房整体的维护时间较少。

(3)学生上机时因操作不当引起的故障，如擅自更改CMOS设置、误删系统文件、使用携带病毒的U盘等相关移动设备引起系统故障等问题。

(4)机器本身的不稳定性和自然损耗引起的机器故障。

(5)需根据不同课程的要求及时对实践环境进行配置。

(6)系统安装软件过多引起的系统运行不佳。

王菊雅　E-mail：yirenya@126.com

(7)人为损坏、盗窃等。

2.2 常见问题的解决

以上所列的常见问题,在多年的实验室的工作经验积累中,很多已经得到了解决。如:

(1)机箱保护法:可以在主机箱后面用扎线带把鼠标、键盘等数据线扎起来,给主机箱上锁。确保设备的安全和完整。

(2)加密保护法:通过设定密码,控制相关设置的更改权限,在一定程度上可以起到保护机器的作用。如对CMOS设定密码等。

(3)硬盘保护法:常见的有利用硬盘保护卡或硬盘保护软件两种。这两种方式能防止硬盘或硬盘的某个分区被删除,更改。可全部恢复学生上机时对系统的修改,当机器重新启动后,系统将完全恢复到上机前的状态。对学生的误操作,如删除系统文件、系统携带病毒等问题有良好的恢复作用。这里重点介绍下硬盘保护卡:分为控制端和被控制端。控制端可以通过网络对局域网内的机器进行统一操作,如参数设置、硬盘数据拷贝、机器名和IP地址分配等。进行软件更新或机器设置操作时,只要在一台机器上完成相应更改操作,然后以此机作为控制端,可对其他机器传送相应的更新操作。通过以上维护措施,可以最大程度地保护系统原貌,使实验室机器"整洁"、"一致"。

(4)系统备份和还原法:如利用Ghost软件来备份硬盘数据和进行硬盘数据恢复。在计算机硬盘上建立Ghost备份后,当计算机发生故障时,我们不必重装系统、安装软件,只要运行Ghost,就可以在短时间内使计算机恢复原状。

以上所述方法,都可在很大程度上减轻实验室管理人员的工作负担。

3 机房"软环境"的建设

在计算机实验室的地位不断提高的今天,很多高校都投入较大的财力、物力和人力,来建设公共计算机实验室。可以说公共计算机实验室已经有了一个较为完善和坚强的硬件环境,那如何在现有硬件资源的基础上,通过各种手段和方法,结合网络等资源,建立起良好的公共计算机实验室"软环境",更好地服务于广大师生呢?

3.1 加强公共计算机实验室管理队伍的建设

首先,实验室建设与管理离不开一支素质高、能力强、懂技术、善管理、乐于奉献、勇于创新的实验队伍[4]。实验室可根据实际情况,有计划、有目的地开展多形式、多层次的技术培训。在学习的过程,使大家养成学习的好习惯,逐步将学习化作一种自觉的行为,不断增加自我完善意识。

同时,可邀请高水平的实验室专家到实验室进行指导,或到兄弟院校进行观摩学习;结合实际需要,支持、选送实验室管理人员出去学习新的实验技术;安排实验室管理人员进入课堂听本专业或相关专业的课程,丰富其学科的复合知识,提升其文化层次和技术水平。

3.2 引进先进教学手段和方法

将先进的教学辅助软件和技术手段引进到机房,提高实践教学的教学效果。如"极域电子教室”,是一款很实用的上机教学辅助软件。它分为教师端和学生端。教师端提供以下功能:①在线点名;②文件收发;③教师机演示屏幕广播给学生机,便于学生更方便、清楚地看到演示;④查看学生机屏幕,方便任课教师对学生学习进程的了解;⑤在线测试和分组讨论等等功能。学生端提供的功能有:①举手提问;②屏幕录制,将教师机演示的过程进行录制,方便再次观看、学习;③交作业等。可以提高学生的参与度和课堂效果。

3.3 灵活控制公共计算机实验室网络

学生比较热衷于在机房上课,因为在机房上课之余,还可以上网浏览网页,聊天等等。经常会有老师反映,不少的学生因为经不住网络的诱惑,在上课期间上网聊天,玩游戏,看视频等,大大降低了机房上课的效率。

如何改善这种状况呢?一般大中专院校都采用局域网的方式,设置公共计算机实验室的网络。我们可以从局域网这个方面来考虑,构建一种更加适合机房上课的网络管理模式。比如,利用各个机房网段的不同,对机房进行临时性断网,有需求时,将网络重新开启。

我院公共计算机实验室,就是采用这样的网络控制模式。任课教师登入网络控制台,可根据实践课程的内容安排,灵活设置机房的外网访问情况,起到了良好的教学辅助作用。

3.4 开发和完善作业收发系统

上机实践课程的作业不像纸质作业,可以由各班学习委员收齐后交至任课老师处,任课老师批改完后统一发回;采用打印的形式上交,也是一种不切实际并且浪费资源的方式。目前,对电子作业的收取,很多院校一般采用电子邮件、硬盘拷贝等方式。但是这些方法对学生上交,教师收取和批改,作业一一反馈来得都比较繁琐。因此,开发一个简单实用的作业收发系统,不仅可以方便学生上交作业、任课教师批量收取作业,还可以节约资源。

结合公共计算机实验室服务器设备资源和网络技术,开发一个基于局域网的作业收发系统。在服务器上给每个学生和教师分配一定的硬盘空间,学生上交的作业放在自己空间固定的位置,教师就可以根据作业名称对学生作业进行收取,并存放到自己空间的固定位置;在作业收取成功的同时,反馈给每位学生一个作业收取信息,如什么时间收取了哪个作业,收取成功与否等等。

我院采用了这样的作业收取模式。学生用自己的用户名和密码进入自己的空间,可以查看教师提供的共享信息,存放自己私人资料,并上交作业;教师进入自己空间,可以添加、修改共享给学生的资料,存放教学内容,收取学生作业等等。在教师收取作业完成后,给每个被收作业的学生反馈一个记录文档。文档上记录了收取作业的时间、具体内容——文档名称,以及各个文档收取成功与否的信息。大大提高了任课教师的工作效率,也极大地方便了学生对于上机文档的使用和管理。

3.5 其他

(1)根据实践课程所需环境不同,合理分配实验室

将实践环境类似或相近的课程安排在同一机房,不仅可以减少机房安装软件的工作量,方便了机房的系统维护,也可以避免因软件安装过多引起的系统速度过慢等问题。

(2)建立机房信息查询平台

公共计算机实验室的课程安排比较的错乱,对于自由上机练习的同学在时间上很不方便,如学生在1－2节没有上课的机房进行独立学习,学习正是劲头上,突然提示该机房紧接着的后面时间被预约,然后,需要尽快保存文档,注销账户,找其他没有预约的机房。可通过开设一个方便学生查看机房预约信息、硬件配置信息、软件安装信息的平台很好地解决这一问题。

4 总 结

公共计算机实验室可在现有资源的基础上,通过更科学合理的管理和开发,提高公共计算机实验室的服务水平,为高校实践教学的开展和应用型人才的培养加砖添瓦。

参考文献

[1]池丽华.商科应用型本科人才培养模式若干问题思考.北京:出国与就业，2009.
[2]陈静.地方院校应用型本科人才培养模式探究.重庆:科技学院学报,2011.
[3]陈洪军,黄卫祖. 整合实验教学资源构建以计算机基础为主体的公共实验教学平台.湖南:长沙铁道学院学报，2009.
[4]赵秀英,许景周,白彦魁.浅议高校实验队伍建设.北京:中国现代教育技术装备，2010.

高职院校虚拟实验教学的现状与发展

吴建平
浙江东方职业技术学院,浙江温州,325011

摘　要: 虚拟实验是高职院校实验教学的一项重大改革。实践表明,虚拟实验教学具有方便学生学习、利于培养学生的操作能力、有效提高实验课教学质量等优点。但在普及程度、管理方式以及与真实实验的贴近度方面还存在不足。因此,要立足长远发展,结合高职教育的特点,力求合理开发与资源共享;在应用中要做到虚实结合,相辅相成;还要规范管理,从而有效推动高职院校开展虚拟实验教学的进程。

关键词: 高职;虚拟实验;教学;网络

1　引　言

教育部教高(2006)16 号文件《教育部关于全面提高高等职业教育教学质量的若干意见》指出:"要充分利用现代信息技术,开发虚拟工厂、虚拟车间、虚拟工艺、虚拟实验。"[1]引发了我国高职院校开展虚拟实验教学的浪潮。

所谓虚拟实验教学,就是以现代教育理论为指导,以计算机仿真技术、多媒体技术和网络技术为依托而建立的一种新型实验教学模式。该教学模式能为学生创设一个由传统实验室延伸出的,在时间上和空间上都更为宽松的网络实验教学环境[2];对培养学生的动手能力和创新精神、提高实验课的教学质量都具有积极作用。

近年来,我国许多高职院校通过不懈的努力,在虚拟实验的开发及应用方面,取得了长足的进展,显示了这一新型实验教学模式强大的生命力。但同时由于多方面的原因,在开展虚拟实验教学的过程中也面临一些挑战。

本文根据虚拟实验教学的研究与开发实践,就高职院校虚拟实验教学的现状与发展问题进行探讨。

2　发展现状

2.1　应用范围

我国高职类院校根据自身人才培养目标特点,在应用型虚拟实验室研究开发方面进行了探索与实践,其范围涵盖了包括工程类、计算机类、电类、机械类、医学类等多个专业的多门课程的实验。如:电类专业的电工基础、电子技术基础课程等课程的相关实验,机电类专业的单片机原理与应用、液压传动与控制等课程的实验,计算机专业的计算机组装与维护课程的相关实验，汽车维修类专业的汽车发动机构造与维修课程实训等。浙江东方职业技术学院新世纪课题组开发的“高职虚拟电工实验Web站点”项目，就是一个基于网络环境的高职电类专业电工实验课程虚拟实验教学平台。目前，该项目已进入推广应用阶段。

2.2 开发技术

开发技术是实现虚拟实验教学的决定因素。根据高职院校培养应用型人才的特点，高职虚拟实验室应主要突出应用功能而不是高精尖科研。其开发首先要遵循“技术设计为教学设计服务的原则”[3]。同时，也要考虑技术应用的可行性，即技术使用的成本效益和技术的友好程度，合理选择高职虚拟实验室的架构、编程软件、数据库技术以及仿真软件。

目前，高职虚拟实验室在架构上多倾向于B/S(浏览器/服务器)模式。客户端只需要通过普通的IE浏览器，就能登录虚拟实验室做实验，有利于虚拟实验室的推广应用。

在开发工具方面，应用较多的有Microsoft Visual Studio.NET。用Visual C#.NET语言编写应用程序，Access或SQL Server作为后台数据库；通过ADO.NET提供的对象和各种数据库驱动引擎，实现对数据库的访问；Web服务器平台利用Microsoft公司的IIS6.0；虚拟实验功能则可用LabVIEW软件加以实现。

2.3 应用类型

(1)按作用分类

按照虚拟实验在教学中所起的作用，可分为替代式和补充式。

替代式是指完全用虚拟实验教学来代替传统实验教学的做法。主要应用于那些能建立与实际试验条件完全或基本相同的计算机仿真平台，进行虚拟实验的效果能达到甚至超过实际实验效果的实验课程，如计算机专业的实验课程等。有些实验难以用传统实验手段完成，如导体、半导体和绝缘体材料内部原子结构特点等人们无法亲眼所见或亲身所至的场景；还有些实验用传统实验手段进行具有危险性，如供电系统发生短路事故、生化制药技术专业的某些实验课程等，也可以采用替代式虚拟实验。

补充式是指实验教学以真实实验手段为主，以虚拟实验作为补充、预习或复习工具的做法。这是一种较为普遍的应用方式。浙江东方职业技术学院新世纪课题组开发的“高职虚拟电工实验Web站点”，就是一个适用于电类专业的补充式虚拟实验教学系统。通过该系统，能较好地实现把虚拟电工实验室与真实的电工实验室相结合，把计算机虚拟仪器仪表与真实实验室中的仪表、元件相结合，把在计算机上进行虚拟实验与在真实实验室做实验相结合，从而有效地增强学生感性认识，培养学生创新能力、计算机应用能力和实际动手能力，增加电工实验教学的趣味性，有效地提高电工实验教学效率。

(2)按功能分类

按照虚拟实验的教学功能，可分为课程型、专业型、综合型等。

课程型是指所开发的虚拟实验教学系统仅用于某一门课程的实验教学，主要出现在那些较为“冷门”的专业，如“制冷系统的运行维护实验”仿真实训系统。

专业型是指所开发的虚拟实验教学系统可用于某一个或几个相近专业的实验教学，主要出现在电类、机械类和计算机类等专业中。浙江东方职业技术学院新世纪课题组开发的“高职虚拟电工实验Web站点”，就可以为应用电子技术、电气自动化技术、印刷机械等专业共享。

综合型是所开发的虚拟实验教学系统能涵盖一所高职院校多个专业的实训课程，能为多所学校共享。深圳职业技术学院设计的"数字化工业中心系统"就具有这样的功能。

3 效果分析

3.1 主要优点

开发虚拟实验平台，将使传统的实验课教学方式得以改进，有利于形成在网络环境下学生自主学习的新的实验课教学模式，从而提高实验课的教学效率。

(1)使传统的实验教学方式发生根本性变革

利用虚拟实验平台，学生不仅可以在规定的集中教学时间内进行实验，还能够根据自己的学习时间安排，随时利用计算机通过网络进入虚拟实验室进行操作。或直接在网上完成某项虚拟实验，或对需要在实验室完成的实验项目进行预习或复习，还可选择自己感兴趣的实验项目进行练习。这将使传统的实验教学方式产生根本性变革，有利于培养学生自主学习的能力和提高教学质量。图 1 为浙江东方职业技术学院学生在机房计算机上做虚拟电工实验。

图 1　学生在计算机上做虚拟电工实验

(2)可构建师生之间、学生之间互动的平台

利用虚拟实验平台，教师可以针对学生在虚拟实验过程中所出现的问题，进行网上质疑、答疑，使问题及时得以解决。学生之间也可就某实验项目的操作方法、实验结果以及新思路、新方法等，进行在线讨论分析，以达到共同提高的学习效果。

(3)能有效降低实验教学成本

传统实验教学的仪器、设备易损坏，折旧率高，耗材的需要量大；有些实验设备价格昂贵，院校购置的台套数有限，使得实验中无法做到学生一人一组，有的院校甚至根本无法开展此类实验。虚拟实验系统不仅可以提供种类齐全、永不损坏的虚拟仪器与设备、用之不竭的虚拟耗材，还可以模拟一流的设备。甚至像电子显微镜、天文望远镜、大型核装置等这些昂贵的、现实中难以接触到的仪器设备，学生都能够通过访问虚拟实验室来进行学习和使用。因此在完成同样甚至更多实验项目的情况下，虚拟实验教学的成本要比传统实验教学低。另外，虚拟实验室还可以节省许多基础设施的低水平重复建设以及仪器设备重复引进等方面的资金投入，有利于从整体上改善办学条件和提高教学水平，实现资源共享。

(4)虚拟实验教学在安全、环保方面优越性有目共睹

传统实验教学中的安全事故时有发生，往往成为高职院校实验教学管理中的一片挥之不去的阴影。而虚拟实验教学是在由计算机创设的虚拟环境中进行，因此不存在人和设备的安全问题。同时，由于虚拟实验教学也不会产生“三废”，从而实现“绿色化”的实验。更值得一提的是，虚拟实验还可以安全地模拟那些危险的或对人体健康有危害的实验。例如，学生在虚拟的化学实验中，可以避免化学反应所产生的燃烧、爆炸所带来的危险；虚拟的外科手术中，可避免由于学生操作失误，而造成“病人”死亡的医疗事故；虚拟的机车驾驶系统，可以免除学员操作失误而造成撞车的严重后果等。

3.2 主要问题

(1)普及程度较低

虽然近年来高职院校对虚拟实验教学的研究与应用有了较大发展，但总体来说.还停留在研究和探索阶段。已开发的虚拟实验的数量非常有限，真正投入教学应用的则更少。目前，较成熟的是高职教学中的电工基础、模拟电子技术基础和数字逻辑电路等课程的虚拟实验。显然，虚拟实验教学在高职院校的普及程度低的现状与我国高职教育的发展要求是不相适应的。

(2)管理尚未规范

从部分已开展虚拟实验教学的高职院校的情况看，对虚拟实验教学的管理，尚未纳入学校教学管理的正规范畴，例如，在制定专业人才培养目标时，没有安排虚拟实验教学内容；在虚拟实验管理方面没有制定管理规范、还未配备专门的虚拟实验管理员等等。目前的虚拟实验教学还主要由任课教师组织实施，因而难免在时间、地点等问题上缺少统筹规划。

(3)与真实实验存在差距

虽然虚拟实验室具有诸多优点，但毕竟是“虚拟”，在本质上有别于真实实验，因而并不能完全取代真实实验。主要原因如下。

①实验课教学具有很强的操作性，要求学生具备一定的实验技术和实验动手能力。学生做虚拟实验时，接触的仅仅是计算机的鼠标、键盘和屏幕，并不能完全取代真实实验对学生动手操作能力的培养作用。

②在真实的实验过程中，可能会出现异常现象和故障，比如，在“电机及电力拖动自动控制系统”课程的真实实验过程中，电动机的运行速度可能会随机受到电压波动、过载等因素的干扰。这就要求实验者针对不同的干扰因素，及时采取相应的处理措施以减少或排除干扰。因此，可以说正是这些在真实实验中随机发生的现象和故障，能够培养学生观察、分

析和解决问题的能力，以及在紧急情况下的应变能力，这些能力也正是学生将来立足社会最需要具备的重要素质。

虽然也可以在虚拟实验中人为增加干扰参数来模拟真实的故障现象，但离真实实验中干扰因素的影响程度还差很远，这就会影响学生对实验过程中的微小变化和非正常信息的感受，不利于培养学生严谨求实的科学态度和应变能力。因而，也难以真正体现虚拟实验在对学生职业能力培养中的作用。

4 发展思路

4.1 要立足长远发展

虚拟实验室既是信息技术与实验教学相结合的产物，也体现了高职院校实验教学改革的必然趋势，具有引领高职实验教学水平提升的标志性作用。因此，各高职院校应立足长远，以《2020 年中国教育发展纲要》为指导，以构建现代高职教育创新体系、培养具有创新精神的高级应用型人才为牵引，融合现代教育理念，通过制定虚拟实验有关标准和规范，突破虚拟实验教学环境建设中的关键技术，研发出集实物仿真、创新设计、智能指导和教学管理于一体，具有良好自主性、交互性、可扩展性和安全性的虚拟实验教学平台。同时，要制定发展虚拟实验教学的中长期目标，以点带面，积极推进虚拟实验教学平台的研发和普及应用。解决我国高职教育面临的规模与质量之间的矛盾，克服实验资源不均衡、创新能力不足等问题，有效地提高人才培养的质量。

4.2 要具有高职特色

高职教育具有培养目标的职业定向性、教学内容的岗位针对性以及专业设置和知识结构的职业性等特点。高职院校是培养高层次应用型专门人才的摇篮，实践教学在高职教育中具有不可替代的作用，必须贯穿高职教学的全过程。因此，高职院校进行虚拟实验开发必须彰显高职教育的特色。

在进行高职虚拟实验开发的过程中，要注重对学生操作能力和职业能力的培养。所开发的实验项目要与学生所学专业的职业岗位工作要求相一致，虚拟的实验环境要尽量与学生将来的工作环境相贴近。同时，还要能体现高职教育的课程改革、工学结合等元素。

4.3 要致力于合理开发和资源共享

虚拟实验在资源共享、信息服务等方面的功能是与生俱来的，因而具有较强的公益性和社会化属性。所以说，高职院校的虚拟实验室应该是全社会的，应该由国家教育行政部门统一组织、协调和规划。可以列出基本项目，统筹规划，适当投资，通过立项方式，组织科研人员攻关，或通过招标方式由专业公司解决。尽量避免因重复开发而造成事倍功半的资源浪费。

要坚持从我国高职教育的实情出发，选择高职院校实验教学最为迫切需要的内容优先开发。同时，要充分利用高职院校现有的网络设施，如高职校园网、各省市的高职高专教育网以及中国高职高专教育网站等。尽可能调动更多的科研力量，搭建高职院校虚拟实验的开发、应用和技术交流的共享平台。

4.4 要虚实结合、优势互补

传统实验教学的真实性和艺术性，是虚拟实验无法替代的，而虚拟实验的灵活性、安全性等，又是真实实验教学所欠缺的。因此，在实验教学中要注意虚实结合，使两者相辅相成，优势互补。具体包含两方面内容，一是在实验教学过程中，适当进行虚实项目的交替。对于采集数据较困难的实验、受实验设备和生均实验资源限制的实验、学生操作容易出错、对仪器损坏严重的实验以及破坏性和危险性实验等，可采用虚拟实验；而对实用性较强、设计性实验，最终一定要进行真实实验。二是在一个实验项目中采用虚实相结合，充分发挥各自的优势。

例如，三相交流异步电动机正反转控制是一项强电实验。为了帮助学生更好地理解控制原理，减少接线错误，避免短路事故的发生，先安排学生在虚拟实验室中进行仿真接线和试运行。学生可以反复进行接线、合闸试车、分析排故等操作，既安全，又节约。图 2 是浙江东方职业技术学院的学生(下同)在计算机上做虚拟三相交流异步电动机正反转控制实验。

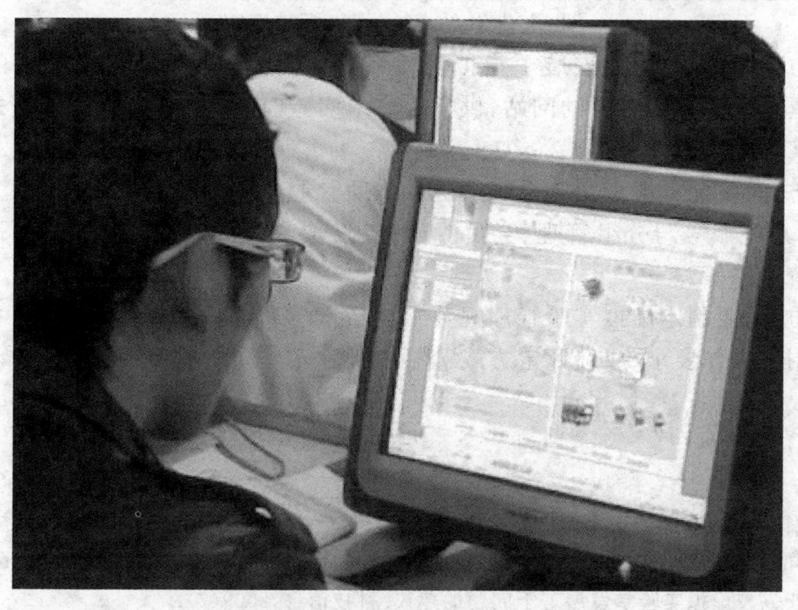

图 2　学生在做虚拟三相交流异步电动机正反转控制实验

当学生掌握了实验原理和接线方法，并确保操作结果正确之后，再转到真实实验室进行实物实验。由于学生通过虚拟实验的训练，已经掌握了线路结构和控制原理，所以他们对该项目的真实实验显得胸有成竹，实验一次性成功率明显提高。图 3 所示是学生在做真实的三相交流异步电动机正反转实验。

实践证明，虚实结合既凸显了虚拟实验室的强项，又发挥了传统实验室的优势。可见，虚实结合的实验教学模式将有利于从整体上实验教学的质量。

4.5 要进一步规范管理

高职院校要从设施、人员、制度等多方面规范对虚拟实验教学的管理。

图 3　学生在做真实的正反转实验

在设施方面，要专门配备安装了虚拟实验系统的机房或实验室。有条件的高职院校，要专门建设具有虚拟实验平台的网站，供学生集中实验时使用；也可作为开放式实验室，随时对需要做实验的学生开放。

在人员方面，要配备虚拟实验系统管理员协助专业教师进行虚拟实验的管理。主要管理项目包括：系统账号与分组管理、会员管理、权限管理、虚拟实验项目管理、课件管理、论坛管理及系统维护等。

在制度方面，要制定虚拟实验管理规范。包括每学期虚拟实验的开出项目、实验班级、人数、时间安排、操作要求、成绩评定方式等。

参考文献

[1]教高[2006]16 号. 教育部关于全面提高高等职业教育教学质量的若干意见. 2006，11.

[2]吴建平，熊邦国，骆正茂. 基于 B/S 架构的虚拟电工实验平台研究与实现. 科技通报，2010，(2).

[3]王元娟. 基于高校虚拟实验室发展若干问题的建议. 科技信息，2009(7).

[4]吴建平，骆正茂，熊邦国. 高职虚拟电工实验 Web 站点建设与应用. 北京：中国电力出版社，2010.

[5]吴建平，骆正茂，熊邦国. 基于校园网的电工电子实验 web 站点设计. 职业技术教育，2008(2).

[6]胡树煜，王琢. 传统与虚拟实验教学的应用比较. 电脑编程技巧与维护，2009(12).

[7]"十一五"国家科技支撑计划重点项目《虚拟实验教学环境关键技术研究与应用示范（NO. 2008BAH29B00)》网站，http://grid. hust. edu. cn/support/.

[8]黄慕雄. 高校教学型虚拟实验室建设的现状与建议. 电化教育研究，2005，(9)：77－80.

[9] 柯和平，何晓青. 高职院校数字化工业中心系统设计. 高等工程教育研究，2008(4).

[10]金文. 仿真实训系统在实践教学中的应用. 中国职业技术教育，2008，(18)：40－41.

VMware 虚拟机在计算机网络实验教学中的应用

余先虎　马敏飞

宁波广播电视大学信息技术系，浙江宁波，315016

摘　要：本文在介于虚拟机概念、工作模式的基础上，对如何在计算机网络课程教学中应用虚拟机软件 VMware 来开展实验教学进行了深入的探讨，并对具体的实验进行了介绍。

关键词：计算机网络；虚拟机；VMware；实验教学

1　引　言

计算机网络应用是高职计算机应用技术专业的一门必修核心课程，课程具有较深的理论性和系统性，又具有较强的实践性。刚接触计算机网络课程的学生普遍认为课程内容抽象，学习上易产生畏难心理。学生们所理解的网络大都基于日常生活中的体验，如网站、QQ、网游、看网络电影等在线活动，对网络原理、网络功能没有概念。因此在教学中如何激发学生的学习积极性，消除学生畏难心理，改变学生被动学习的现状，是课程教学取得成功的关键。

在课程教学中，实验教学是激发学生学习兴趣、调动学习积极性、提高应用能力和动手能力很重要的一个环节。课程实验教学包括组网硬件实验和网络设置、管理等软件应用实验，包括局域网组建管理、网线连接、安装系统、连接网络、网络配置、网络管理、排除故障、Active Directory 的安装与配置、DNS 的安装与配置、Web 服务器的配置、FTP 服务器的配置、邮件服务器的配置等内容。

近年来，随着高职院校的办学规模不断扩大，很多高校由于受资金、技术、实验人员管理等各方面因素的影响，计算机网络实验室不能满足学生的网络实验需求。例如开展简单的局域网组建实验，至少要为每组学生配备 2 台 PC、1 台交换机，这对学校来说是一笔不小的开销。大多数学校的实验室为了方便管理，都安装了硬盘保护还原卡或者还原软件，给学生做实验带来了很大的限制，也给教师准备实验增添了困难。为了解决以上问题，一种比较好的解决方案就是在单机上安装虚拟机软件（VMware Workstation），构建一个与真实网络环境相同的虚拟网络教学、实验平台。通过在一台物理计算机上安装多个虚拟计算机来模拟真实的网络环境，从而在一台计算机上完成网络组建和网络配置管理实验。这样做既节约了实验成果，又便于教师课堂讲解，提高了计算机网络课程的教学效果。此外，学员还可利用课外时间在自己的计算机上开展自主实验学习。

余先虎　E-mail：yxh@nbtvu.net.cn

2 虚拟机概述

虚拟机(Virtual Machine)技术，就是用软件模拟现实的计算机系统的技术。利用这种技术，可以在现有计算机的主操作系统上建立几个同构或异构的虚拟计算机系统，这些虚拟机系统包含自己的虚拟 CPU、RAM、硬盘和网络接口卡。虚拟机是一种严密隔离的软件容器，它就好像一台物理计算机一样，可以运行自己的操作系统和应用程序。虚拟机完全由软件组成，不含任何硬件组件。因此，虚拟机具备物理硬件所没有的很多独特优势。操作系统、应用程序和网络中的其他计算机都无法分辨虚拟机与物理机之间的区别，将它当做一台"真正的"计算机。

目前主要的虚拟机软件有 VMware 公司的 VMware 和 Microsoft 公司的 Virtual PC。VMware 公司是提供一套虚拟机解决方案的软件公司，主要产品分为：

(1) VMware-ESX-Server：不需要操作系统的支持。它本身就是一个操作系统，用来管理硬件资源。所有的系统都安装在它的上面。带有远程 Web 管理和客户端管理功能。

(2) VMware-GSX-Server：要安装在一个操作系统下，该操作系统的要求可以是 Windows 2000 Server 以上的 Windows 系统或者是 Linux(官方支持列表中只有 RH，SUSE，Mandrake 很少的几种)。带有远程 Web 管理和客户端管理功能。

(3) VMware-WorkStation：要安装在一个操作系统下，该操作系统的要求是 Windows 2000 以上或者 Linux。没有 Web 远程管理和客户端管理。

3 VMwware WorkStation 介绍

3.1 VMware Workstation 简介

VMware Workstation 虚拟机是一个在 Windows 或 Linux 系统上运行的应用程序，它可以模拟一个基于 x86 的标准 PC 环境。VMware Workstation 为在单台 PC 上同时运行多个操作系统提供最广泛的客户平台支持。VMware Workstation 可支持 200 多款操作系统，其中包括 Windows 7、Windows Server 2008 R2 和其他 20 多种版本的 Windows 系统，以及 Redhat、Ubuntu、OpenSuse 和 26 款其他版本的 Linux。

教学人员可利用 VMware Workstation 快速创建虚拟机，从而在安全、隔离的虚拟机中提供所需的课程实验环境、应用程序和工具，为组建私有网络、实验测试环境等提供了很大的方便。每次实验结束后，虚拟机还可以自动还原到一个初始状态，供下一组学员使用，这为我们多次开展实验提供了方便。

3.2 VMware 工作模式

VMware 为虚拟机系统提供了强大的网络功能，主要有三种网络工作模式：桥接模式(Bridged)、网络地址转换模式(NAT)和主机模式(Host-Only)。

(1) 桥接模式(Bridged)：在 bridged 模式下，虚拟机就像是局域网中的一台独立的主机，它可以访问网内任何一台机器。虚拟机和宿主机器的关系，就像连接在同一个交换网络上

的两台电脑。想让它们相互通讯，虚拟机系统的网络配置和宿主机系统必须一致，这样虚拟系统才能和宿主机器进行通信

(2)主机模式(Host-Only)：在 Host-Only 模式中，所有的虚拟系统(可以是一台或者多台)是可以相互通信的，但虚拟系统和真实的网络是被隔离开的。虚拟机和宿主机之间，相当于这两台机器通过双绞线互连，同时各台虚拟机(同时运行的话)之间相当于连接在同一个交换网络上机器，可以互相通信。虚拟机系统要和宿主系统通信，必须把 TCP/IP 配置信息(如 IP 地址、子网掩码、网关地址、DNS 服务器等)，设置为“自动获取”，这些配置信息都是由 VMnet1(Host-Only)虚拟网络的 DHCP 服务器来动态分配的。虚拟机系统要和其他虚拟系统通信的话，则可以和对方都手工把 IP 设置配置为同一网段，或者“自动获取”也可。

(3)网络地址转换模式(NAT)：使用 NAT 模式，就是让虚拟机系统借助 VMWare 提供的网络地址转换(NAT)功能，通过宿主机器所在的网络来访问公网。也就是说，使用 NAT 模式可以实现在虚拟系统里访问互联网，但是 NAT 模式下虚拟机系统的 TCP/IP 配置必须设置为“自动获取”，因为此配置信息是由 VMnet8(NAT)虚拟网络的 DHCP 服务器提供的，不能手工修改，同时，虚拟机系统也就无法和本局域网中的其他真实主机进行直接通讯。采用 NAT 模式最大的优势是虚拟系统接入互联网非常简单，不需要知道宿主机是怎么上网的，只要宿主机器能访问互联网即可。

4 应用 VMware 进行网络实验教学的基本步骤

4.1 创建虚拟机

在物理主机上安装好 VMware Workstation 软件后就可以创建虚拟机了。创建虚拟机的方法主要有两种，一种是利用向导创建虚拟机，另一种是利用已有的虚拟机进行克隆创建。对于机房实验室而言，先安装好一台机器，再采用克隆方法批量处理，这将会大大提高机房管理的效率。

4.2 配置虚拟机网络

VMware 提供了一些虚拟的网络设备和多种联网方式。利用这些虚拟的网络设备和联网方式，我们可以构建不同的虚拟网络，完成各种网络实验。

VMware 安装完成后，会在宿主机(Host)系统里产生两张虚拟网卡，即 VMware Network Adapter VMnet8 和 VMware Network Adapter VMnet1，这在网络连接里可以看到。VMware Network Adapter VMnet1 这是 Host 用于与 Host-Only 虚拟网络进行通信的虚拟网卡。VMware Network Adapter VMnet8，是 Host 用于与 NAT 虚拟网络进行通信的虚拟网卡。在 Windows 系统中，最多可以安装 10 块虚拟网卡。每块网卡有 4 种可选网络连接方式：桥接、网络地址翻译、仅主机和自定义。

4.3 根据实验要求，选择联网方式

VMware 提供了 10 个虚拟交换机网络设备，VMnet0—VMnet9，这些设备可以充当交换机。在具体的教学实验中，可根据不同的需要，选择不同的联网方式进行设置。

(1)桥接(Bridged)方式。只要将虚拟机 IP 地址和主机 IP 地址设置为同一网段,虚拟机会自动连接到 VMnet0 交换机上。在真实网络中,虚拟机就和物理主机拥有同样的地位。虚拟机可以访问真实网络中的共享资源。

(2)网络地址翻译(NAT)方式。当物理主机可以连接到外网,但是我们在外网上无法为虚拟机获得一个 IP 地址时,我们可以采用这种模式,让虚拟机通过物理主机连接到 Internet。

(3)仅主机(Host-Only)方式。选择该方式后,虚拟机会自动与 VMnet1 交换机进行连接,并产生隔离其他网络的独立网络,但只有主机和虚拟网络内的虚拟机可以通信。在不需要上外网,只是用于网络实验时,建议采用这种方式。

5 应用 VMware 进行网络教学实验

搭建好 VMware 实验环境后,可以进行多个组网和网络管理实验。下面对以 Windows Server 2003 组网在虚拟机中开展的主要实验和实训作一介绍。

实验 1:Windows Server 2003 的安装与配置,对等网的组建和设置实验,工作组创建、组账户管理等。

实验 2:用户工作环境管理,主要包括创建域和组织单位,计算机加入域等。利用组策略管理用户工作环境,利用组策略部署软件。

实验 3:网络病毒的防范。包括网络防毒软件的安装配置、远程杀毒等。

实验 4:配置防火墙与入侵检测。包括防火墙的安装、配置、访问策略建立、规则的发布等内容。

实验 5:配置入侵检测。包括各种入侵方式的试验和配置管理。

实验 6:补丁管理。包括通过 WSUS 服务实现补丁的集中管理和部署。

实验 7:Web 和 FTP 服务器的设置实验。

实验 8:配置 DHCP 服务、DNS 服务、WINS 服务、文件和打印服务器等。

6 结束语

计算机网络应用技术课程是一门理论与实践并重的综合性强的课程,要学好这门课程,需要较深的理论知识作为基础,同时更要注重理网络实验和实训的学习和实践。通过在教学中引入 VMware 虚拟机软件构建的教学、实验平台,明显地提高了教学效果,缓解了实验设备严重不足的困境,解决了硬件实验室经费投入大的问题。通过虚拟机 VMware 搭建实验教学平台,可以让所有的实验操作在虚拟环境下无损害地重复进行,能完成原先一些因实验条件和经费投入等原因无法开展的实验内容,极大地丰富了课程的实验内容。VMware 等虚拟化技术的推广和普及将对课程教学产生积极的影响。

参考文献

[1] 吴功宜,吴英.计算机网络应用技术教程.北京:清华大学出版社,2009.
[2] 李捷.浅谈虚拟机在计算机网络教学中的应用.广西轻工业,2010(2).
[3] VMware 虚拟化入门. http://www.vmware.com/cn/technology/virtual-machine.html.
[4] 刘真.虚拟机技术的复兴.计算机工程与科学,2008(2).
[5] 虚拟机概念详解.虚拟机之家,http://www.xuniji.com.

智能计算机辅助教学的探索研究

张文祥　杨爱民　肖四友

浙江万里学院基础学院，浙江宁波，315100

摘　要：智能计算机辅助教学（Intelligent Computer Assisted Instruction System，CAI），是应用人工智能技术研究认知过程，并能进行"因材施教"的教学系统。它克服了传统CAI因为行为主义影响而带来的缺陷，使作为"计算机导师"的CAI系统真正能够达到人类优秀教师的水平。本文介绍了智能CAI的组成、特点以及所应用的教育心理学基础，分析智能CAI系统与传统的CAI相比有着原则性的差异和区别，概括地分析了其设计方法与实现策略。

关键词：教师模块；学生模块；CAI；智能接口；知识库

传统的CAI是由"程序化教学"衍生出来，它由行为主义心理学家斯金纳提出。CAI课件设计中，基于模块、分步骤的设计多年来一直成为CAI课件开发的主要模式，并且沿用至今。不过传统CAI有难以更新完善、缺乏智能性及交互性不够等缺点难以克服。随着课件设计技术的不断深入，人们开始注意学习的思维过程并关注认知规律，强调学习是根据学习主体的需要、兴趣，利用其原有知识结构，对当前外部信息主动的信息反馈与再加工的过程。本文研究的智能CAI设计，通过研究知识学习的过程，动态地改进CAI课程的个性化体现，辅助学生实现学习目标。

1　智能 CAI 的组成

智能CAI系统主要是在知识表示、推理方法和自然语言理解等方面应用了人工智能原理，它通常包括知识库、学生模块、教师模块、自然语言的智能接口四个主要部分。各模块之间的关系如图1所示。

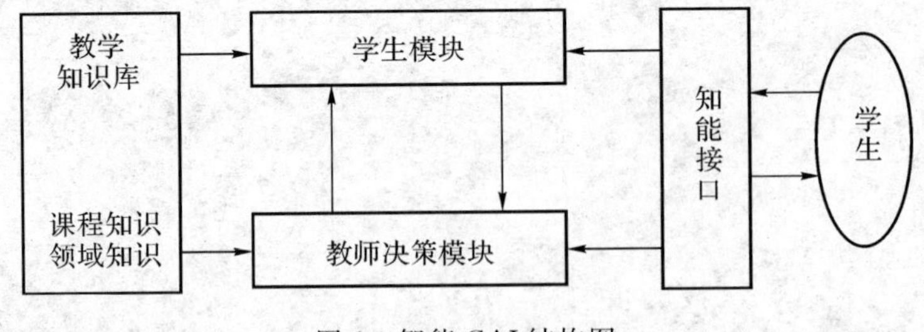

图1　智能CAI结构图

张文祥，教授/硕士，长期从事数据库开发与数学模型构建的教学科研工作

教改项目：2010年浙江省新世纪教改——以专业应用为导向的非计算机专业计算机基础课教学改革与实践

(1)知识库模块,存放着设定部分的教学知识,其目标是生成问题、回答学生并给出相应的指导和提示信息。

(2)学生模块,用于记录每个学生原有知识水平,学习能力和认知特点。此模块依据学生和系统之间的交互作用及应答历史而形成,并可以根据每个学生的学习进步情况而动态地修改,这样系统通过该模块就可随时掌握每个学生的情况,有的放矢地进行个别化教学的内容设计。

(3)教师模块,包括自然语言对话、教学方法、课程内容与安排方面的知识,此模块的作用是根据学生模块和知识库(其中保存所要教的学科领域知识)的内容作出智能化的教学设计,即为不同学生选择不同的教学内容和教学方法,提供有针对性的个别辅导和适当的补习材料,评判学生的成绩,帮助学生分析错误的原因,提出改进学习的方法和意见等等。该模块的结构与功能和一般专家系统中的"推理机"是相似的。

(4)自然语言的智能接口:是连接学生与计算机的纽带,通过该接口学生可以用自然语言(英语或汉语)与计算机对话,包括从知识库中获得知识进行学习,测试,同样也可以将学生的学习状况反馈回知识库,从而又从知识库中得到相应的指导信息[1]。

由于教师模块相当于推理机,可见智能 CAI 系统与一般的专家系统在结构上有类似之处,因此有人也把智能 CAI 系统称为"教学专家"系统。但是智能 CAI 中有三个主要特征是一般专家系统所没有的:一是必须具有学生模块(否则无法了解教学对象);二是知识库中除了包含某个学科的领域知识外,还必须包含教学知识,前者是关于"教什么"的知识,后者则是关于"如何教"的知识,二者有很大的差别;三是要考虑教学策略的选择问题。

由于学生模块的建立涉及学生的学习能力与认知特点,这些与认知心理学相关;而教学内容的组织和教学策略的选择则与教育学以及教学设计理论有关。因此智能 CAI 系统的设计不仅要有计算机科学(包括程序设计、数据结构、算法分析、软件工程以及人工智能等)的知识,还需要有教育科学(包括教育学、认知心理学、教育设计等)的理论指导,这就给智能 CAI 系统的建造带来很大的困难。智能教学系统除了能解决指定领域问题的专家系统以外,还必须教学生如何去解决该领域中的问题,由于教授某学科的内容往往要比了解该学科内容困难得多,所以一个智能教学系统肯定要比一般专家系统更复杂,正因为如此,目前国际上一般不把智能教学系统称为"教学专家系统",而是专门称作 ITS 或智能 CAI 系统[2]。

2 智能 CAI 的特点

归纳起来智能 CAI 应具备下面几个特点:

(1)每个课件一般是智能化的,或者有较高的智能化程度。

(2)应给出和设计几类典型的"学生模块"。根据每个学生的学历,业务基础,分析和解决问题的能力,心理特点和智力条件,判定其层次,并由此给出适于他的学习计划,实现因材施教的原则。因此,在教学过程中,要充分发挥每个学生的特点和积极性,在教师、计算机教学系统和学生之间,形成相互协调的"风帆船"和"弓弦箭"的关系。

(3)应有体现教师知识,讲授方法和教学策略的"教师模块",它相当于教学专家系统中的知识和规则集合。

(4)应有良好的人机接口,以便实现人机交互。

(5)应有相应的教学管理支持,如学籍管理等等。

(6)能根据每个学生的学籍档案,学生模块和学生的要求,自动而有效地制定教学及编排学习课件的顺序。

(7)任何一个智能 CAI,都应该有知识图,如:一个专业的各个课件之间,一个课程的各个章节之间,一个章节的各个概念之间,各个课件之间,各个知识之间,都有某种依赖关系。

3 智能 CAI 的研究方法与策略

作为智能计算机辅助教学系统智能 CAI,它应能够允许教师或其他的软件开发者以非编程的方式构造智能教学系统。教师使用智能 CAI 提供的界面,可以输入,编辑和调试教学内容和教学策略,进行教学内容的分类及自动组织,并最后生成符合教师设计意图的智能教学系统。

目前智能教学系统一般有四种类型:信息结构型,问题生成型,模拟型和发现型。这四种类型覆盖了现有七种教学模式(个别辅导、会话、训练与练习、问题求解、模拟、游戏、发现)。在剖析了四种类型的典型智能教学系统后,确定了智能教学系统集成开发环境的功能需求如下。

3.1 基础知识编辑功能

环境应能提供图形、文字、动画、声音、图像等教学内容的基本知识单元的输入、修改、分类、索引及存储等功能,动态的实现课程基本演示内容的编辑,这些知识经环境自动组织形成事实库。

3.2 交互处理的功能

"交互"指两个方面:一方面,能接收教师意图,提问学生,对学生的回答采取多种处理方式(精确比较,有序/无序匹配,模糊匹配,计算等),并依据处理结果采取各种措施与策略(如提供补救材料,强化学生认识,修改学生模块等);另一方面,智能 CAI 应能及时接受学生的提问与要求,对其语法进行合法性的分析并做出反应,回答学生提问与满足其要求。

3.3 信息管理功能

智能 CAI 应提供教学逻辑与策略的编辑功能,提供一个教学策略的基本框架便于教师"填充"形成各种形式的策略。教学策略知识经环境自动组织形成规则库。事实库与规则库构成了智能教学系统的基本知识库。智能 CAI 提供管理知识库的功能,使教师随时补充已建立的知识库的知识,管理各显示帧的出口和入口,实现更合理的教学系统布局,以使知识库内容更趋合理和完善。

3.4 教学控制功能

智能 CAI 应能分析、解释知识库的内容,按教师的意图进行教学,并随时接受学生的反馈信息,诊断其错误行为与原因,以便重新组织知识库的内容,产生新的教学策略。

作为优秀的教师应当熟练掌握教学艺术，所谓教学艺术，用一句话来概括就是怎样因材施教。具体来说则包括以下三方面的能力：

(1)善于激发学生的学习兴趣，调动学生的积极性，主动性和发展学生的认知能力。

(2)善于根据不同学生的特点作出最佳的教学决策，即选择最适合该学生的教学内容和教学方法。

(3)善于诊断学生的错误，不仅能及时发现学生的错误；还能指出其错误产生的根源。

为了使“计算机导师”真正达到人类优秀教师的水平，必须围绕这三方面的能力下工夫。这是决定一个智能教学系统是否真正具有智能，以及智能程度高低的关键；也是判断一个智能教学系统是否真正具有智能，以及智能程度高低的主要标准，由此可以得出研制新一代智能CAI系统的基本构想如下：

(1)明确树立以认知学习理论作为智能CAI的基本思想

如果说AI技术是智能CAI系统的技术基础，那么认知学习理论就是智能CAI系统的理论基础。著名智能CAI专家，《人工智能与教学》一书的作者Kearsley曾用如图2所示的三个领域的交集来说明智能CAI的含义，这三个领域是人工智能，认知心理学、教育与训练中的CAI。

(2)建造认知型学生模块

如前所述，现有智能CAI系统中建造的学生模块存在一个共同缺陷：即不能反映学生的知识水平，因而不能反映学生的认知能力。建造认知型学生模块就是为了克服这一缺陷，为此应首先解决认知能力如何表征的问题，按照美国教育心理学家布鲁姆的“教育目标”分类理论，认知能力可划分为识记、理解、应用、分析、综合和评价六个等级。这六个等级的划分是按智力活动由简单到复杂，和从具体到抽象的程度依次递增的，即识记和理解属于简单的低级认知能力；而应用、分析、综合和评价则属于较复杂的高级认知能力。显然我们应特别重视对学生高级认知能力的培养[3]。

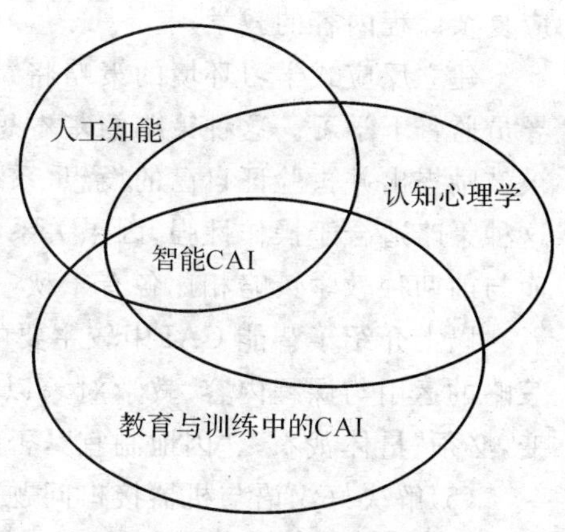

图2　智能CAI关系图

(3)探讨完善的错误诊断技术

能够及时发现学生在学习过程中出现的错误，并指出错误的根源，是体现智能CAI系统智能性的重要方面，也是设计智能CAI系统的主要难点之一。目前在智能CAI中诊断错误的方法主要有以下几种：

BUGGY方法：其诊断模型是过程网络，一个技能的过程网络就是将该技能分解为若干子过程，这些子过程又通过一系列子目标连接在一起。此方法可以列举出可观察的错误，但是在解释错误产生的原因方面有很大局限。

DEBUGGY方法：此法有脱机与联机两种工作方式，前者是用于分析学生的教师；后者则可用于教学过程中边提问，边诊断，因此通常均采用联机方式。联机诊断方式要处理两方面的任务：产生问题和搜索假设空间。由于可通过比较假设来区别问题，所以在诊断过程中可以提出有针对性的新问题，这是其主要优点，其缺点则是搜索空间往往太大。

REPAIR方法:此法以“僵局”和“修复”的相互作用为基础。当系统由于缺少知识而导致一个“僵局”时必须设法修复,使之越过该僵局继续运行下去。可观察到的错误被看做是不同的“僵局－修复”对。REPAIR方法不能预见将要发生的错误,也不能诊断出错误的迁移。

(4)选择适合课程特点的教学策略

教学策略是实现教学目标的基本手段与方法,教学策略选择不当,要想达到预期的教学目标是不可能的。如上所述,在教学系统中引入“智能”,其目的是为了因材施教,也就是要更好地实现教学目标。目前在智能CAI系统中使用的教学策略主要有苏格拉底方法、DMN(教学管理网络)方法。

苏格拉底方法也叫启发式方法,这种方法既可对学生讲解又可对学生答疑,但不能训练学生的操作能力,因此适合于基础性或理论性课程的教学。另外,从实施角度看,这种方法需要有交互能力很强的人机接口,这就遇到机器理解自然语言的困难,这是采用这种教学策略主要障碍。

DMN方法中的教学管理网络实际上是状态转移网络,而后者与有限自动机对应,因而有很成熟的实现手段。但是这种方法随着网络节点的增多,系统结构将急剧膨胀,难以适应复杂课程内容的教学。

建立反应式学习环境的策略将“计算机导师”置于辅导员的地位,对学生来说,是在辅导员监督下学习。这种策略的基本思想是提供一种可操作的CAI环境,在此环境下,学生被鼓励提出并去验证自己的设想,系统通过即时反馈引导学生逐步修正,完善自己的想法。这种策略适合于操作性强,因果关系明确的课程,而对于基础性和理论性课程则不合适,因而与前两种教学策略相比各有千秋[4]。

以上介绍了智能CAI中较主要的教学策略而非全部的教学策略其目的是要说明教学策略的运用与课程内容、教学对象以及计算机的软硬件环境都有密切的关系,不能一成不变,必须“量体裁衣”、“因地制宜”,否则将事与愿违。

(5)解决好汉语与机器接口问题

智能接口是实施苏格拉底策略,进行启发式教学和“双向主动对话”的前提条件,为此应设法突破机器理解汉语这个瓶颈,这就需要解决汉语的句法分析、语义分析和语用分析等一系列困难问题,在这方面还有大量的研究工作需要我们去做。

4 结束语

综上所述,智能CAI是在传统CAI系统上引入了人工智能原理,它更接近于人脑的思维过程,它克服了传统CAI系统因为行为主义影响而带来的缺陷,使“计算机导师”真正能够达到人类优秀教师的水平,由这一目标出发的智能CAI系统与传统的CAI相比有着原则性的差异和区别,更符合人类认知的客观过程。

参考文献

[1] 马霞歌.探讨基于人工智能的计算机辅助教学.电脑知识与技术，2009(3)

[2] Chen S. Representation and Design of Relational model in ICAI System,Journal of Sanming college,2005,22(2):211－213

[3]Yang W,Yuan R. The Research of Collaborative Learning System Based－on Grid.计算机工程与应用，2005(10):205

[4]Russell S, Norvig P. 人工智能——一种现代方法(英文版).北京:人民邮电出版社,2000:18－56.